三维服装模拟与设计

Sanwei Fuzhuang Moni Yu Sheji

高等学校艺术设计类专业

“十二五”规划教材

总主编 唐宇冰

编 著 郭瑞良 张 辉

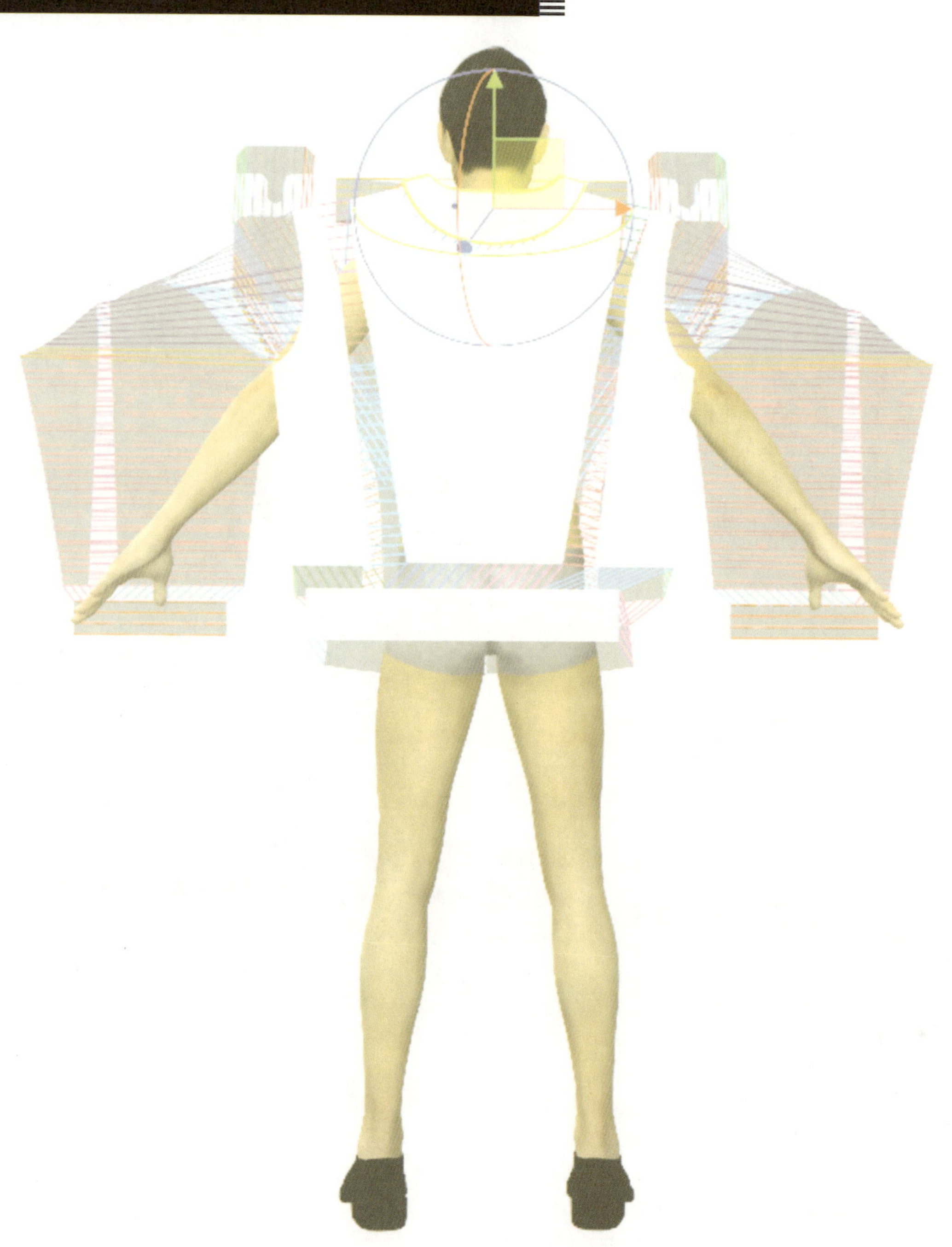

上海交通大學出版社

图书在版编目（CIP）数据

三维服装模拟与设计 / 郭瑞良，张辉编著．--上海：上海交通大学出版社，2013
ISBN 978-7-313-10692-6

Ⅰ．①三… Ⅱ．①郭… ②张… Ⅲ．①服装设计-计算机辅助设计-教材 Ⅳ．①TS941.26

中国版本图书馆CIP数据核字(2013)第300647号

总 策 划 海上图志 HAISHANG TUZHI

策划编辑 宗凌娅
责任编辑 张 薇 陈杉杉
设计总监 赵志勇
美术编辑 汤 梅

三维服装模拟与设计
郭瑞良 张 辉 编著
上海交通大学出版社出版发行
（上海市番禺路951号 邮政编码：200030）
电话：64071208 出版人：韩建民
业荣升印刷（昆山）有限公司印刷 全国新华书店经销
开本：787mm×1092mm 1/16 印张：12.25 字数：299 千字
2014年1月第1版 2014年1月第1次印刷
ISBN 978-7-313-10692-6/TS 定价：56.20元

总 序

PROLOG

中国素有“衣冠之国”的美称，衣被列为衣、食、住、行四项之首，它不但在生活中起着护体御寒和美化人们生活的作用，也在无形中反映不同民族、不同时期、不同地域文化的差异。随着当今社会生产与商业经济的发展，服饰从满足人们基本的生存需求转为满足审美与文化需求。

服装记录特定时期的生产力状况和科技水平，反映人们的思想文化、宗教信仰、审美观念和生活情趣，也烙有特定时代的印痕。自古以来，不同民族、不同文化背景的服饰在情感语言文化方面具有各自不同的内涵和外延，但都体现实用文化与审美文化的和谐统一，处在生成与再生成的过程中。服饰总是以多种新的方式传递着丰富多彩的文化信息，传达着一个民族或地域的风土人情。

综上可见，服装之中蕴涵着大量的文化资源，在知识经济时代，能否将文化资源创造性地转化为文化资本，将成为当今服装设计从事者是否能够安身立命的关键。

本丛书贯穿服装设计、面料、制衣、展示、营销各环节，服务于服装设计类专业教学必须具备的实际操作意义，顺应服装业的产业化、集约化趋势。

服装设计有着明确的服务于生活实际需要的目标，这就意味着我们要避免基础学习与专业学习脱节的现象，大力培养企业一线所需要的创意、设计人才。而且在服装设计活动中，需综合考虑服装款式与及其演变，面料的选用与搭配，颜色的选择与组合，特定场合着装的选筛与习惯等，因此，服装设计类专业教学必须将培养和提高个人创造力，包括创意能力、表现能力和实现能力作为育人的核心，同时培养学生的人文素养和服务意识，并将这一指导思想贯彻于服装设计教学的全过程。

本丛书的编写成员都是在一线教学中具有丰富经验、拥有相关理论基础的教师或学科骨干，这套服装类教材的策划编写，遵循开放性、实践性的原则，将所需的技能、知识一体化，行动导向教学要求的教、学、做一体化，切实培养学生的综合能力。

在本丛书的编写过程中，上海交通大学出版社一贯秉承严谨的学术态度和认真负责的精神，从书目的策划审核、作者的遴选、大纲的审定等各个环节都严格把关，在聘请诸多行业专家、学者对书稿内容反复讨论、多次修改的基础上，为本丛书的质量提供了保障，以期为我国服装设计的教育以及我国服装行业的发展作出应有的贡献。

湖南女子大学艺术设计学院教授　唐宇冰

2011年11月

前言

FORWORD

二维服装CAD技术在服装行业的应用已有几十年历史，从最初的只有大型企业应用的情状，到现在的多数小微企业也加入其中，二维服装CAD在服装行业中的应用非常广泛。与二维服装CAD的应用相比，尽管三维服装数字化的概念已经提出很久，技术方面的研究也从20世纪80年代就开始了，但目前成熟的三维服装CAD系统并不多，应用的企业很少。在这种情况下，很多企业对三维服装数字化技术抱有浓厚的兴趣，迫切想了解三维服装数字化技术能够给企业带来什么帮助，或是具体能够应用于企业运营的什么环节。

另一方面，服装CAD作为服装院校课程已有十多年时间，如今无论职业院校还是高等院校，都将服装CAD作为学生的专业必修课程，但其中多数院校教授的服装CAD内容仍然以二维服装CAD系统中的打板、推板和排料等为主。作为引领行业前沿知识的高等院校，学校有责任将三维服装数字化知识引入课堂，让学生了解和掌握服装行业中的新知识。

基于以上的两个原因，编者编写了本书。自2002年以来，编者一直致力于服装CAD的教学和研究工作。其中，由郭瑞良和张辉老师参编的介绍富怡服装CAD的教材已经印刷了十几次，CLO 3D系统在北京服装学院的服装CAD教学中也已开展两年多了。本书的编写结合了编者多年的服装CAD教学经验，相信能够在很大程度上满足服装企业和院校教学的要求。

本书主要有以下两个特点：一是本书的每一章节的实例都与软件工具密切结合，具有很强的实践性，切实做到了锻炼学生的设计创新能力和综合实践能力；二是本书实例丰富，涵盖了运动服装、职业装和羽绒服等多个品类，并对细节制作举出了实例，希望能够为尽量多类型的企业提供帮助，也让学生了解不同品类服装的三维模拟和设计的方法。

本书由北京服装学院的郭瑞良、张辉两位老师共同主编，北京师范大学信息科学与技术学院的周明全院长对本书提出了宝贵的意见，包晨路辅助编者制作了书中的很多案例，在此表示衷心的感谢。

诚恳欢迎读者对书中的疏漏和错误之处批评指正。

编 者

2013年12月

内容提要

本书从三维服装数字化概念入手，简单介绍了数字化技术在服装行业的应用，并以CLO 3D系统为平台，详细介绍了三维服装CAD软件在虚拟化身参数调整、二维纸样设计、板片缝合、面料处理、三维模拟及动态展示等方面的应用。同时，本书通过大量的实例，介绍了运动装、职业装及羽绒服等不同品类服装的三维模拟和设计的过程，对企业应用和课堂教学都非常有帮助。

本书介绍的CLO 3D系统版本为4.32，目前国内尚无已经出版的相关教材，应能为读者学习CLO 3D系统提供一定的帮助。本书既可以作为各类服装院校的三维服装CAD教材，也可以作为服装企业从业人员的参考教材。

作者介绍

郭瑞良　北京服装学院副教授，服装艺术与工程学院服装CAD实验室负责人；自2003年起，至今从事服装CAD方面的教学和科研工作；主编并参与编写了多部服装CAD和纺织面料方面的教材，并发表了多篇学术论文。

张　辉　北京服装学院教授、博士；自1992年起从事服装CAD、服装工效学等方面的教学和科研工作；主编并参与了多部服装CAD和服装工效学方面的教材，发表了数十篇相关学术论文，并设计开发了多款纺织服装CAD方面的软件。

目 录

CONTENTS

第一章　概述

第一节　三维服装数字化技术介绍

进入21世纪后，纺织服装行业发生了很大变化。从服装企业来讲，品牌竞争变得更加激烈，淘汰率更高了，企业要想在激烈的市场竞争中站稳脚跟，除了需要重视品牌塑造等传统手段外，还需要提升企业的产品设计和研发能力，做到产品的快速多变，以适应消费者需求。另一方面，随着时尚资讯和服装专业知识越来越易于获取，消费者对服装款式、服装合体性和舒适性的要求也越来越高。在这种新的形势下，服装产品的设计和研发在整个企业运营中扮演起了更加重要的角色，如何提高产品设计和研发的效率，如何使产品更加符合消费者的体型，如何节省产品研发的成本，都成了服装企业最关心的问题，而服装数字化技术恰恰为企业解决这些问题提供了技术支持。如果能够成功将服装数字化技术有效地融入企业产品研发中，企业就将会在市场竞争中占领高地。

一、服装数字化概念

数字化技术是计算机技术的基础，是将文字、图像、语音及虚拟现实等可视世界的各种信息存储到计算机中，并能通过网络或其他方式传播的技术。目前，数字化技术已经应用于人们经济和生活的方方面面，有人把目前的社会称为信息社会，把信息社会的经济称为数字经济，足以体现数字化技术的重要性。

与其他行业相比，服装行业的数字化程度一直较低，长久以来摆脱不了劳动密集型的特点。但近十年来，数字化技术在服装行业的应用得到了较快发展，并呈现出了两个特点：一是不同种类的服装企业在应用数字化技术时出现了差别，如体育用品类公司在应用数字化技术方面（特别是三维服装数字化）走在了其他品类公司的前面，其中以Adidas、Nike为服装数字化应用的典范；二是服装数字化技术渗透到了服装的整个产业链，开始于20世纪70年代的服装数字化技术主要“瞄准”的是提高服装生产效率，产品包括服装样板设计、服装推板和排料等模块，而目前的服装数字化技术的应用已经扩展到了服装销售方面，如通过三维服装CAD制作的虚拟服装可以用于电子商务平台的销售。

我们可以简单地将服装数字化技术分为二维服装数字化技术和三维服装数字化技术两类。二维数字化技术主要包括传统的服装CAD技术中的服装样板设计、推板、排料（图

1-1）以及产品生命周期管理等；三维服装数字化技术是指在三维平台上实现人体测量、人体建模、服装设计、裁剪缝合及服装虚拟展示等方面的技术，其目的在于不需要制作实际的服装，而由三维数字化人体完成着装效果的模拟，同时得到服装平面纸样的准确信息。

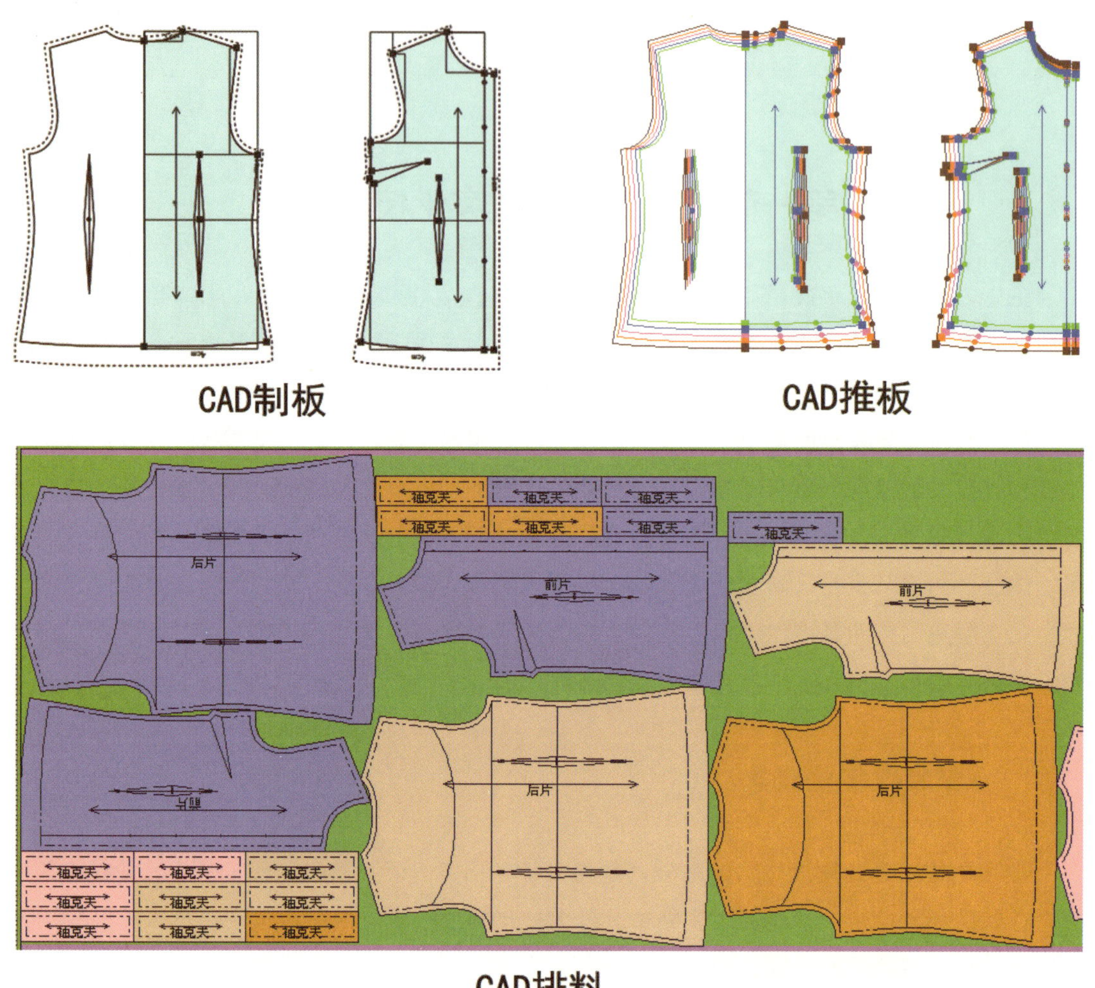

图1-1 传统的服装数字化技术

二、三维数字化技术的组成

（一）三维数字化人体

三维数字化人体是三维服装数字化技术的基础，只有有了数字化人体，设计师才可能在上面实现设计、试衣等其他虚拟化工作。建立数字化人体的方法一般有3种：①三维重建。即通过三维人体扫描技术，获得人体点云数据，然后重建为精细的人体模型。一般扫描时，人体腋下、脚部等扫描不到的地方会存在缺陷与空洞，需要做一定的后期处理工作。②软件创建。借助于现有的三维建模软件如Poser、Maya和3ds Max等，交互构建虚拟人体模型。这种方法需要相当的专业知识，制作时间较长，且建模结果与实际人体有一定的差距，一般难用于服装数字化。③基于样本的方法。通过插值或变形样本人体模型，可以得到符合个性特征的人体模型。该方法基于人体的恒定结构特征和外形特性，可直接由人体的关键特征信息得到三维人体模型，并可实现参数化。图1-2为使用TC2三维无接触扫描仪扫描，然后经过简单处理的人体图片。

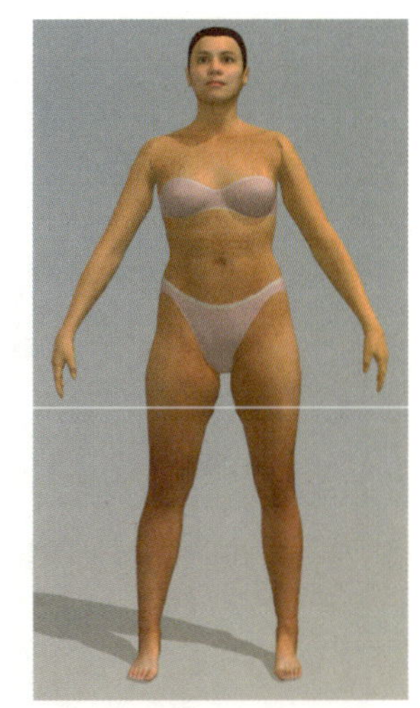

图1-2 三维人体

（二）三维数字化设计

在三维数字化人体上，设计师可以直接设计服装款式并对其进行修改，最后直接生成二维纸样。三维数字化设计的实现是非常困难的，目前的技术只能够实现简单款式的设计或对已有设计的简单修改，但三维技术的真实空间感和对二维纸样的实时转换仍然能够给予设计师很大的帮助，如在三维款式上画出的设计线可以通过旋转看到接近真实的效果，以帮助设计师判断设计线的位置和长度等是否合适。图1-3为使用日本DFL公司的LookStailorX系统设计的简单款式及生成的二维纸样。

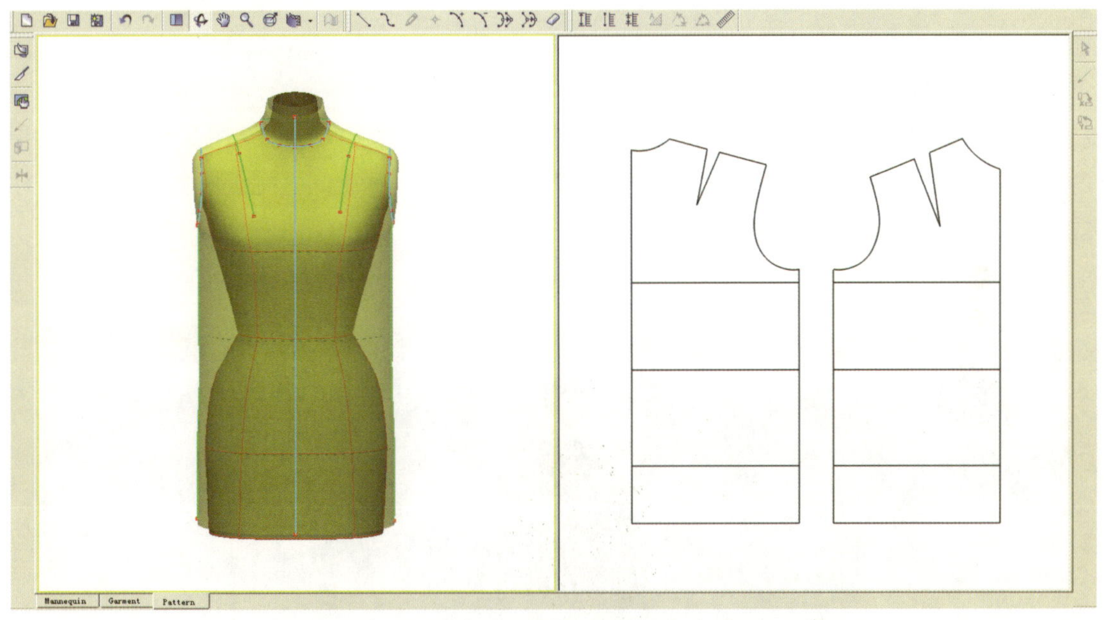

图1-3 Look Stailor X系统生成的三维款式与二维纸样

（三）三维数字化缝制

三维数字化缝制技术可以实现二维服装样片在三维状态下的缝合，展示出服装实际缝合后的虚拟效果，以帮助设计师和样板师对设计的服装进行评价。三维数字化缝制技术可以实现二维服装CAD软件制作的样板的读取、二维样板的修改和三维效果的实时展示。这种技术是目前三维服装CAD系统中的主要模块，也是服装企业中应用最广泛的三维数字化技术。图1-4为CLO 3D系统中导入的二维样板及缝制后的三维展示效果。

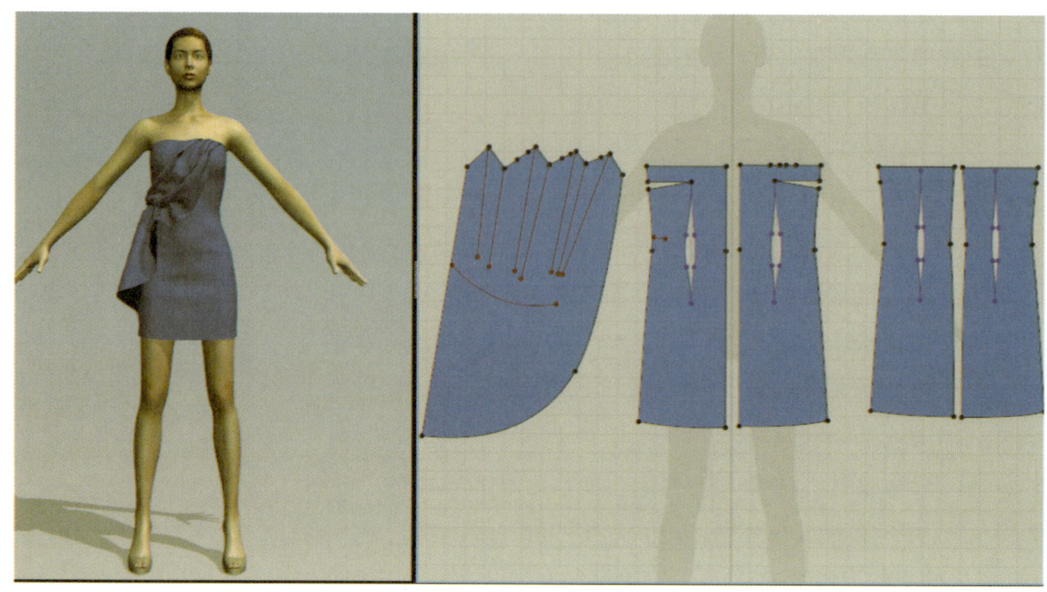

图1-4 CLO3D系统展示的三维缝制效果

（四）三维数字化T台秀

三维虚拟模特的T台走秀可以实现三维虚拟服装的动态展示。三维T台秀的实现需要复杂的计算机技术，包括虚拟人体的行走、多层服装及服装与人体之间的碰撞检测等。图1-5为3D Show Player制作的T台秀图。

图1-5 3D Show Player制作的T台秀

第二节　三维服装数字化技术的发展

当二维服装CAD软件的功能趋于完善时，与产品研发和销售紧密结合的三维虚拟设计CAD软件的开发和应用就成为了服装行业的热点。三维CAD系统是推进服装公司与面料商、缝制工厂、零售商之间建立伙伴关系的必要技术装备，它能使服装的策划、设计、试制、生产、销售各个环节互相沟通，从而使服装业快速反应生产机制的建立成为可能。

研制开发三维服装CAD的难度相当高，许多关键技术如三维人体测量技术、三维服装覆盖技术、三维服装动态显示技术、三维服装展开为二维服装衣片技术、虚拟三维样衣的制作等等，均需要很大的研制和开发投入。最早推出3D虚拟设计系统的公司是美国的CDI（Computer Design Incorporation）公司，他们于20世纪80年代首先推出了Concept 3D服装设计系统。据文献介绍，Concept 3D具备了建立三维动态人体模型、直观地表现服装多个侧面的立体效果、产生布料悬垂的立体效果、在屏幕上逼真地显示穿着效果的三维彩色图像，以及将立体设计近似地展开为平面衣片图等功能。但由于该系统的实用性不强，所以不适合服装企业的实际应用，没有被广大服装企业接受。

经过多年的发展，很多公司加入了研发三维服装数字化技术的行列。加拿大派特（PAD）系统中的三维立体试衣模块可将二维平面纸样转化为三维立体服装，瞬间预知样板缝制后的效果，逼真地展现成衣的立体造型。其中三维人体模型的性别、年龄、尺寸可自由设定，从而实现量身定做的效果，并可仿真各种面料、背景、灯光、颜色等的调节，使得立体效果更加逼真。CLO 3D、V-Stitcher、Optitex和力克的三维软件同样都能实现三维数字化缝制功能，其中部分软件能够实现简单的三维数字化设计功能，有的软件还能实现三维数字化T台秀功能。

近年来，随着三维数字化技术在企业中的逐步应用，服装企业和系统供应商越来越多地意识到了三维数字化技术不仅仅是软件的应用，更应该是软硬件结合，是从二维到三维的一体化应用。目前，很多三维数字化系统供应商提出了服装企业应用的一体化解决方案。

第三节　三维服装数字化技术的应用

三维服装数字化技术在服装企业中的应用主要有三个方面，包括人体测量及服装号型修订、产品虚拟展示和服装定制。

一、人体测量及服装号型修订

人体测量学发展至今，测量工具已经由最初的皮尺、卷尺，发展到了计算机、传感器以及激光等高精度测量工具。人体测量的方法目前主要包括三种：手工测量、二维图片测量和三维无接触测量。手工测量，即由经过培训的专业测量人员使用皮尺、人体测高仪等工具对被测人体进行手工测量；二维图片测量则是由摄像机对被测人体的正面、侧面和背面拍照，然后由计算机进行数据提取；三维无接触测量是使用三维人体扫描测量系统对被测人体进行测量，这种测量方法可以提取出人体的几百个数据。三种测量方法各有优缺点，二维图片测量和三维测量的速度快，但前者测量精度不高，后者有较高的测量精度，但测量成本较高，且绝大数仪器需要被测量者穿着内衣或紧身衣。手工测量虽然速度慢，但方法简单、直观，使用工具简单，还可以有意识地避免一些人体动作所引起的误差，且成本较低。目前，手工测量仍然是服装企业测量人体的主要方式。但随着三维人体测量设备价格的降低及技术的完善，很多企业特别是批量定制类企业，都开始使用三维无接触测量技术。

三维人体测量是三维服装数字化的基础之一。尽管三维扫描仪在企业中的应用并不多，但其在高校及其他科研单位却占有较大比重，主要用于科学研究。同时，三维扫描仪在包括我国在内的很多国家的军队人体测量中也发挥着很大的作用，其军队人体测量及军队服装号型的编制都需借助三维人体扫描仪。目前，世界上有多家生产三维人体扫描仪的厂家，比较有名的有美国的TC2、日本的Space Vision、法国的TELMAT和德国的VITRONIC等。这些企业在提供扫描仪硬件的同时也会提供相应的软件，用于提取人体尺寸、皮肤颜色等。

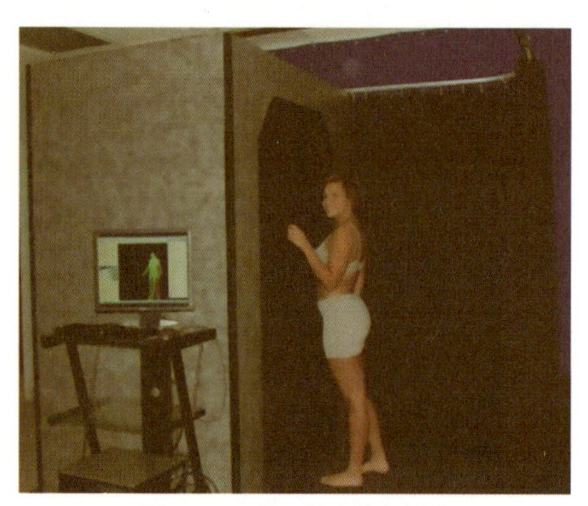
图1-6 TC2的三维人体扫描仪

三维人体扫描仪发展至今，大约已有20年的历史了。从最初的体积庞大、价格昂贵，到现在的体积较小（能够安装到试衣间里）、价格较低的仪器。从使用的方便性和价格上来讲，三维人体扫描仪已经具备了走进大中型服装企业的条件。图1-6为TC2的三维人体扫描仪。

二、产品虚拟展示

产品虚拟展示主要是利用三维虚拟软件将服装、鞋子等产品制作成三维虚拟模型进行展示。展示一般可分为静态展示和动态展示。静态展示可以用于产品宣传册和网络销售平台；动态展示则可以做成虚拟发布会的形式，使展示效果更加直观。目前，制作三维虚拟服装的软件有CLO 3D、V-Stitcher、Optitex和力克等。本书后续的章节将主要介绍CLO 3D系统。

产品虚拟展示可用于订货会，这在体育用品类公司已经率先得到应用。Adidas和Nike公司的产品订货会已经部分地使用了虚拟产品，使经销商可以通过大屏幕甚至IPAD直接看到公司下一季产品的款式和面料，同时为公司节省了大量的场地费用和实际服装的开发费用。

用于产品开发中的虚拟样衣展示也属于产品虚拟展示的范围，可以在一定程度上辅助检查样衣的合体性和尺寸。另外，虚拟样衣具有二维样板所不具备的三维空间感和360度旋转功能，可以非常方便地辅助展示印花和图案拼接等效果，并检查图案位置和大小。因此，虚拟样衣可以很好地辅助服装的产品开发。虚拟样衣展示的最终目标是让用户通过该技术模拟样衣的制作过程，缩短新款服装的设计时间。

三维虚拟软件可以将服装制作得很精细，并模拟出较好的面料悬垂性，但在渲染方面仍然无法达到专业渲染软件的水平。因此，很多三维虚拟软件在制作好服装后，为了达到完美逼真的模拟效果，设计师往往需要将服装文件导入到专业的渲染软件中进行渲染，再输出最终效果。CLO 3D系统制作的三维服装可以直接使用Octane渲染软件进行渲染，输出的图片质量更佳。

三、服装定制

（一）量体定制

这里的量体定制主要是指传统的西服等定制类企业的定制方式。三维数字化技术在服装定制类企业内已有了初步应用，如北京红都服装使用的就是美国的TC2三维测量技术。一般的量体定制流程包括了人体测量、板型修改、样衣试穿和服装制作等过程，三维数字化技术可以完整地应用于这些流程，从而大大提高服装定制的精度和效率。如三维人体测量技术可以用于人体测量和三维虚拟人体的建立，三维数字化缝制技术可以用于服装板型修改和样衣的虚拟试穿。

三维数字化技术用于量身定制有广阔的前景，但目前也有其局限性，主要体现在进行三维测量时，有时需要被测量者只穿着内衣或更换紧身内衣，不太容易为被测量者所接受。

（二）款式定制

这里的款式定制主要是指新型的、应用于网络的、顾客可以进行局部设计的服装定制。这类应用一般是将三维数字化服装应用于互联网上，使顾客能够通过企业网站，按照自己的偏好进行款式、颜色等的选择，以实现定制。这种模式被称为批量定制，不同于针对个人体型尺寸的量体定制，批量定制只是设置了比较多的号型，使得顾客在选择号型时有更大的余地。图1-7为Adidas在其官方网站上推出的定制服务，顾客可以选择自己喜欢的颜色（如把袖子的颜色改为绿色），或者在衣服上加上自己名字。选择完毕后，顾客可以多角度观看定制服装的效果（图1-8）。

图1-7 Adidas的定制服务

图1-8 更换颜色后的背面效果

第二章 CLO系统简介

CLO系统有两个版本，分别是Marvelous Designer和CLO 3D。前者主要应用于CG动画领域，致力于更快更容易地创建效果逼真的3D服装。Marvelous Designer的客户很多，其中包括著名的Electronic Arts公司（简称EA）、Baylor Health System等。CLO 3D则主要用于服装领域，世界上很多著名的高校和公司都在使用。

经过多年的发展，CLO 3D越来越成熟。目前最新的版本为4.32。本书的工具和例子就是以该本版本的软件为支撑平台的。

第一节 CLO系统的界面与菜单介绍

CLO 3D系统集成了板片绘制功能和虚拟试衣功能，使得纸样的绘制与试衣功能在一个界面下就可完成。但是，该系统的纸样绘制工具只能用于比较简单的款式，处理稍微复杂的款式时，还是其他的制版软件更加方便。

一、 CLO 3D系统的界面

图2-1为CLO 3D的界面。最上边是菜单栏及工具栏，左边是给虚拟化身穿服装的【虚拟

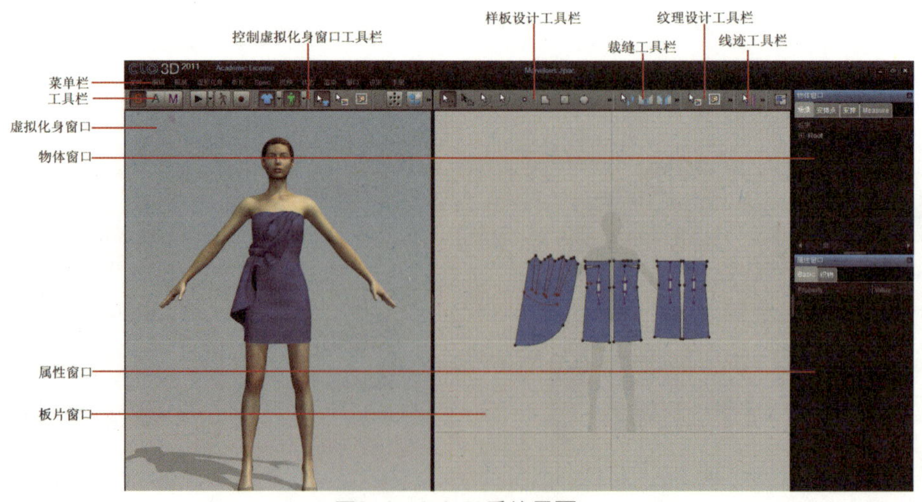

图2-1 CLO 3D系统界面

化身窗口】，中间为板片制图的【板片窗口】，右边是显示【虚拟化身窗口】和【板片窗口】物体目录的【物体窗口】及设定板片或服装属性的【属性窗口】。

（一）菜单栏

该区是放置菜单命令的地方，包括【文件】、【编辑】、【服装】、【虚拟化身】、【板片】、【spec】、【视频】、【状态】、【渲染】、【窗口】、【设定】和【手册】12个菜单，单击某个菜单时会弹出一个下拉式列表，里面包括这类功能的详细命令。在【虚拟化身窗口】和【板片窗口】点击右键，会显示快捷菜单。

（二）【虚拟化身窗口】的工具栏

该工具栏用于放置控制【虚拟化身窗口】的工具，如切换模拟状态与视频状态、模拟分析、显示 / 隐藏衣片或虚拟化身、控制衣片摆放及虚拟化身等。

（三）板片设计工具栏

该工具栏用于放置绘制及修改板片的工具，如绘制矩形、加点、改变线弧度等。

（四）缝制工具栏

该工具栏用于放置缝合衣片的裁缝工具，如线缝纫、自由缝纫等。

（五）纹理设计工具栏

该工具栏用于放置给衣片添加纹理效果的工具，如编辑纹理等。

（六）线迹工具栏

该工具栏用于放置给衣片添加明线的工具，如给衣片周边线或内部线加明线、自由加明线等。

（七）【虚拟化身窗口】

该窗口以三维视觉方式展示虚拟化身及服装的窗口。设计师可以给虚拟化身穿服装，也可以移动虚拟化身，制做动画。

（八）【板片窗口】

该窗口可以绘制服装板片，设定裁缝线、编辑布料图像等。

（九）【物体窗口】

该窗口包括【场景】，【安排点】和【安排】三个窗口。【场景】窗口以目录树的形式展示系统中所有的物体，包括虚拟化身、服装、板片、缝合线及灯光等。在【场景】窗口中选择对象后，【属性窗口】中会出现与此对象对应的属性值。【安排点】窗口可以展示虚拟化身周围所有的【安排点】。选择【安排点】后，【属性窗口】中会出现此【安排点】对应的属性值，同时此窗口还可以保存或打开【安排点】信息。【安排】窗口则是用来编辑安排板，然后保存或打开安排板目录的。

（十）【属性窗口】

该窗口包括【基本】属性和【织物】属性两个窗口。【基本】属性窗口可以编辑【场景】窗口、【安排点】窗口等，以选择对象的基本属性，如修改被选择板片的名字及调整板片粒子间距等。【织物】属性窗口可以用来调整被选择板片的材质、物理性能、图层和厚度等。

二、鼠标基本操作说明

（1）左键单击：是指按下鼠标的左键并且在还没有移动鼠标的情况下放开左键。

（2）右键单击：是指按下鼠标的右键并且在还没有移动鼠标的情况下放开右键。

（3）左键框选：是指在把鼠标移到点、线等对象上之前，按下鼠标的左键并且保持按下状态移动鼠标，框住对象后松开鼠标。用于【板片窗口】时，可以一次选择多个点、线或板片。

（4）右键拖拉：是指按下鼠标的右键并且保持按下状态移动鼠标。用于【虚拟化身窗口】时，可以旋转虚拟化身，使操作者能从不同角度观看虚拟化身。

（5）滚动滑轮：是指滚动鼠标左右键之间的滑轮。在【虚拟化身窗口】和【板片窗口】中滚动滑轮，可以控制窗口的放大和缩小。向靠近操作者方向滚动滑轮，则将窗口内对象放大；相反，则缩小。

（6）按住滑轮移动：即按住滑轮不放移动鼠标。在【虚拟化身窗口】和【板片窗口】中，此操作可以移动整个窗口的位置，便于设计者观看窗口中的对象。

（7）单击：没有特别说明用右键时，都是指左键单击。

第二节　CLO系统的导入、导出功能

一、导入、导出DXF

DXF格式文件是CAD方面的标准格式文件。AAMA的DXF格式是服装业的通用数据格式之一，目前几乎所有的服装CAD软件都可以读取此格式。CLO 3D可以兼容使用AAMA的DXF格式文件，也可以兼容Adobe Illustrator、Auto Cad等的标准DXF文件。

（一）导入DXF文件

在主菜单中选择【文件】→【导入】→【DXF】→【打开】（图2-2），在打开文件窗口中选择想要导入的DXF文件，在弹出的【Import DXF】窗口中设定具体的选项和参数（图2-3）。

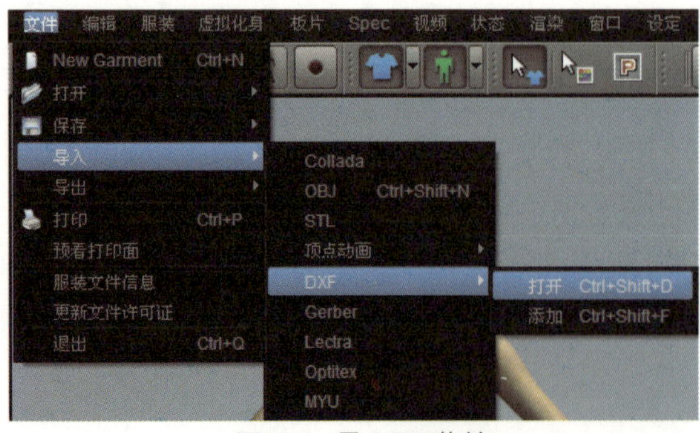

图2-2　导入DXF菜单

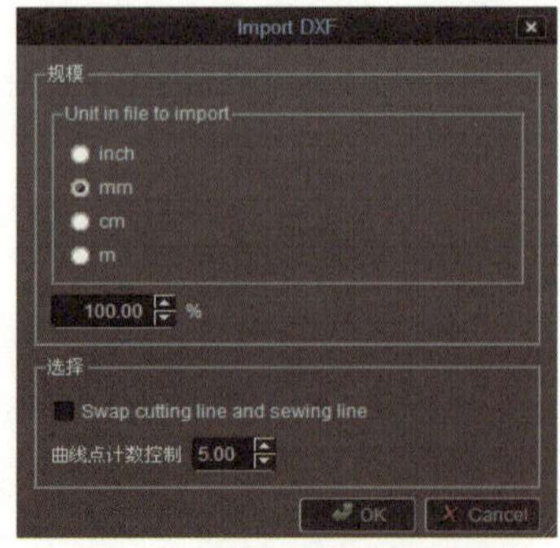

图2-3【Import DXF】窗口

（1）【规模】：选择导入板片的长度单位。

不同的服装CAD软件将文件存储为DXF格式后，存储的长度单位可能并不一样，有时需要重新选择正确的长度单位。如富怡服装CAD系统导出的DXF文件的长度单位是“mm”，而Gerber服装CAD系统导出的DXF文件的长度单位是“inch”。

（2）【选择】：完成裁割线和完成线的转换。

如果想使板片的裁割线和缝边线颠倒进入，则选中这个项目。板片的基础线和完成线的切换是可以在CAD软件（导出DXF时）的导出设定中改变的。

（3）【曲线点计数控制】

控制导入的板片上每条曲线的关键点数量，默认数值为5。如果板片曲线长度较长或者曲率较大，设计师可以通过提高该数值来得到顺滑的曲线。目前，4.32版本中的此选项没有作用。

（二）添加DXF文件

在主菜单中选择【文件】→【导入】→【DXF】→【添加】，在弹出的文件窗口中打开想要添加的DXF文件，弹出【Import DXF】窗口。窗口中各项目的设置参考图2-3。

（三）导出DXF文件

主菜单中选择【文件】→【导出】→【DXF】，在保存文件对话框里设定保存文件的位置及文件名，然后点击【保存】，在随后出现的【导出DXF文件】对话框中选择是否交换基础线和完成线（图2-4），即可导出文件。

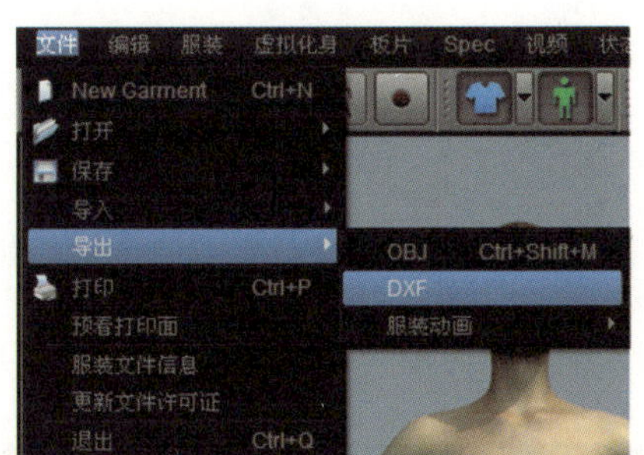

图2-4　导出DXF文件

二、导入、导出OBJ文件

OBJ文件是三维图形软件的通用文件格式，AutoCAD、3ds Max等软件可以直接导入和导出OBJ文件。

把在CLO 3D或MD上制作的服装导出为OBJ文件时，软件会同时生成一个MTL文件，此文件保存了服装上已设定的纹理信息。

（一）导入OBJ文件

在主菜单中选择【文件】→【导入】→【OBJ】，在弹出的对话框中选择要导入的文件，然后在弹出的【读取OBJ】对话框中设定具体的参数（图2-5）。

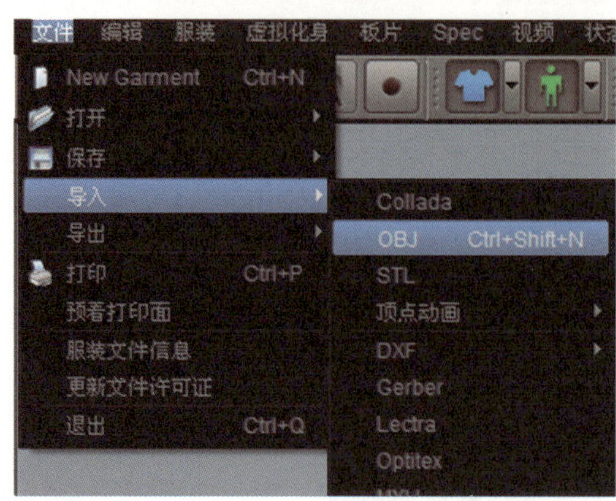

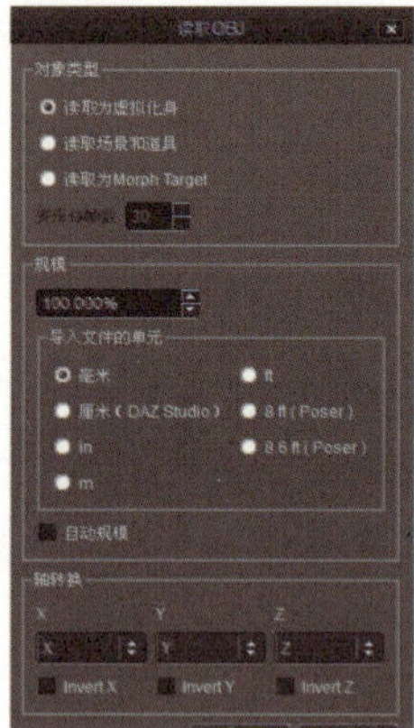

图2-5 导入OBJ文件

1. 【对象类型】（Object Type）

（1）【读取为虚拟化身】：导入虚拟化身。原来的虚拟化身消失，导入新的虚拟化身。

（2）【读取场景和道具】：导入场景或者道具。

（3）【读取为Morph Target】：从原来的物体变形到现在的物体。在【Morphing Frame Count】栏里可以输入动画Frame的个数，个数越多形变越慢。

2. 【规模】（Scale）

在【规模】中可输入数值，并在【导入文件的单元】栏里选择要导入文件中的单位。

3. 【轴转换】

【轴转换】可转换物体的各轴方向。

（二）导出OBJ文件

在主菜单中选择【文件】→【导出】→【OBJ】，在弹出的保存文件对话框中选择保存位置并输入文件名。单击【确定】后，在弹出的【导出OBJ】对话框中设置各项导出参数（图2-6）即可导出。

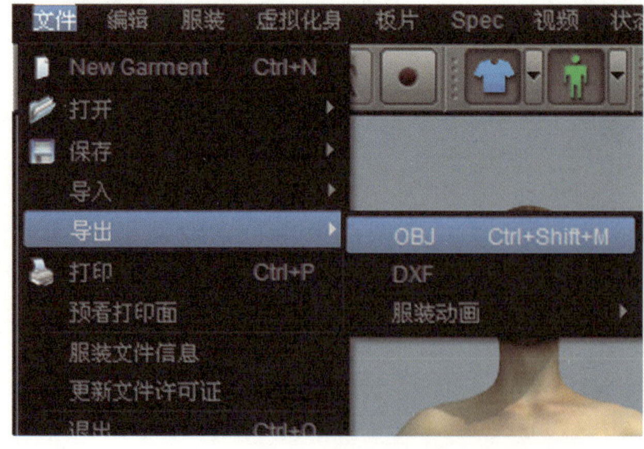

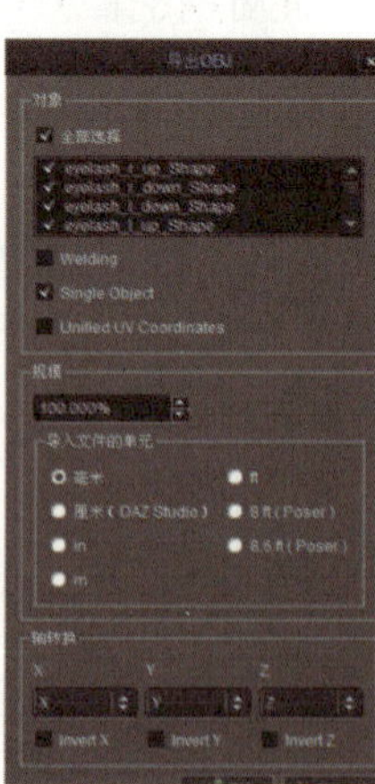

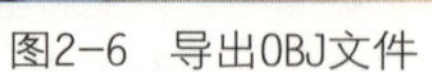
图2-6 导出OBJ文件

1. 【对象】(Object)

【对象】：选择需要导出的文件。在CLO 3D或MD上制作的服装【Cloth_Shpae】可以在目录里看到。

【Welding】(合并裁缝线连接的点)：用裁缝线连接的线合并成一个线条。

【Unified UV Coordinates】(统一UV坐标)：用统一的纹理坐标表现全部的布料，并计算出UV坐标。

2. 【规模】(Scale)

在【规模】中输入数值或从【导入文件的单元】栏里选择想设定的单位，可以调整导出文件的单位。

3. 【轴转换】

【轴转换】可转换物体轴的各方向。

第三节　系统部分常用功能

一、【同步】工具

这个工具可以将设计师对【板片窗口】的板片修改同步显示在【虚拟化身窗口】。除【板片窗口】的“板片”以外，“裁缝线”、“print Textures”、“粒子间距”的操作也同样需要点击【同步】才能反映在【虚拟化身窗口】中。如果这个按钮是打开状态，【板片窗口】修改的部分就可以立即反映到【虚拟化身窗口】，再点击【模拟】工具就可以实时修正服装的设计。用户可以根据【板片窗口】的板片颜色确认【同步】按钮激活状态。一次都没有同步的板片颜色是透明的；曾经同步过的板片，但现在【同步】按钮未开，则颜色是红色；【同步】按钮开着的时候，板片颜色是灰色。

二、【显示安排点】工具

这个工具用以显示或隐藏虚拟化身周围的【安排点】。选择板片，点击虚拟化身周围的【安排点】，可以把板片移动到【安排点】周围。很多时候，用户在【虚拟化身窗口】中很难找到板片，使用这种方法就能将板片安排在虚拟化身周边。用【安排点】安排板片后，设计师可以在【属性窗口】→【Basic】→【安排】栏里细微调整安排板片的位置，但是只有用【安排点】安排的板片才能使用该操作调整。【属性窗口】→【Basic】→【安排】的【安排点】显示了选择的板片正处于哪个【安排点】，【图形种类】表示排列的板片是【平面】或【曲面】，【X的位置】可以安排板片以X轴为基准横方向旋转，该操作在安排袖子板片时经常使用；【Y的位置】是安排板片以Y轴为基准可以纵方向旋转；【抵消】是指调整板片和虚拟化身之间的空隙距离；【方向】是以安排板为基准更换板片方向；【垂直反】是指上下反转板片；【水平反】是指左右反转板片。

三、【编辑板片】工具

这个工具是用来选择修正板片或板片内部的点、线。选择此工具后，把鼠标移动到要选择的板片上面，点和线会变成蓝色。点击板片，蓝色的线和点会变成黄色。

（1）移动板片、线或点：单击【编辑板片】工具，当把鼠标放在板片上面的时候，鼠标会变成十字形，这时候单击就可以选择整个板片，或双击板片上的线或点也可以选择整个板片，然后拖动鼠标就可以移动板片。在所选择的点和线的上面停留鼠标，鼠标会变成小十字，这时候单击选择和拖动线或点，就能移动线或点，原点和移动点之间的距离会显示紫色。

（2）选择多条线：单击【编辑板片】工具，在【板片窗口】的空白地方单击一下即可取消现有的选择，然后拖动鼠标就能框选多个板片、线或点；或在按住【Shift】键的同时单击多个线、点或板片。

（3）点删除：单击【编辑板片】工具，单击选择点，按【Ctrl】键就可以删除点。

（4）移动板片或板片上的点和线的时候，利用【Shift】或【Ctrl】键可以更正确地编辑图形：在生成图形的途中按【Shift】键就可以在前一点的垂直、水平或45度线上移动，按【Ctrl】键可以按照曲线切线方向移动。

四、【线缝纫】工具

该工具以线段为单位设定缝合线。选择【线缝纫】工具，点击要缝合的线，这时候出现的虚线和缝合线方向标志显示的是线条的缝合方向。当用户在选择第二条线时，方向会根据鼠标的移动而变换；选择第一条线条的时候，缝合线方向可以自动设定。以第一条线的方向为基准，用户可以指定第二条线的缝合线方向。当用户交叉设定缝合线的时候，【虚拟化身窗口】也会交叉显示。按【模拟】按钮，两个板片中的一个会被交叉缝合。

五、【自由缝纫】工具

该工具按指定区域进行缝合。用鼠标选择要缝合线段上的第一点和最后一点，设置缝合区域，按照点击鼠标的顺序不同，缝合线方向的标志也不同。【线缝纫】和【自由缝纫】两种缝合方式可以根据情况变化自由使用，缝合的效果是一样的。

六、【模拟】工具

该工具进行的是给虚拟化身穿服装的模拟操作。在模拟时，服装会拥有重力值，所以按下【模拟】按钮之后，服装会掉到地上，这时候如果有和虚拟化身一样的物体存在，服装就会挂在物体上面。如果板片之间设定了缝合线，那么布料就会在下坠的同时缝合好设定的缝合线。另外，制作模拟动画也是要在按下【模拟】的状态下才可以进行。关闭【模拟】时，用户可以利用【排列Gizmo】排列板片。打开【模拟】时，可以在按住【Q】键同时拖拽左键，移动服装的一个角，在按住【W】键的同时单击左键固定一个点。【模拟】工具和【同步】工具一起打开后，用户对板片的修正就会直接反映在【虚拟化身窗口】中，可以实时显示服装修改的效果。

七、【传输板片】工具

该工具可以以板片或内部图形为单位移动或调整板片。

八、调整粒子距离（Particle Distance）

粒子间距是指构成板片的各点的平均距离，表示构成物体的网格（mesh）大小。粒子距离可以影响服装的品质和模拟速度，所以制作服装给虚拟化身穿着时，应设定粒子间距为20～30mm，这样可以快速生成服装。最后输出三维服装前应将粒子距离调整为5～10mm，以提高服装的模拟品质。选择板片，然后在【属性窗口】→【板片】→【粒子间距】栏里输入一个3.0～700.0的值，点击【模拟】工具，就可以在【虚拟化身窗口】看到效果了。

第四节　连衣裙的三维虚拟缝制

本节将通过一个简单的缝制连衣裙的例子，使用第三节的工具，使读者对CLO制作三维虚拟服装的基本流程有个认识。

一、导入连衣裙的板片

本节所使用的连衣裙板片已经在服装CAD软件中制作好，并导出为ASTM的DXF格式。所以，操作者可以通过CLO的导入DXF文件功能将其导入。选择主菜单中的【文件】→【导入】→【DXF】→【打开】，选择打开连衣裙的板片DXF文件，板片会显示在二维【板片窗口】中（图2-7）。

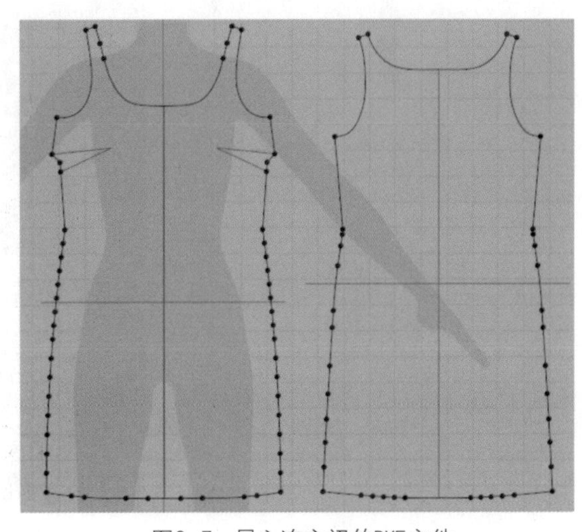

图2-7　导入连衣裙的DXF文件

选择菜单【窗口】→【虚拟化身大小控制器】，在弹出的对话框中，将虚拟化身的【Height】（身高）设置为“160”。

二、将衣片在【虚拟化身窗口】中调好位置

（1）单击【同步】工具，将【板片窗口】中所有的板片显示在【虚拟化身窗口】（图2-8）。

图2-8　将连衣裙板片同步显示在【虚拟化身窗口】

（2）单击【显示安排点】工具，在【虚拟化身窗口】中单击前片，再单击虚拟化身正面腰部中间的点“1”；再单击右键，在弹出的菜单中选择【后】；单击后片，再单击虚拟化身后面腰部中间的点“2”（图2-9）。

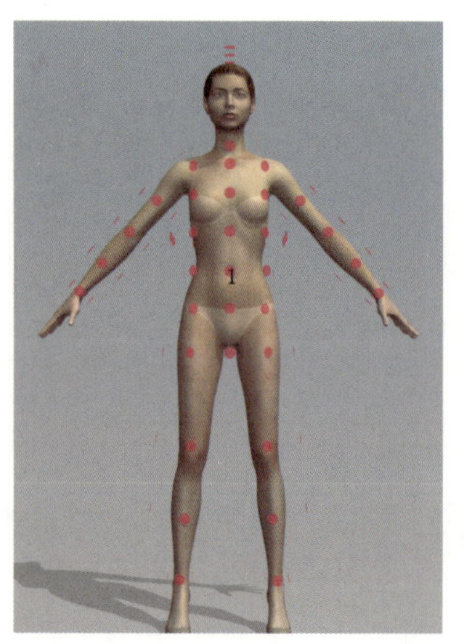

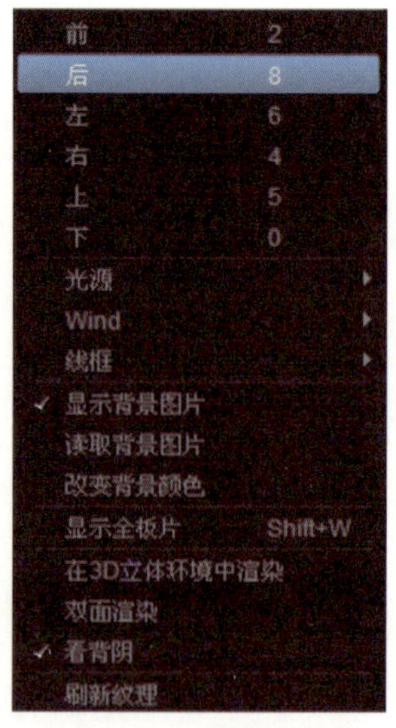

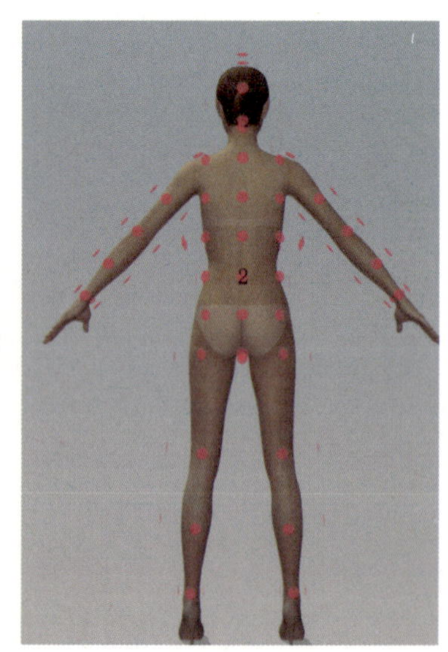

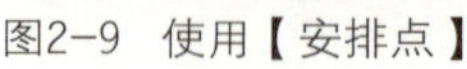
图2-9　使用【安排点】

（3）单击【显示安排点】工具，隐藏【安排点】。

（4）如上操作后，【虚拟化身窗口】中的衣片摆放如图2-10。

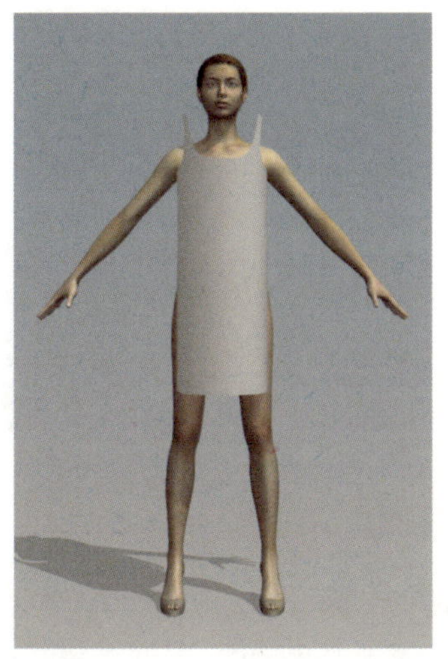
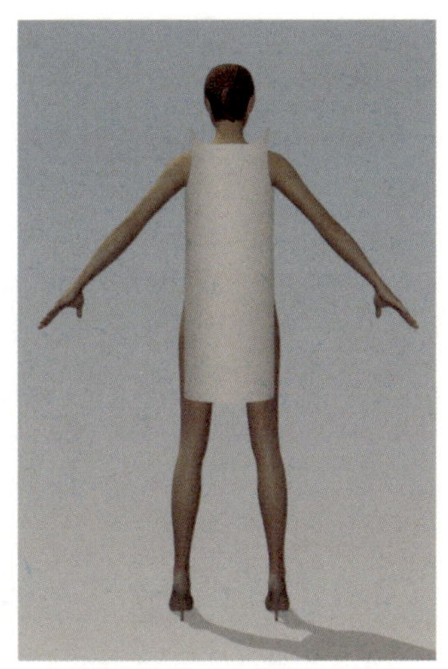

图2-10 安排后的连衣裙板片

三、修改胸省

（1）滚动鼠标滚轮，将【板片窗口】的板片放大。按住滚轮不动拖动板片，将前片胸省放大显示。

（2）选择【编辑板片】工具，选中省中间点，按住不放拖动到省尖点位置（图2-11）。右边胸省操作与左边同。

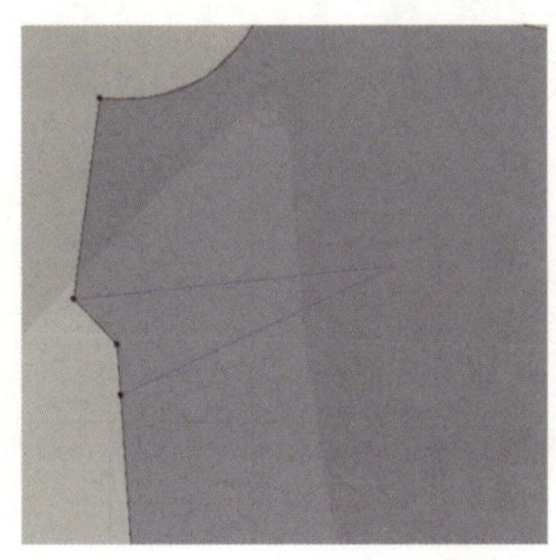
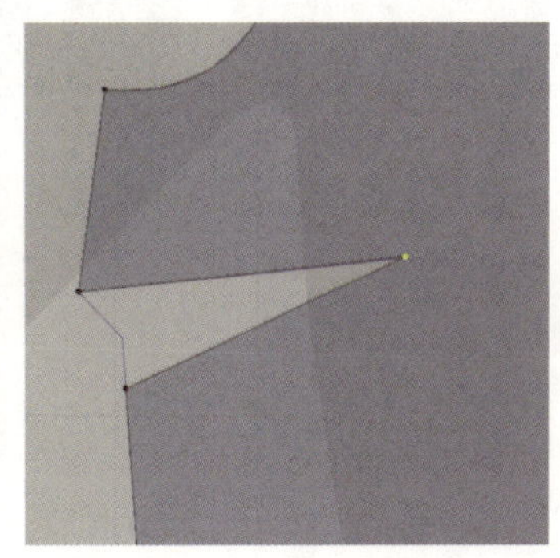

图2-11 修改胸省

四、缝合连衣裙

（1）选择【线缝纫】工具，分别单击省线两边，进行省的缝合工作。缝合时注意缝合线方向，不要缝反。将左右胸省都缝合完。

（2）缝合前后肩线。先单击前肩线，再单击后肩线。将两侧肩线都缝合完（图2-12）。

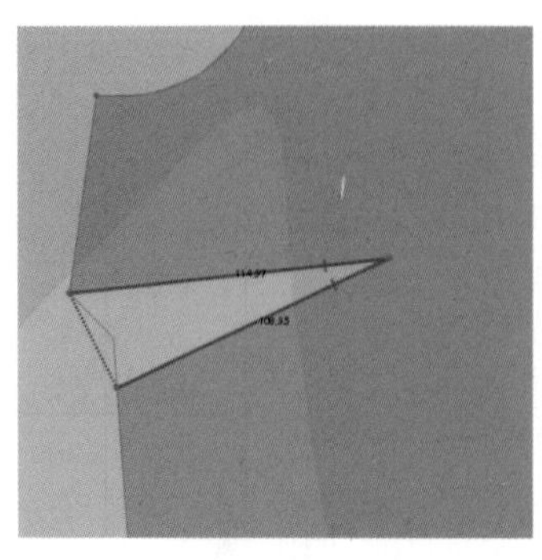
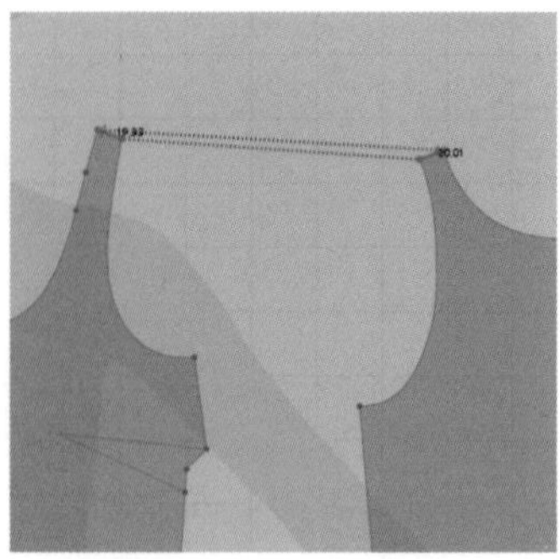

图2-12　缝合胸省和肩线

（3）选择【自由缝纫】工具，先单击前片腋下点，再单击省所在的点，可以看到这段线的长度为71.70mm；再单击后片腋下点，移动鼠标可以看到距离，选择在距离腋下点71.70mm处单击，或者在侧缝线上单击右键，在弹出的对话框中输入“71.70”，单击【OK】（图2-13）。

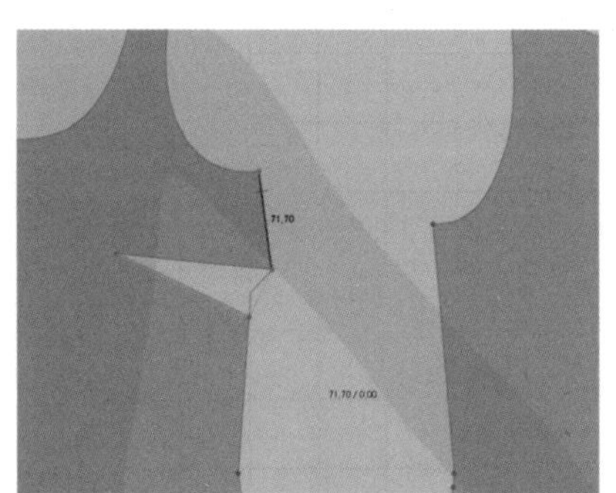

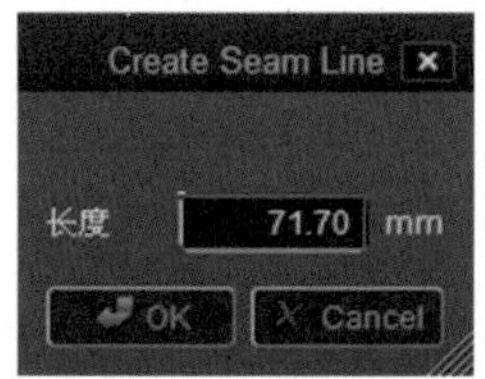

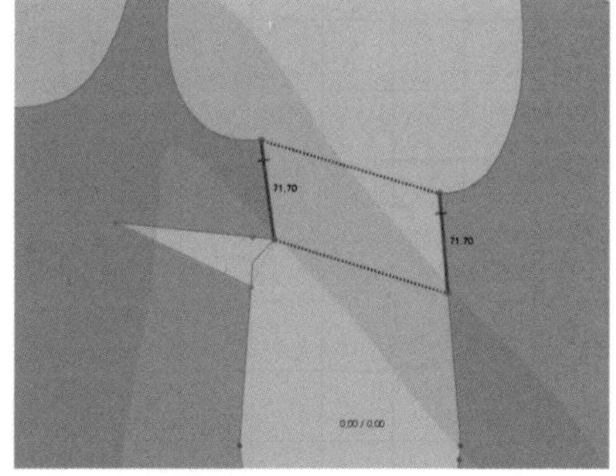

图2-13　缝合侧缝线上半部分

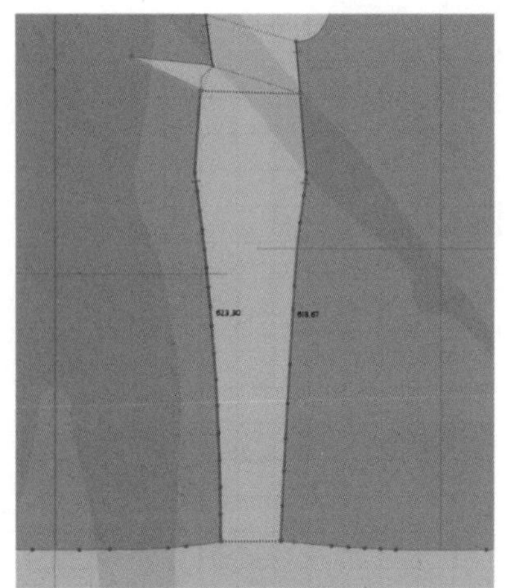

图2-14　缝合侧缝线下半部分

继续使用【自由缝纫】工具，将前后片侧缝线的下半部分缝合完成（图2-14）。

（4）继续缝合侧缝线。使用【自由缝纫】工具，用同样的方法将另外一侧的侧缝缝合。

（5）在【虚拟化身窗口】中检查缝合线迹是否正确（图2-15）。

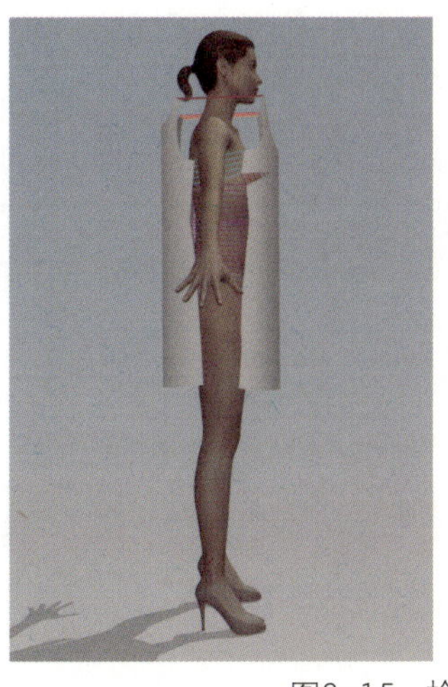
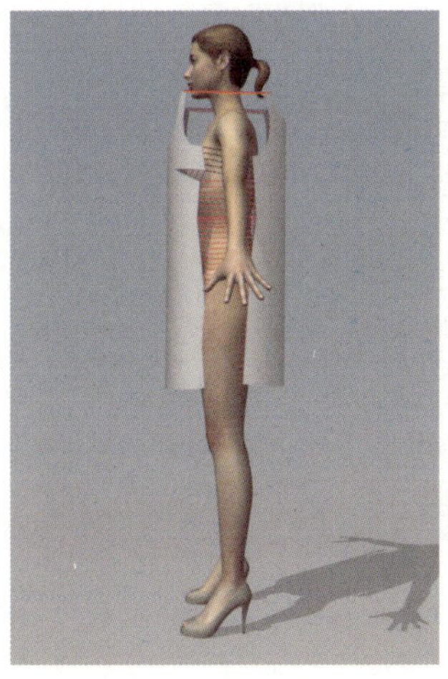

图2-15 检查缝合线迹

五、虚拟试衣

单击【模拟】工具▶，进行虚拟缝制和穿衣工作（图2-16）。

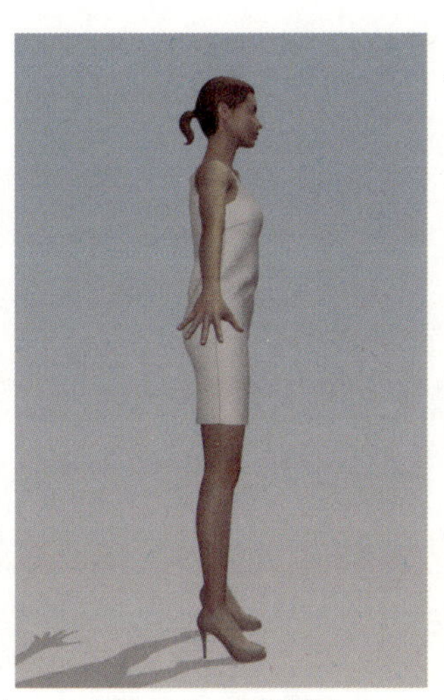
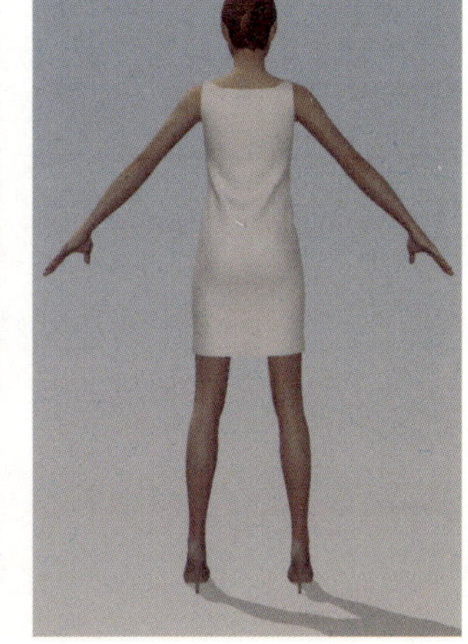

图2-16 虚拟试衣

六、调整属性

鼠标左键拖动框选【板片窗口】的所有板片，或者在【板片窗口】处按键盘上的【Ctrl】+【A】快捷键，在【属性窗口】→【Basic】→【板片】→【粒子距离】处将“20”改为“10”。

调整完毕后，单击【模拟】，得到最终模拟效果（图2-17）。

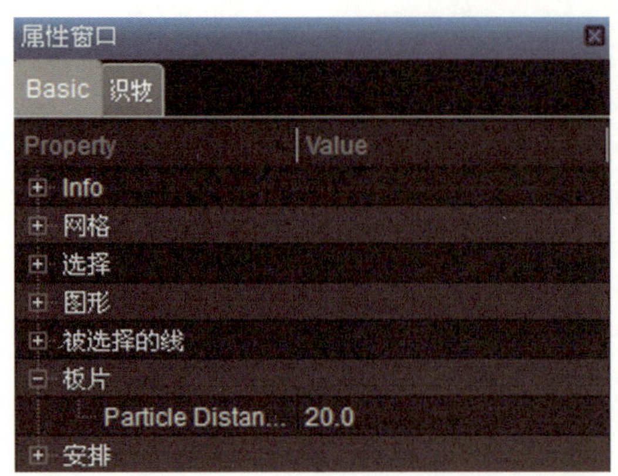

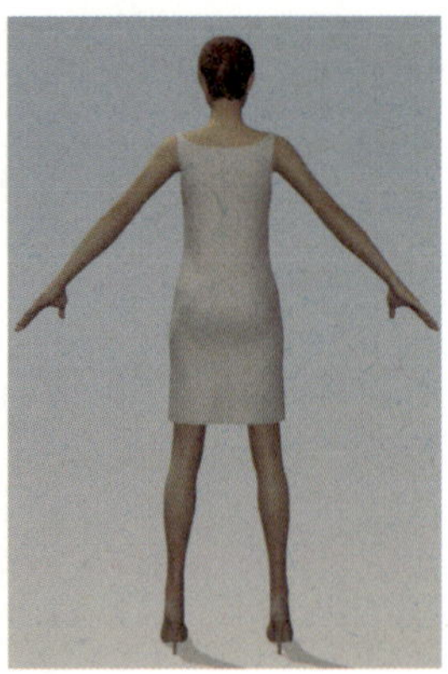
图2-17 最终虚拟试衣效果图

第三章　CLO系统功能详解

第一节　虚拟化身参数调整

虚拟化身（Avatar），即展示服装的虚拟模特。在CLO系统中,用户可以选择系统提供的虚拟化身，并按照自己的需求调整虚拟化身的各种参数。

一、虚拟化身类型与尺寸调整

选择菜单【虚拟化身】→【Avatar Style】，弹出对话框（选择菜单【窗口】→【虚拟化身大小控制器】也会弹出此对话框）（图3-1）。

（一）虚拟化身类型

在图3-1的对话框中选择【Avatar】（虚拟化身）框中的某一模特，窗口中就会加载相应的虚拟化身，同时对话框中的【hair】（发型）框中会出现此模特可以选择的发型（图3-2）。单击【Shoes】（鞋子）选项卡，也可以选择与模特服装搭配的鞋子。

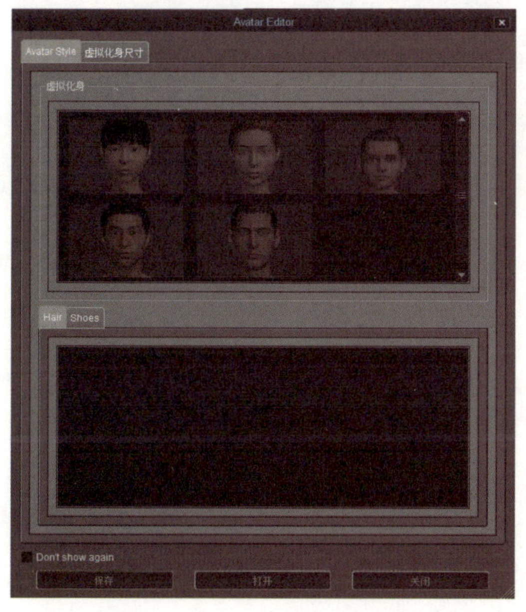

图3-1 Avatar style（虚拟化身类型）对话框

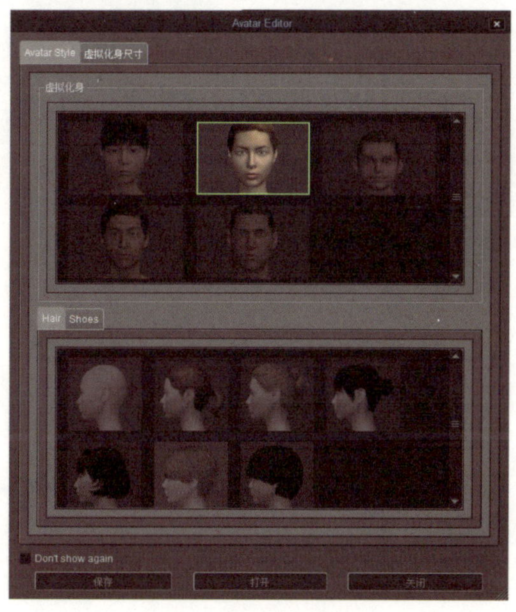

图3-2　选择某一模特

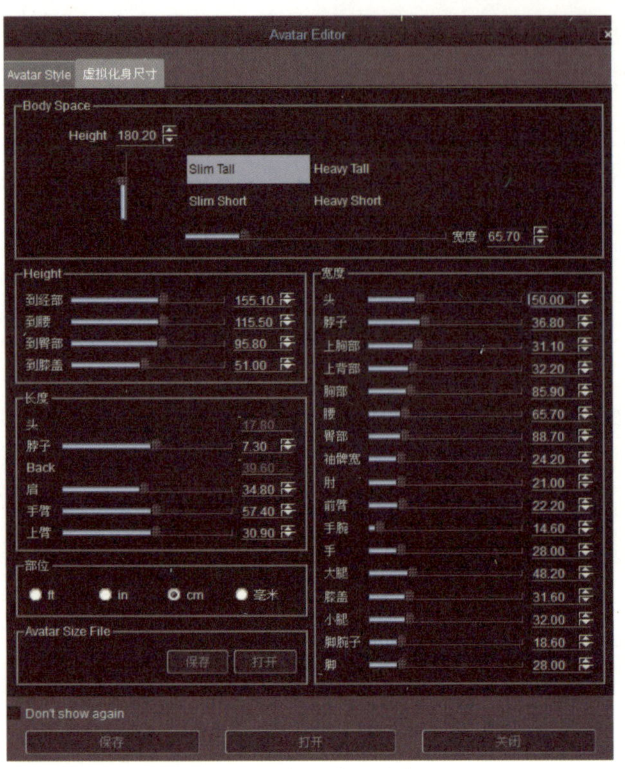

图3-3　虚拟化身尺寸窗口

（二）虚拟化身体型

单击图3-1中的【虚拟化身尺寸】选项卡，出现图3-3的窗口，在【Body Space】选项框中单击不同的虚拟化身体型，【虚拟化身窗口】中的化身就会发生变化。虚拟化身的体型分为4种类型，分别是【Slim Tall】（瘦高）、【Heavy Tall】（胖高）、【Slim Short】（瘦矮）、【Heavy Short】（胖矮）（图3-4）。默认的虚拟化身体型为【Slim Tall】（瘦高）。

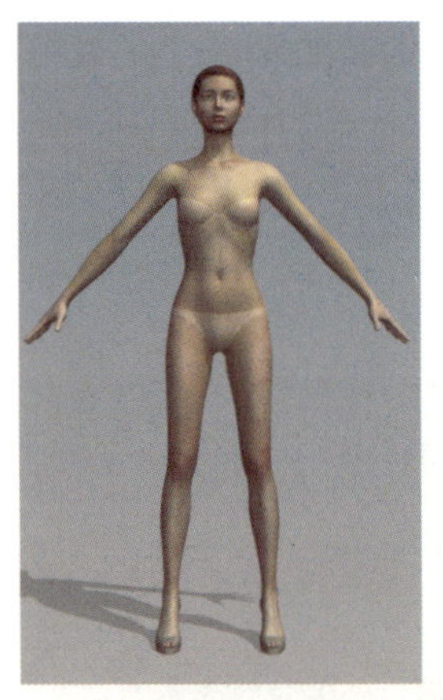
（a）Slim Tall

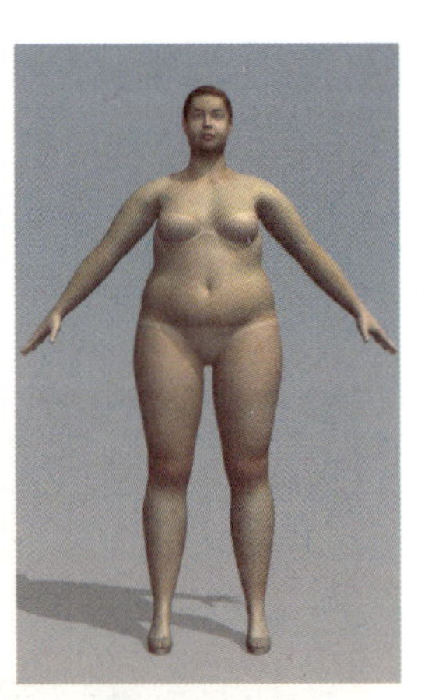
（b）Heavy Tall

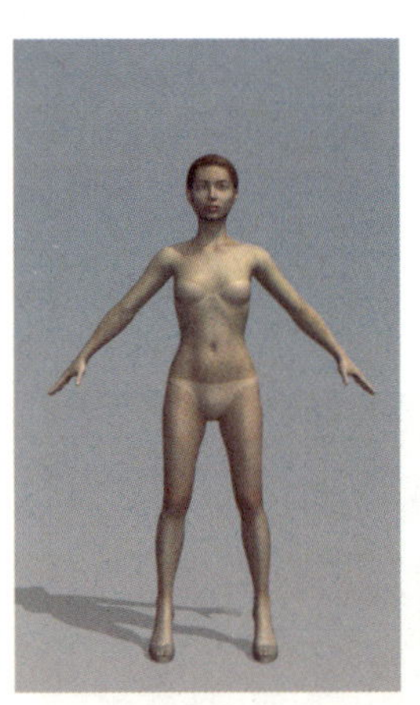
（c）Slim Short

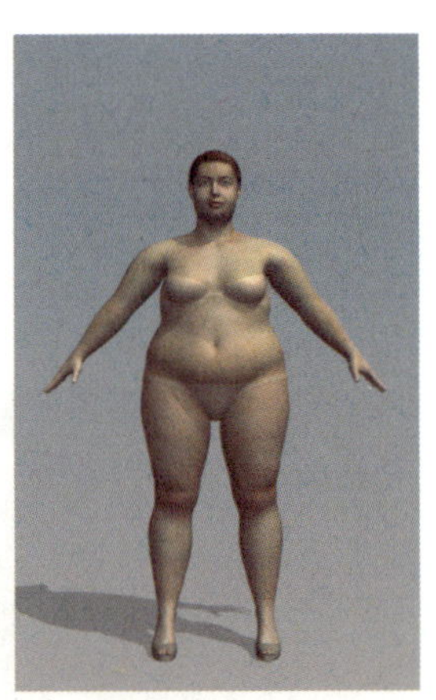
（d）Heavy Short

图3-4　4种虚拟化身体型

（三）调整虚拟化身尺寸

在【Body Space】栏里可以调整【Height】（身高）和【Width】（宽度）值，对虚拟化身的身高和围度作简单调整。其中，【Height】（身高）是指除去鞋跟后从虚拟化身的脚跟到头顶的长度；【Width】（宽度）是以腰围尺寸为基准的身体的围度。

除此以外，用户还可以在【Height】（高度）、【Length】（长度）和【Width】（宽度）栏中调整身体各部位的细部尺寸，使得模特的各项尺寸更加接近企业的试衣模特尺寸。

其中，【Width】（宽度）项实为身体各部位的围度尺寸。

（四）变更数据文件的保存

点击【保存】，然后在弹出的【保存】对话框中输入文件名，点击【保存】即可保存为AVT文件。

（五）打开保存好的文件

选择【文件】→【打开】→【虚拟化身】，即可打开已经保存好的虚拟化身的文件（*.avt），设定好的尺寸数据就会应用到虚拟化身身上。

二、显示虚拟化身尺寸

选择菜单【虚拟化身】→【Show Measure】（显示尺寸），虚拟化身身上会出现各部位的尺寸和测量位置，其中紫色标记的项目表示围度，绿色标记的项目表示不同关节点距离地面的高度或者不同关节点之间的距离（图3-5）。

在图3-3对话框中调整虚拟化身尺寸后，显示尺寸并未发生变化，这时用户可以单击【物体窗口】中的【Measure】选项卡，然后单击【穿】按钮（图3-6），显示尺寸就会自动进行调整。

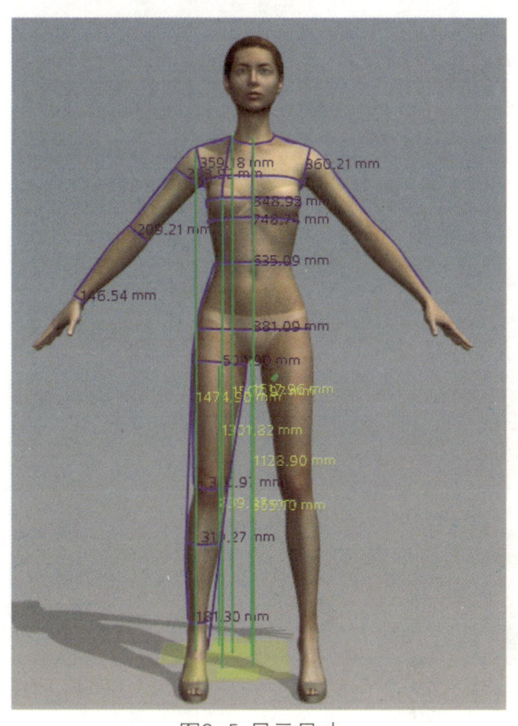

图3-5 显示尺寸

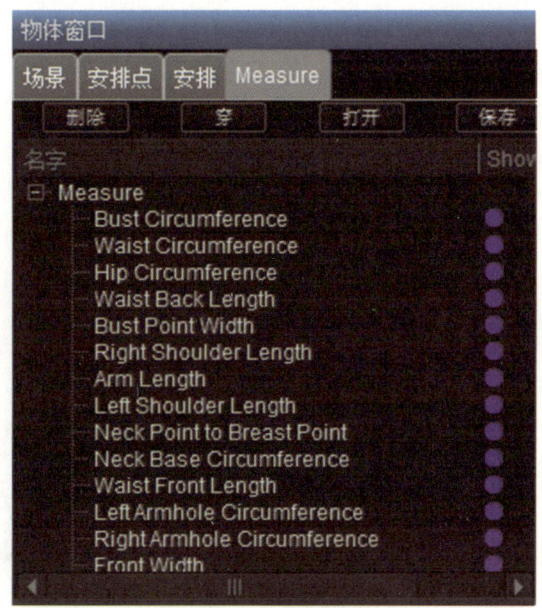

图3-6 物体窗口

如果导入的是自己制作的OBJ人体模特，系统就不会显示这些尺寸，用户可以使用菜单【虚拟化身】→【Measure】里面的功能来测量并标注出自己需要的尺寸。

三、虚拟化身姿势

CLO系统分别提供了几种儿童模特、男性模特和女性模特的姿势（系统中称为“样子”），同时还可以利用虚拟化身的关节部位变换虚拟化身的姿势，并将该姿势保存为文件（*.pos），方便以后使用。

（一）打开姿势文件

在主菜单中选择【文件】→【打开】→【样子】，弹出【读文件】对话框（图3-7）。在对话框中双击“woman_pose”文件夹，选择第二个样子，单击【打开】，得到图3-8的姿势。

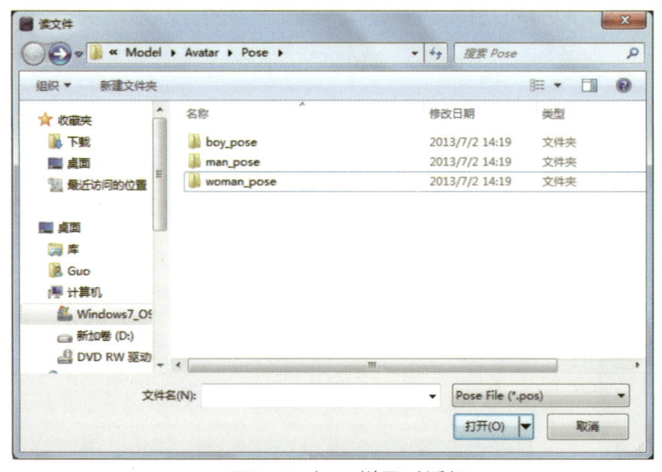

图3-7　打开样子对话框

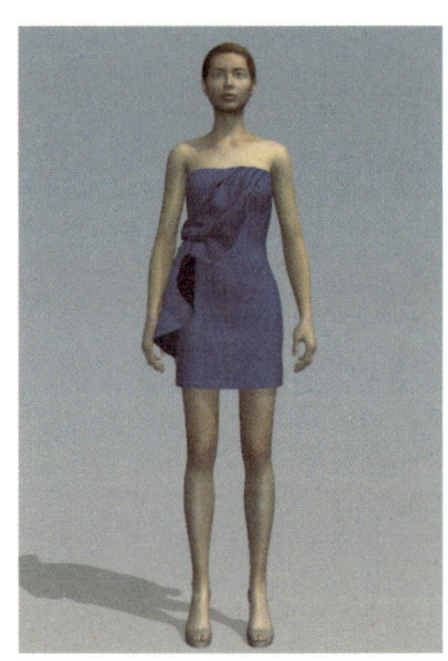

图3-8　第二个样子

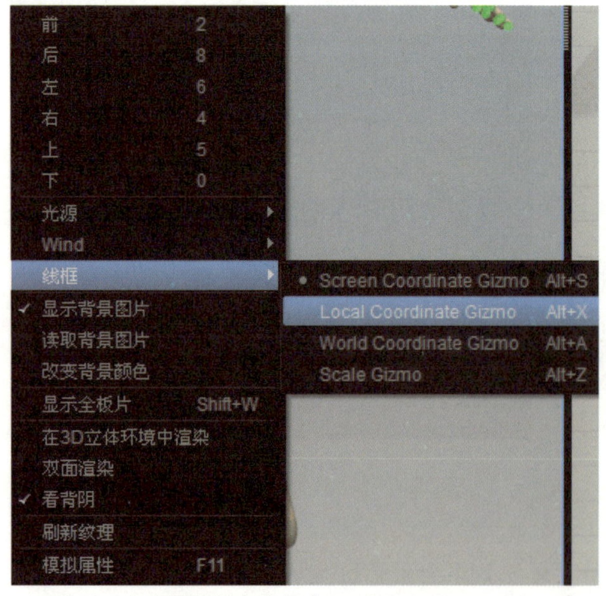

图3-9　在右键菜单中选择【Local Coordinate Gizmo】

（二）设计虚拟化身姿势

设计虚拟化身的姿势时，设计者需要单击工具栏中的“显示服装”按钮，以取消服装的显示。其他具体操作如下：

（1）在主菜单中选择【虚拟化身】→【显示X-Ray结合处】，虚拟化身身上会出现很多绿色的关节点。

（2）在【虚拟化身窗口】点击鼠标右键，选择【线框】→【Local Coordinate Gizmo】（图3-9）。

（3）点击虚拟化身关节点时，会按照虚拟化身关节的方向出现Gizmo轴（图3-10），将鼠标移动到Gizmo轴的圆周线上并按住鼠标移动，就可以调整虚拟化身的姿势。图3-11为虚拟化身左胳膊肘部调整后的样子。当然，设计者也可以选择在【Screen Coordinate Gizmo】状态下进行调整。

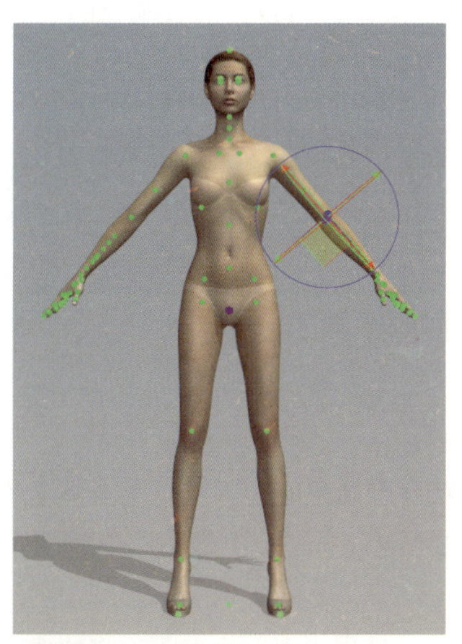

图3-10 肘关节处的Gizmo轴

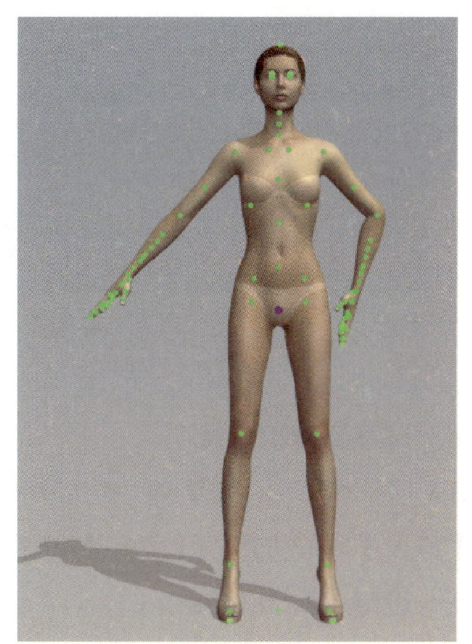

图3-11 调整后的样子

（三）移动位置

（1）如果需要移动虚拟化身位置，则可单击虚拟化身的中间关节点（紫色点），出现Gizmo轴后，用鼠标左键按住中间的黄色方框并移动即可（图3-12）。

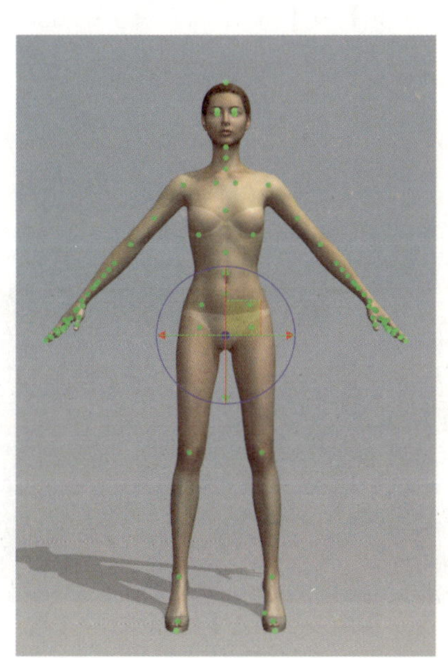

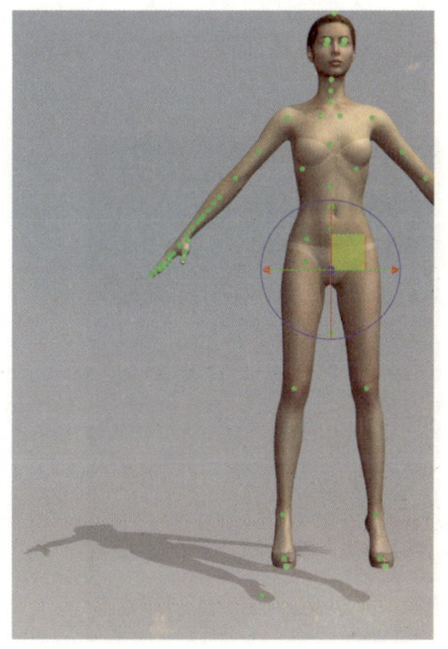

图3-12 移动虚拟化身位置

（2）移动物体位置时，也可利用物体下方的关节点进行移动（图3-13）。

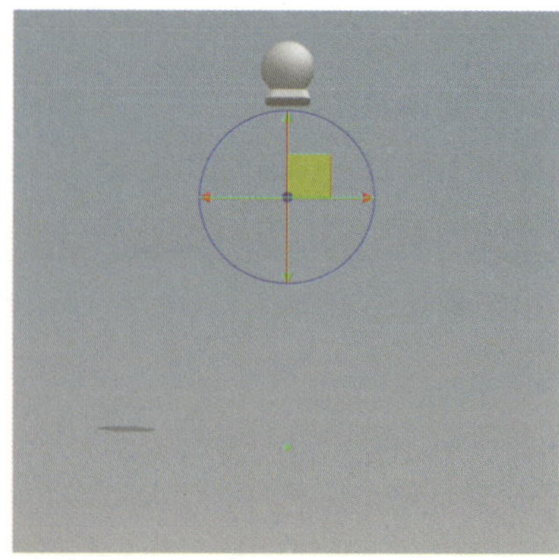

图3-13　移动物体位置

（四）保存姿势和位置

利用X-Ray功能设计的姿势，可以用POS文件保存使用。在主菜单中选择【文件】→【保存】→【样子】，在弹出的【保存】对话框中输入文件名字，单击【保存】即可。

（五）设定【Skin Offset】

【Skin Offset】是设计师为了顺利进行模拟，而在虚拟化身表面设定的看不到的厚度。如果没有这个厚度，有时虚拟化身的一部分会从服装中漏出来。遇到这种问题时，设计师可以通过提高【Skin Offset】值或减少粒子距离的方法来解决。但对于手套或贴身服装的模拟，设计师则需要降低虚拟化身的【Skin Offset】值才能解决问题。具体操作步骤如下：

（1）在【虚拟化身窗口】的虚拟化身上面单击右键，选择【虚拟化身属性】（图3-14）。

（2）在【属性窗口】→【Basic】→【虚拟化身】→【Skin Offset0～100mm】栏里输入数值（图3-15）。系统默认值为“3”。

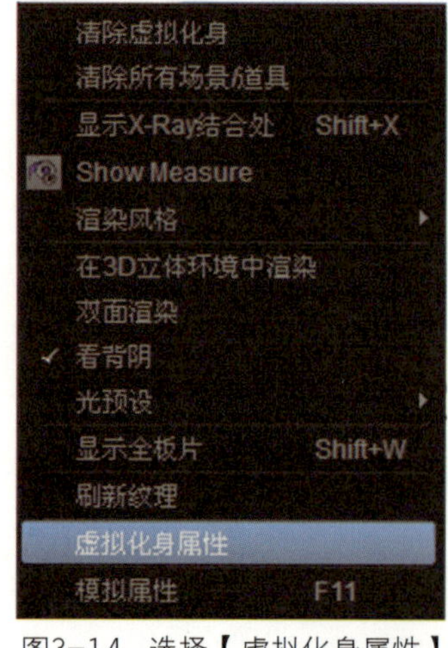

图3-14　选择【虚拟化身属性】

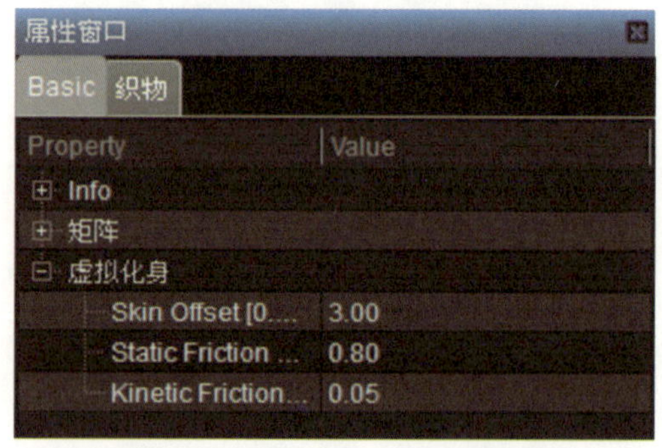

图3-15　修改【Skin Offset】值

（3）单击【模拟】工具▶，根据设定的【Skin Offset】进行试穿服装的模拟。

（六）显示/隐藏虚拟化身

在【虚拟化身窗口】显示或隐藏虚拟化身，该操作在制作服装里侧的时候经常使用。要注意的是，并不是消除虚拟化身，而是隐藏虚拟化身。在【虚拟化身窗口】的工具箱里单击【显示虚拟化身】工具，则可将虚拟化身隐藏（图3-16）；如果要重新显示，则再次单击此工具。

（七）设定虚拟化身的渲染风格

通过设定虚拟化身的渲染风格，设计师可以设定虚拟化身的表示方式。点击【显示虚拟化身】工具旁边的三角形，在【渲染风格】里选择一个项目（图3-17）。图3-18中的三个虚拟化身的渲染风格依次为【纹理表面】、【黑白表面】和【网格】。

图3-16 隐藏虚拟化身

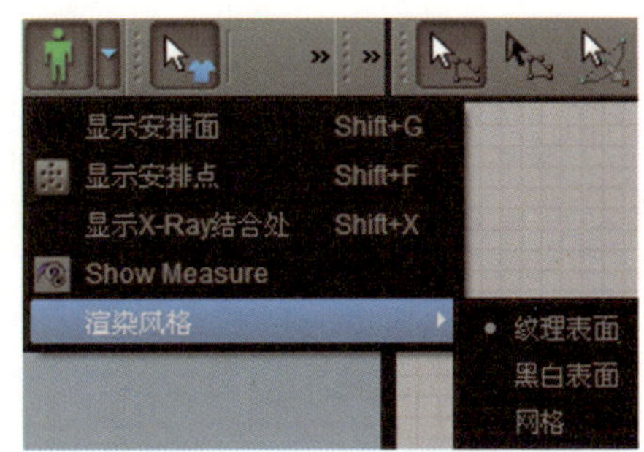

图3-17 选择不同的渲染风格

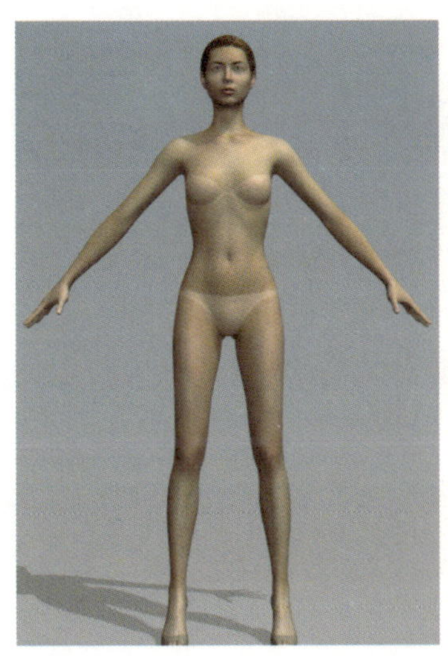
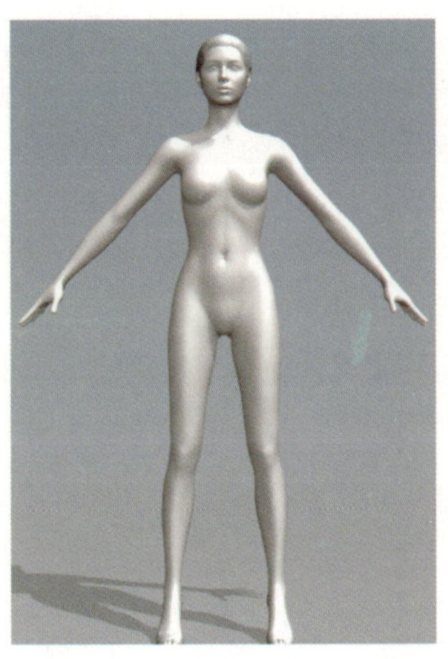
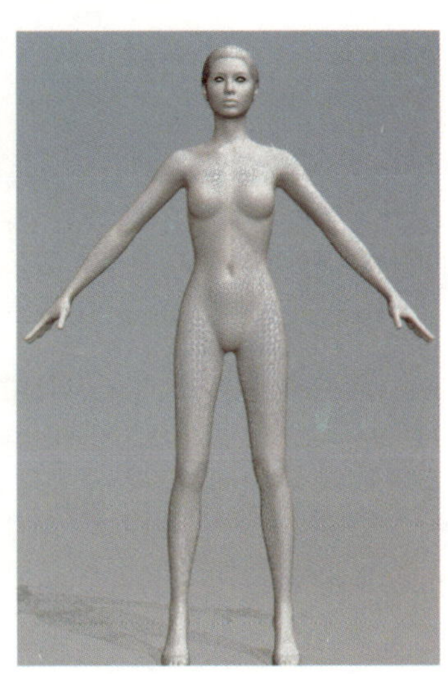

图3-18 三种不同的渲染风格

第二节 二维纸样设计

纸样是指使用服装CAD软件或者手工绘制的，主要用于裁剪服装的样板，因为样板一般是使用宽幅绘图纸绘制的，所以人们习惯称其为纸样，有时也直接称为样板。本书直接采用了CLO 3D软件中文版中的名称，即“板片”，故后续内容中出现的板片都是指服装的样板或纸样。

一、生成板片

服装板片的获取方式，除了导入DXF文件外，也可以在【板片窗口】中利用【板片生成工具】进行创建。这些工具包括制作多边形、矩形、圆形及内部图形工具等。

（一）制作多边形板片

（1）点击【制作多边形】工具，在【板片窗口】中通过单击鼠标左键画出多边形。多边形的最后一点要与最初画的点重合，这样才能制作出一个完整的封闭图形（图3-19）。

（2）设计师在画点生成板片的过程中，按【Delete】键或【Backspace】键，就可以从最后画的点开始按顺序删除。途中按【Esc】键，则删除全部。

（二）制作自由曲线板片

选择【制作多边形】工具，在按住【Ctrl】键的同时单击一个点，所画的点就会变成自由曲线点。反复利用【Ctrl】键，可以绘制出曲线和直线混合的板片（图3-20）。

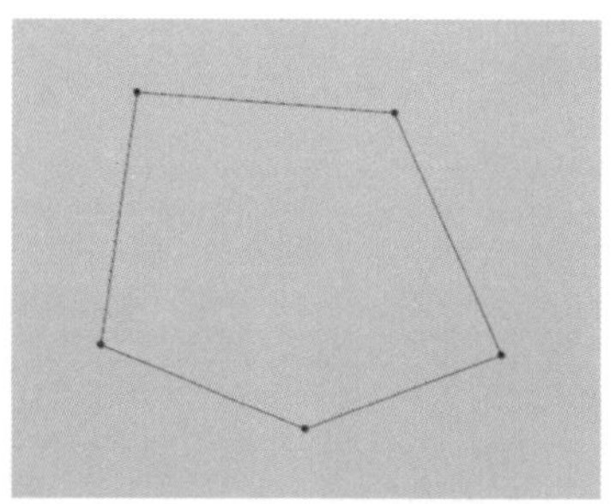

图3-19 制作多边形

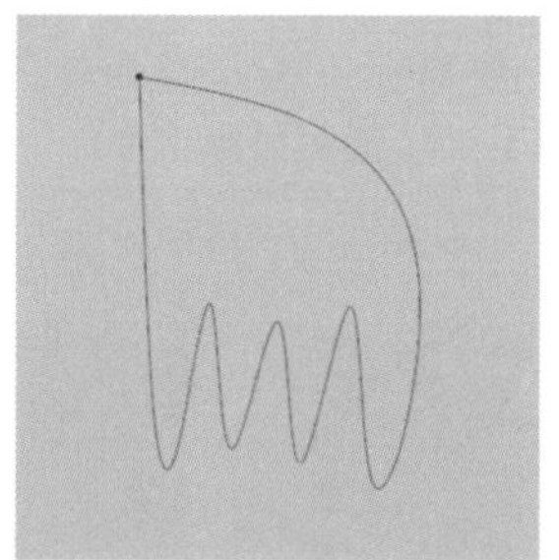

图3-20 制作自由曲线

（三）制作矩形板片

选择【制作矩形】工具，在【板片窗口】拖动鼠标画出矩形，或点击【板片窗口】，在弹出的【制作矩形】对话框中输入【宽度】和【高度】值，单击【OK】画出矩形（图3-21）。

（四）制作圆形板片

选择【制作圆】工具，在【板片窗口】拖动鼠标画圆形，或点击【板片窗口】弹出【制作圆】对话框，输入圆半径，单击【OK】画出圆形（图3-22）。

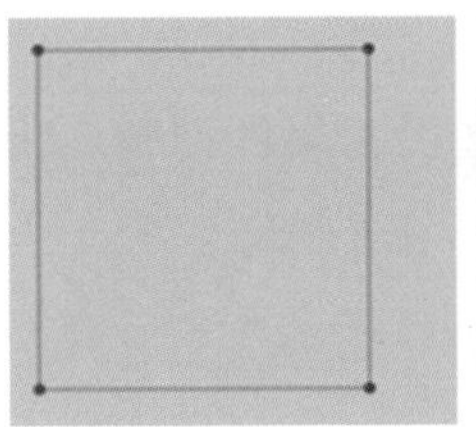

图3-21 制作矩形

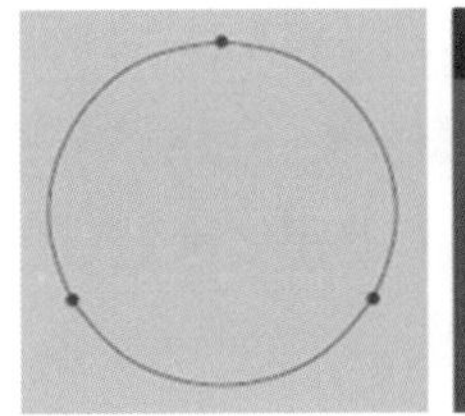

图3-22 制作圆

二、生成内部图形

内部图形通常是在绘制口袋、扣子的位置或显示折叠板片的熨烫线、褶等的时候使用。内部图形只能绘制在在板片内部区域中。

（一）制作内部线

选择【创造内部图形/线】工具，在板片内部单击鼠标即可绘制图形。画多边形时，同样需通过最后点击最初画的点的方法形成封闭图形。画线时，双击最后一点形成线。按住【Ctrl】键单击鼠标则可以画出自由曲线（图3-23）。

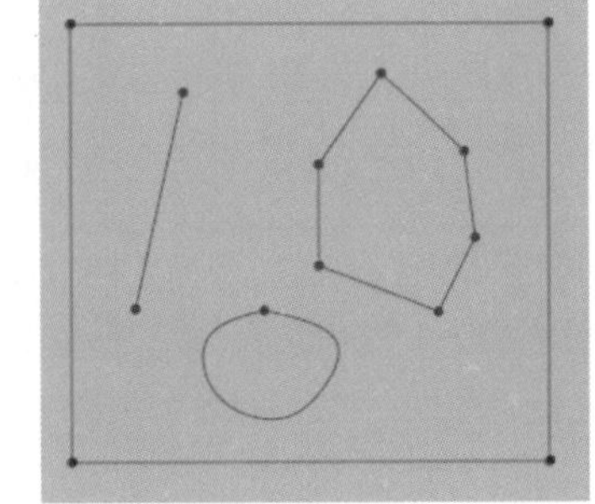

图3-23 制作内部线

（二）制作内部矩形

选择【创造内部四角形】工具，在【板片窗口】中拖动鼠标即可画出矩形。或者点击板片，在弹出的【制作矩形】对话窗中输入【宽度】和【高度】值，制作出内部矩形（图3-24）。

（三）制作内部圆形

选择【创造内部圆】工具，在【板片窗口】里拖动鼠标画出圆形。或者点击板片，在弹出的【制作圆】对话框中输入半径，制作出圆形。对话框中的【X】和【Y】表示在【板片窗口】点击鼠标的位置（图3-25）。

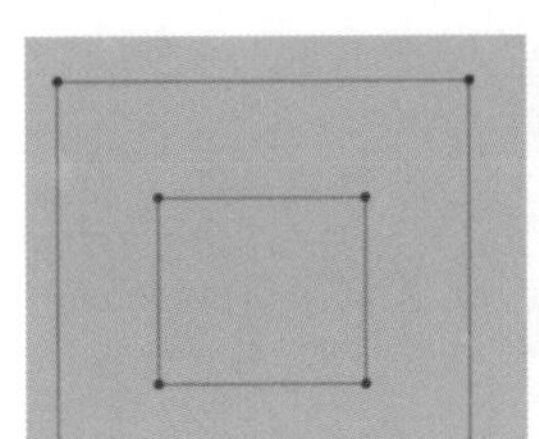

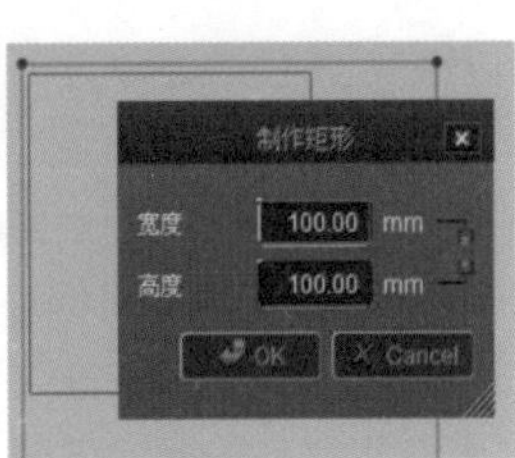

图3-24 制作内部四角形

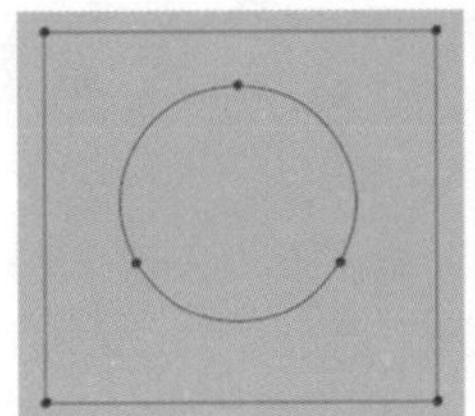

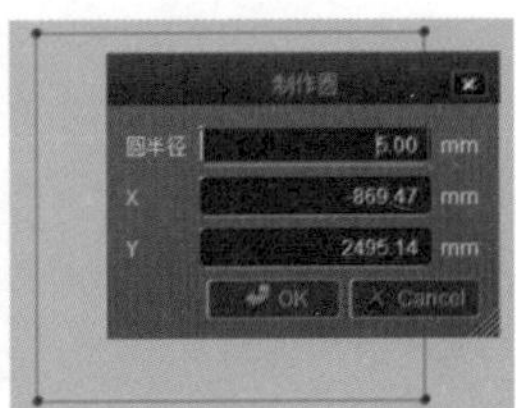

图3-25 制作内部圆形

（四）制作省（Dart）

选择【创造Dart】工具，在【板片窗口】中拖动鼠标画省（Dart）。或者在板片内部点击鼠标，在弹出的【创造Dart】对话窗中，以省中心为基准输入左右宽度和上下高度，完成后点击【OK】，即生成新的省，点击鼠标的位置为省的中心点（图3-26）。

（五）取出内部图形

选择【勾勒轮廓】工具，在按住【Shift】键的同时，用鼠标单击板片里面的图形，选择完毕后单击右键，选择【Create as Pattern】（复制为板片），内部图形就会自动生成。

三、编辑板片

（一）选择点、线或板片

编辑修改板片或点、线等内部图形，或者选择并移动板片时，用户需点击【编辑板片】工具，把光标移动到要选择的板片上面，点和线会变成蓝色。点击板片，蓝色的线和点会变成黄色（图3-27）。

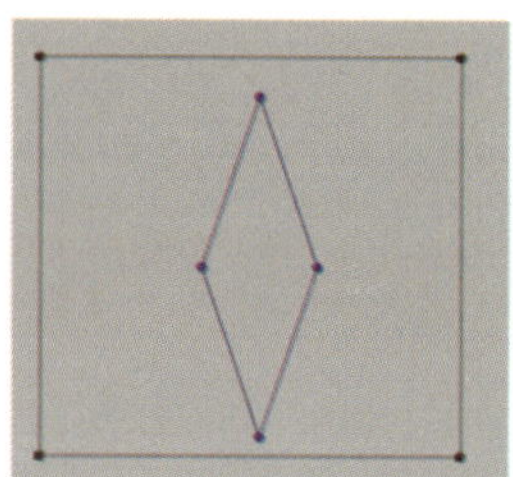

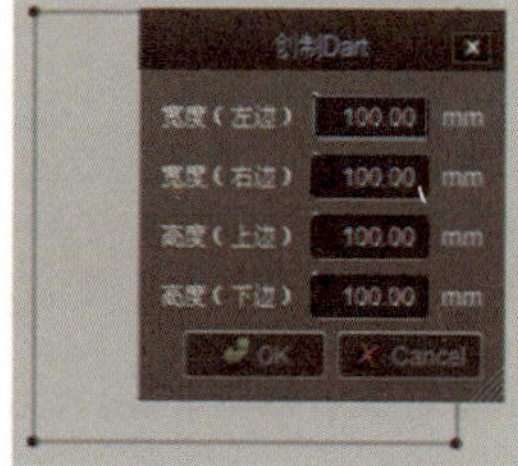

图3-26　制作省

图3-27 选择板片

（二）移动点、线或板片

（1）点击【编辑板片】工具，把光标移动到板片上，当光标变成十字形时，点击就可以选择整个板片，按住鼠标并拖动就可以移动板片。双击线段或点然后拖动鼠标的操作也可以移动板片。

（2）把光标移动到点或线的上面，光标会变成，这时点击选择并拖动鼠标就可以移动点或线。原点或线和移动点或线之间的距离会显示为紫色（图3-28）。

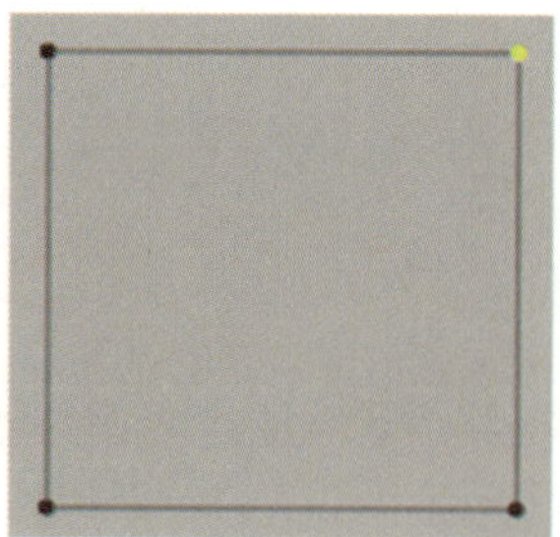

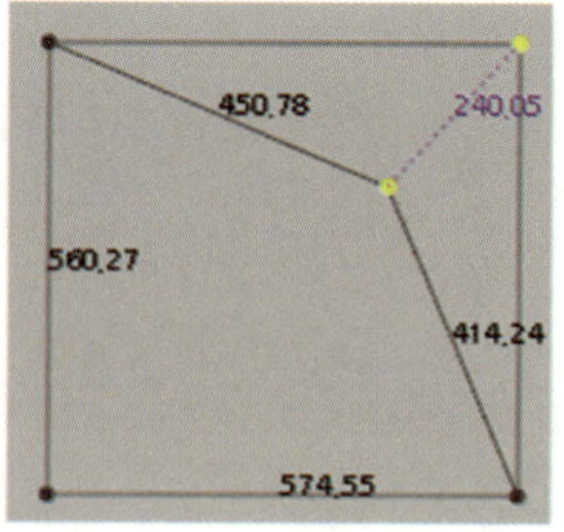

图3-28 移动点

（三）选择多条线

在【板片窗口】的空白处点击，然后拖动鼠标框选板片或点、线。在按住【Shift】键的同时选择多个点、线或板片也可达到同样的效果（图3-29）。

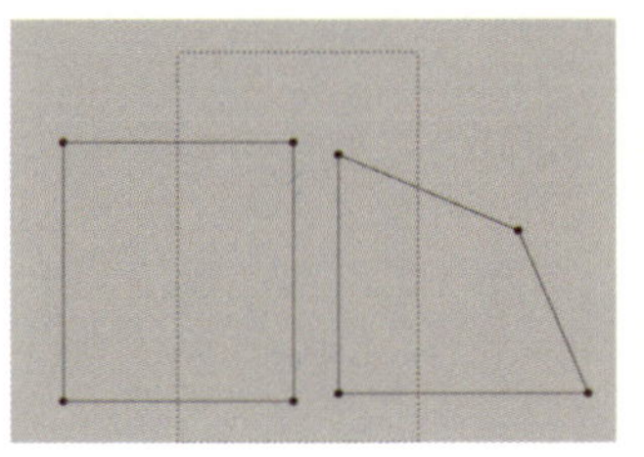
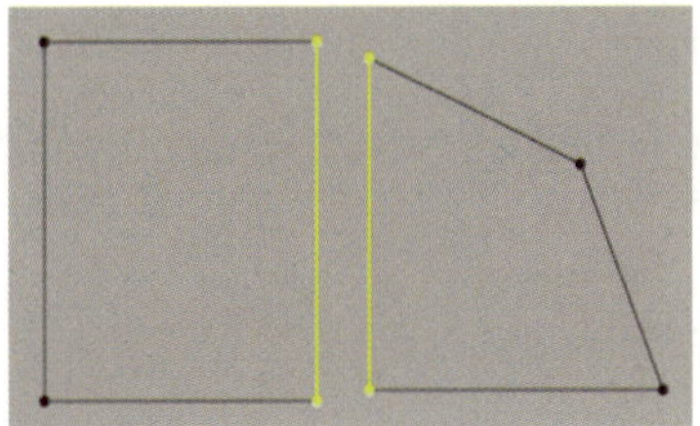

图3-29 选择多条线

（四）选择整个板片

当多个板片排列在一起，利用【编辑板片】工具选择某个板片比较困难时，用户可以使用【传输板片】工具来进行选择（图3-30）。

四、画曲线

（一）绘制曲线

利用【制作多边形】工具或【创造内部图形线】工具制作多边形时，在按住【Ctrl】键的同时单击鼠标，就能生成曲线点，释放【Ctrl】键可以重新画直线（图3-31）。

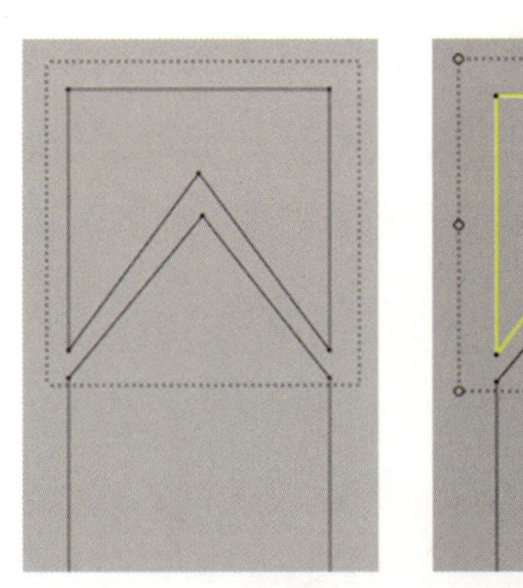
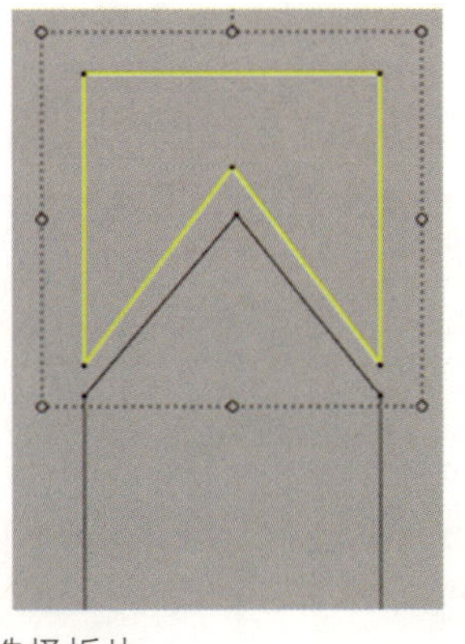
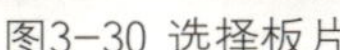

图3-30 选择板片

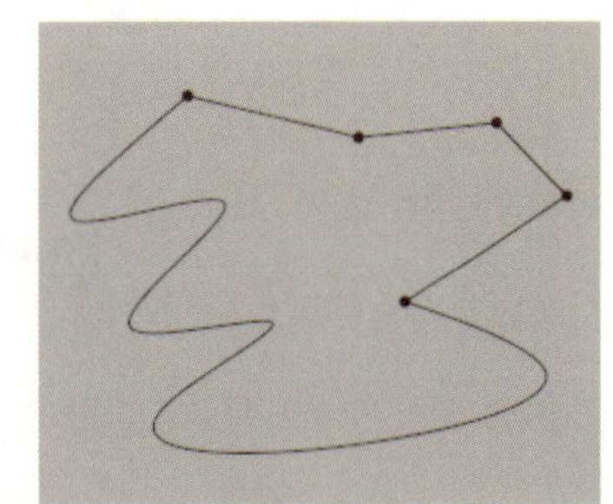

图3-31 画曲线

（二）转换成曲线

利用【编辑曲率】工具选择直线，拖动鼠标可以将其转换为曲线。选择曲线并拖动，则可以变换曲率（图3-32）。

（三）修改曲线

利用【编辑曲线点】工具选择曲线点，拖动即可修正曲线或追加点变换曲率（图3-33）。

图3-32 编辑曲线　　图3-33 编辑曲线点

（四）删除曲线点

（1）利用【编辑曲线点】工具选择曲线点，按住【Delete】键或在点上面单击鼠标右键，在弹出的菜单中选择【点删除】，即可删除曲线点（图3-34）。

（2）当曲线上有很多点，而且单个删除比较困难时，用户可以单击【加点/分线】工具，删除直线点就等于删除了全部曲线点。

五、加点/分线

在一条线上追加直线点，就可以将其分成两条线段。追加点的目的是在线段上必要的地方画点，如板片上的剪口处，以制作比较精细的板片。

（一）追加点

点击【加点/分线】工具，在线段上单击鼠标左键即可追加点（图3-35）。

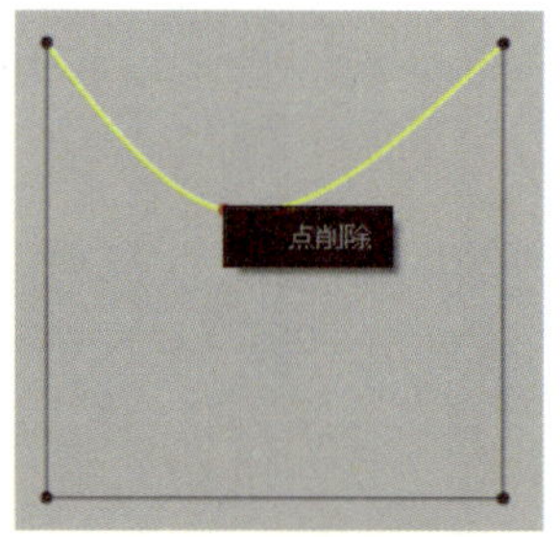

图3-34　删除曲线点

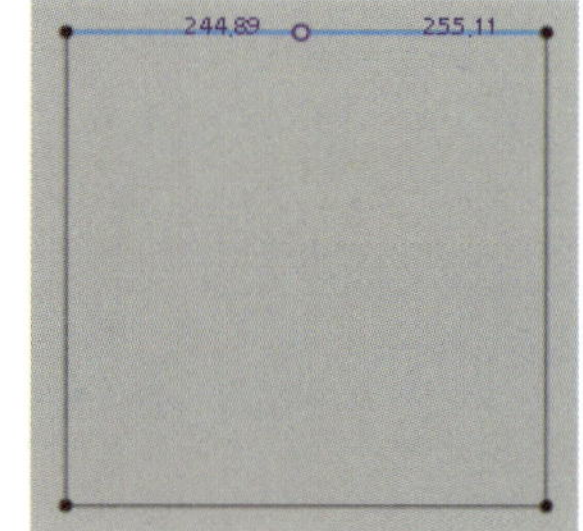

图3-35　追加点

（二）用输入尺寸的方式加点

如果需要在某一特定尺寸处加点，则可以使用输入尺寸的方式。点击【加点/分线】工具后，在需要加点的线上单击鼠标右键，弹出【分裂线】对话框（图3-36），然后输入尺寸，单击【OK】即可。

1. 长度#1、#2

以点击鼠标右键生成的临时点为基准断开的两条线段的长度会显示在长度#1、#2栏里，用户可以在这两栏里输入尺寸，改变线段的长度。

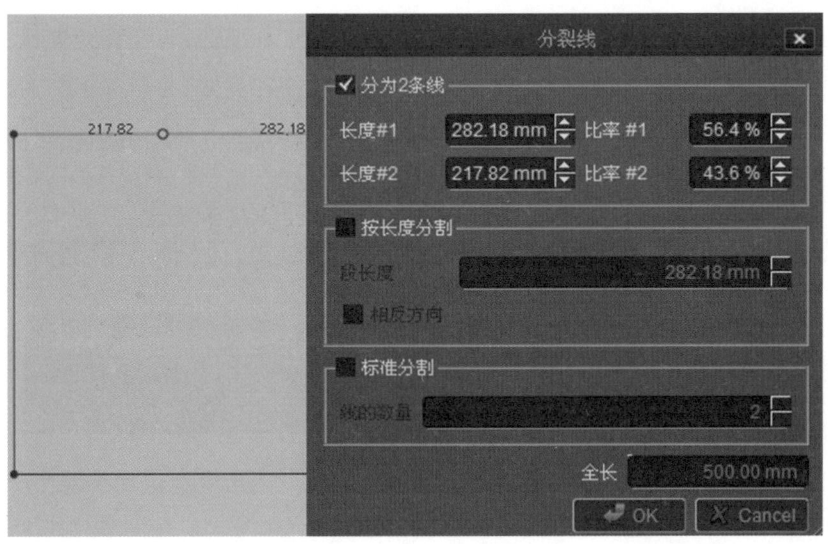

图3-36　分裂线对话框

2. 比率#1、#2

将要断开的线段长度看作100%，断开后的两条线的比率会显示在比率#1、#2栏里，用户可以在比率栏里输入数值，改变线段的长度。

（三）按设定长度加点

在线段上点击右键，在弹出的【分裂线】对话框中选择【按长度分割】。如果输入尺寸为“80mm”，则从线段的一个端点开始，每80mm追加一个点（图3-37）。如需转换追加点开始的方向，可以选择【相反方向】。

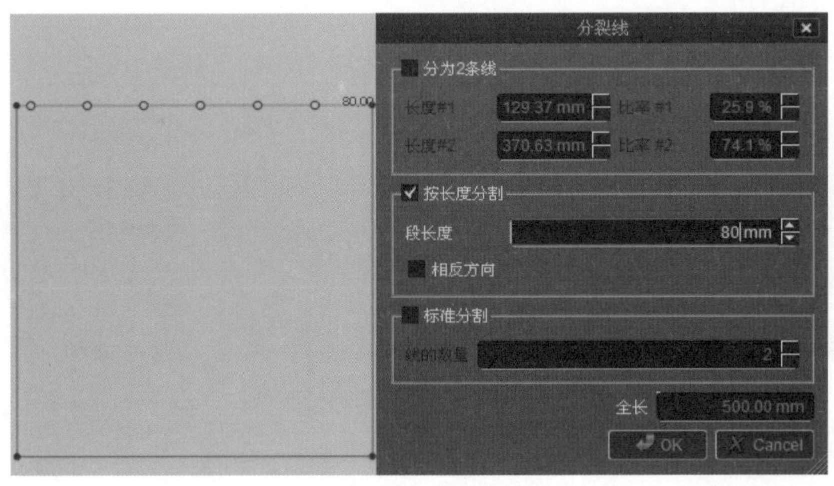

图3-37　按设定长度加点

（四）按设定个数分割线段

在线段上点击右键，在弹出的窗口中选择【标准分割】输入想要分割成的份数，就可以平分该线（图3-38）。

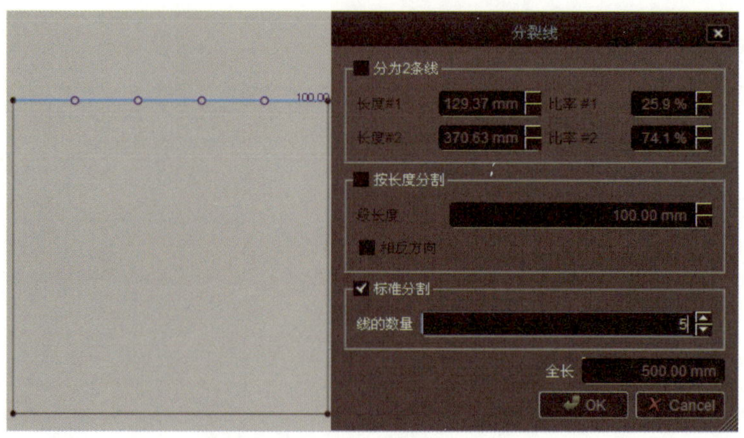

图3-38　按设定个数分割线段

（五）点删除

利用【编辑板片】工具选择点，再按【Delete】键就可以删除点。

六、向导键

移动板片或板片上的点和线时，结合【Shift】键和【Ctrl】键就可以更准确地编辑图形。

（一）垂直、水平或45度移动

制作图形的同时按住【Shift】键，可以在前一点的垂直、水平或45度线上画点；选择点和线拖动时，按【Shift】键会出现垂直、水平或45度移动的向导，用户可以根据向导移动点和线（图3-39）。

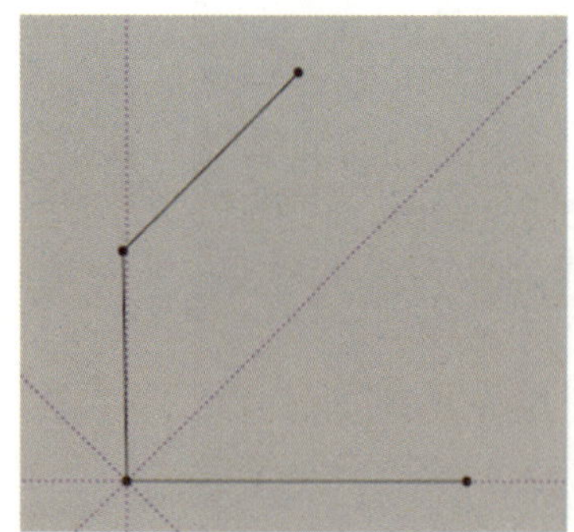

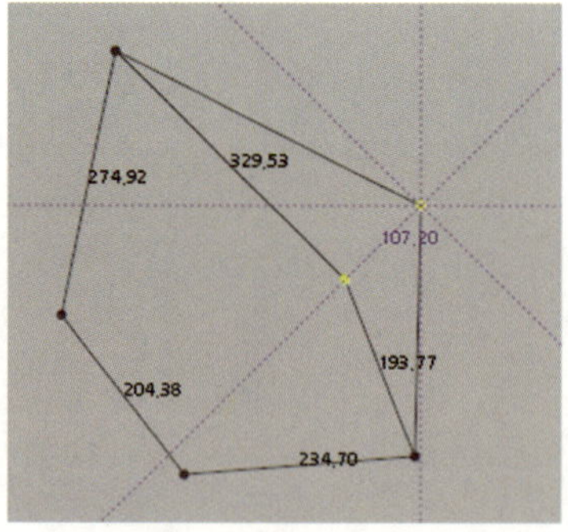

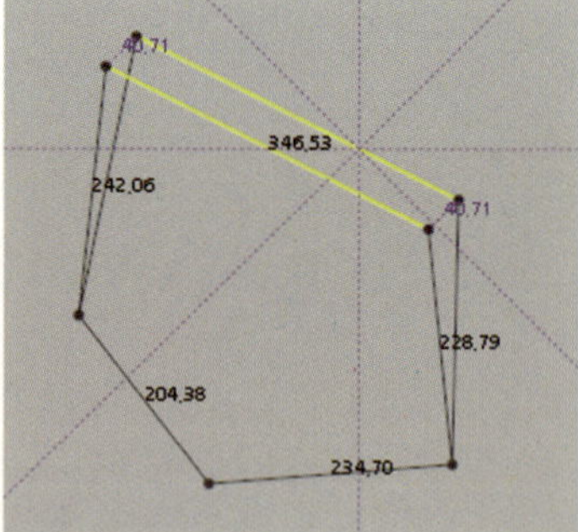

图3-39　垂直、水平或45度移动点和线

（二）按照线段延伸方向移动

选择【编辑板片】工具移动点或线段时，按住【Ctrl】键会出现线段延伸方向上的移动向导，用户可以根据向导移动点或线段（图3-40）。

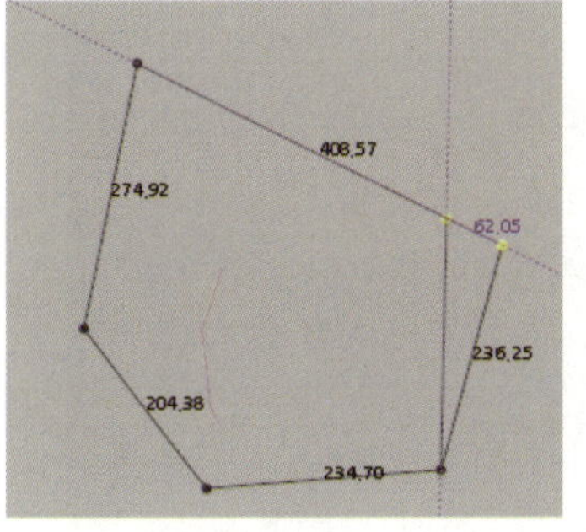

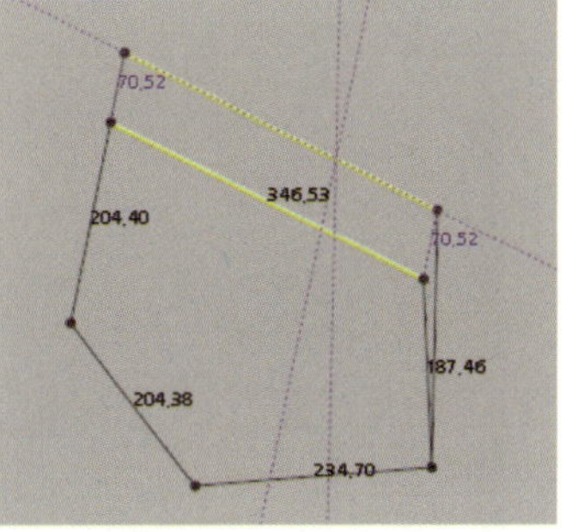

图3-40 按照线段延伸方向移动

（三）输入距离移动点或线

选择【编辑板片】工具，在移动点或线的同时单击鼠标右键，在弹出【移动】窗口中输入尺寸，点击【OK】就可以移动点或线（图3-41）。

七、方向键

在板片上面选择点或线，然后用方向键移动。

（一）用方向键移动

选择板片或点、线的同时，方向键可以按一定的间隔量来移动选择对象。

（二）调整方向键移动间隔量

（1）在【板片窗口】的空白处，单击鼠标右键，在弹出的菜单中选择【板片窗口属性】（图3-42）。

（2）在【属性窗口】→【Basic】→【移动方向钥匙】→【每步行进距离（毫米）】中设定方向键移动的单位间隔（mm），系统默认为“10mm”（图3-43）。

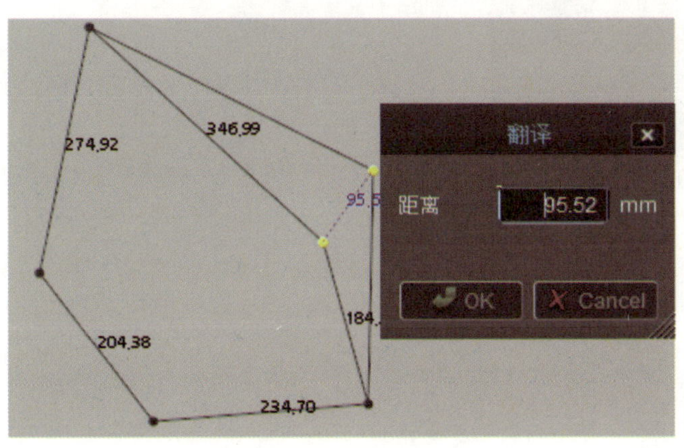

图3-41 输入移动距离

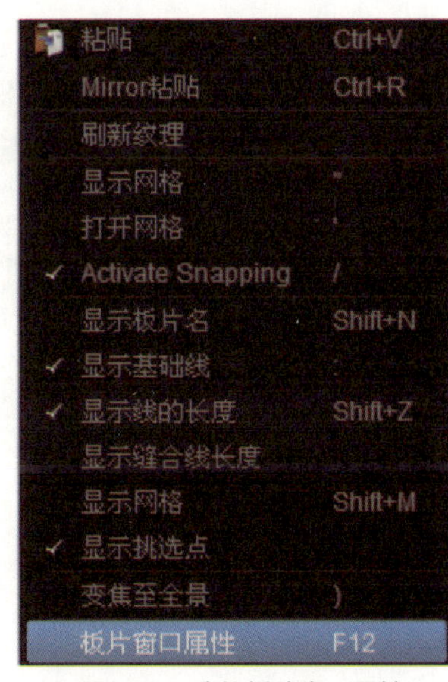

图3-42 选择板片窗口属性

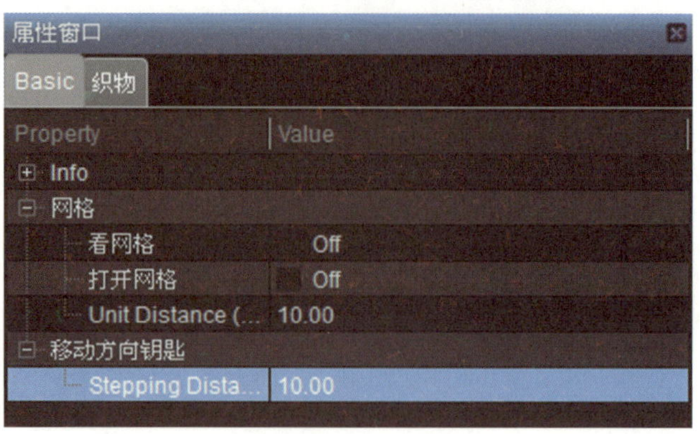

图3-43　设置移动间隔量

八、板片变化

复制板片或内部图形。

（一）复制板片

（1）选择板片，按【Ctrl】+【C】拷贝，按【Ctrl】+【V】粘贴。

（2）在板片上面点击右键，在弹出的菜单中选择【复制】，在【板片窗口】空白处单击右键选择【粘贴】。复制出的板片跟着鼠标移动的时候点击【板片窗口】，板片就可以粘贴到【板片窗口】上面。

（二）从板片复制出内部图形

在板片上面点击右键，在弹出的菜单中选择【复制为内部模型】，在另一板片的空白处点击右键，选择【粘贴】。复制出的内部图形会跟着鼠标移动，在选择的板片里面的合适位置点击鼠标，就可以复制成内部图形（图3-44）。

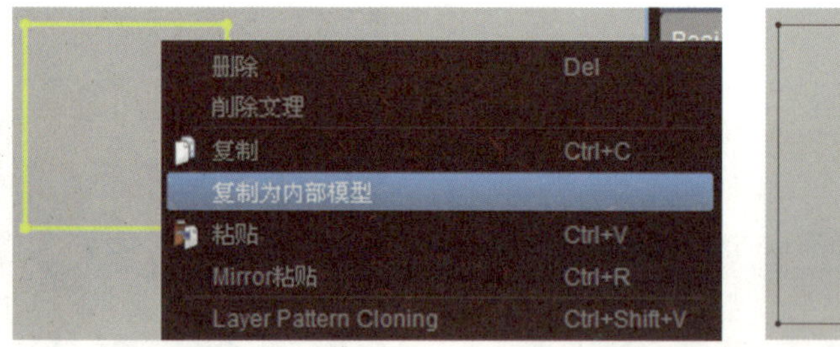

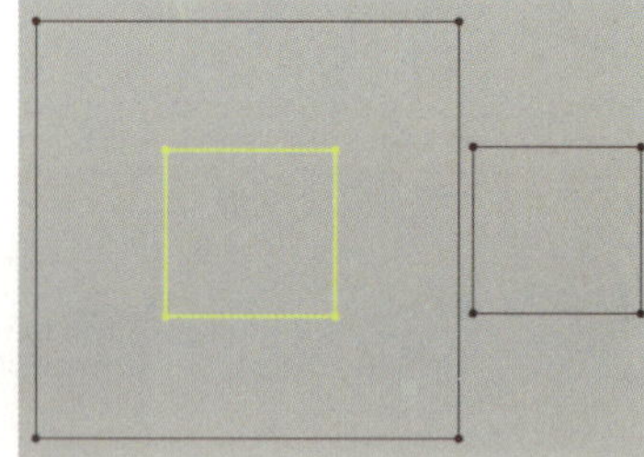

图3-44　把板片复制为内部模型

（三）从内部图形复制出板片

选择内部图形点击右键，在弹出的菜单中选择【复制为板片】。在空白地方点击右键，在弹出的菜单中选择【粘贴】，复制出的板片会跟着鼠标移动，在空白处单击即复制出板片（图3-45）。

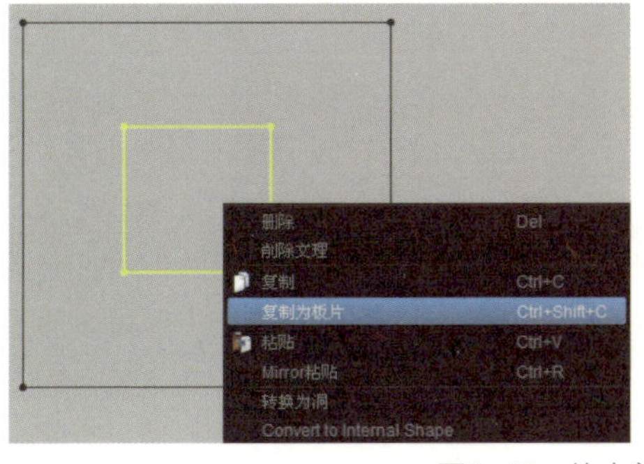

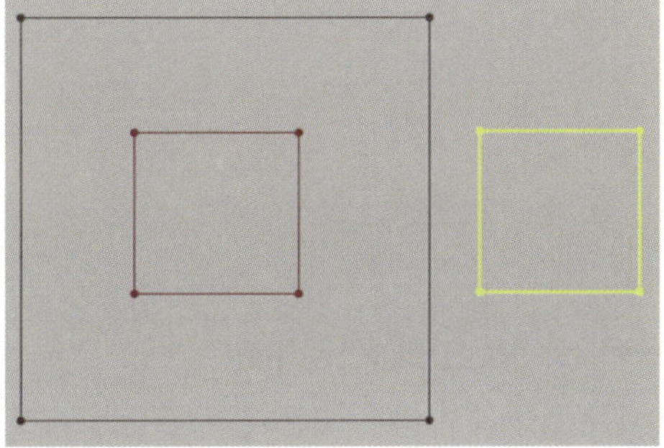
图3-45 从内部图形复制出板片

（四）内部图形转换为孔洞或省

选择内部图形，点击右键，在弹出的菜单中选择【转换为洞】（图3-46）。如果【虚拟化身窗口】中没有孔洞的效果，则需要单击该窗口中的【同步】按钮。

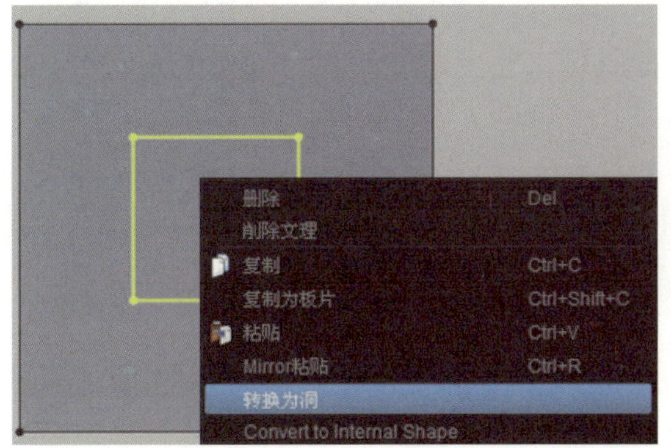

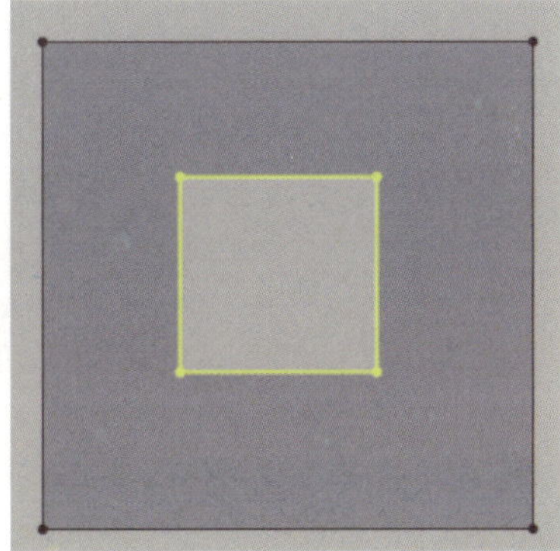
图3-46 将内部图形转换为洞

（五）孔洞或省转换为内部图形

选择孔洞或省，单击右键，在弹出的菜单中选择【Convert to Internal Shape】，将孔洞或省变成内部图形，并点击【虚拟化身窗口】中的【同步】按钮查看效果（图3-47）。

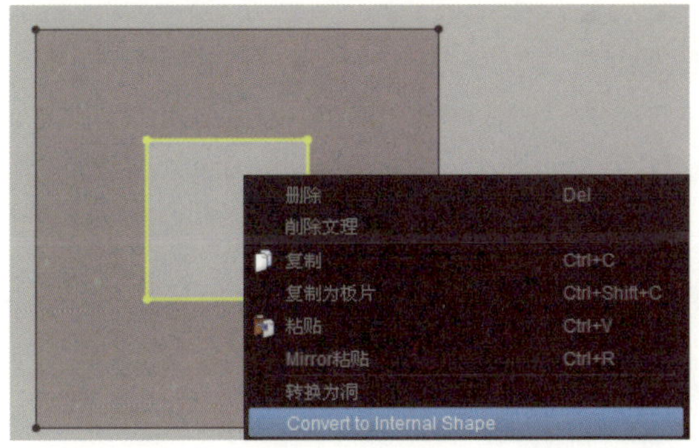

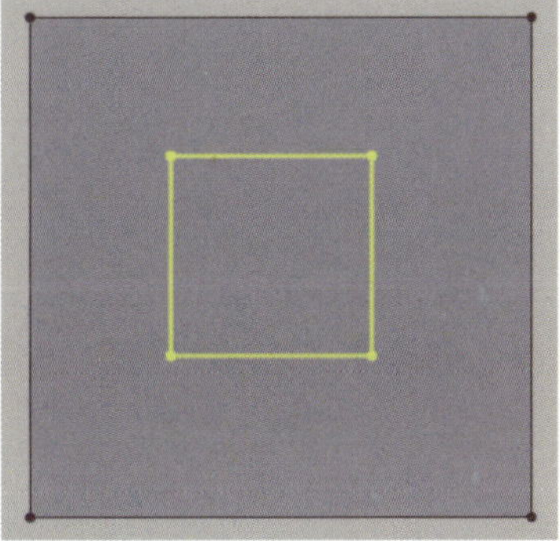
图3-47 将孔洞或省转换为内部图形

九、板片反转（翻转）

很多服装的左侧和右侧板片是相互对称的，所以设计师在进行设计的时候，可以先制作一个板片，然后将其对称复制为另一个板片。这时就需要使用到【水平反】和【垂直反】功能。

（一）水平反和垂直反功能

在板片上单击右键，选择【水平反】或【垂直反】就可以反转板片。

（二）水平反转后粘贴

（1）选择板片，按住【Ctrl】+【C】键复制后，再按【Ctrl】+【R】键反转板片，然后粘贴（图3-48）。另一种方法是在板片上面点击右键，选择【复制】后，再在空白地方点击右键，选择【Mirror粘贴】。

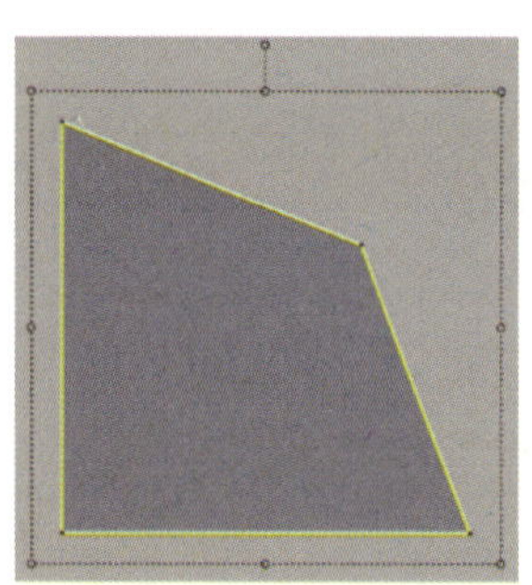
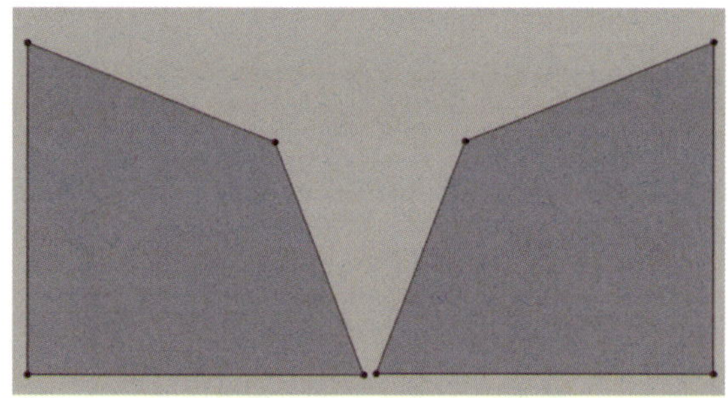

图3-48　水平翻转粘贴

（2）复制的板片跟着鼠标移动，点击【板片窗口】的某一位置，就可以粘贴板片。

（三）板片展开

很多服装板片都以中心线为基准左右或上下对称，所以设计师制图的时候可以在画了一半板片后反转复制另一半。这时为了不切开中心线，可以使用以下步骤。

（1）利用【编辑板片】工具选择板片反转的基准线。

（2）点击右键选择【展开】，就可以复制出另外一侧（图3-49）。

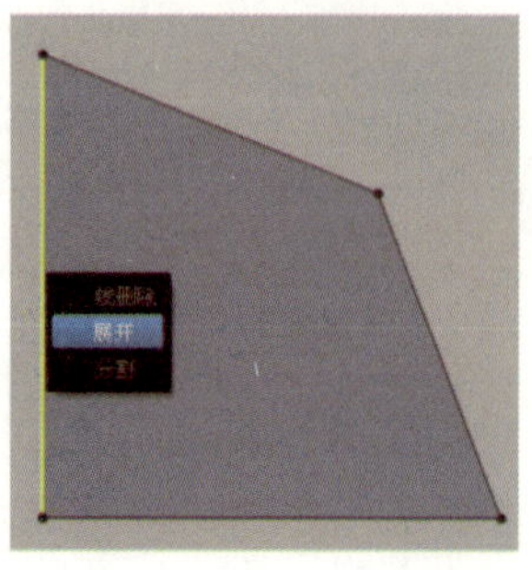

图3-49　板片展开

十、网格

网格可以对绘制或修正板片起到一定的辅助作用。网格的基本间距是10mm，在【板片窗口】看到的网格线的间距是设定间距的5倍（50mm）。

（一）显示网格

在【板片窗口】空白处单击右键，在弹出的菜单中选择【显示网格】。

（二）打开网格

在【板片窗口】空白处单击右键，在弹出的菜单中选择【打开网格】。

（三）设定网格间距

（1）在【板片窗口】空白处，单击右键，在弹出的菜单中选择【板片窗口属性】。

（2）在【属性窗口】→【间隔单位（mm）】输入数值（图3-50）。

十一、显示板片名

使用生成板片的工具绘制的板片或者导入的其他服装CAD的DXF板片都有名字，用户可以在【板片窗口】控制显示或隐藏板片名。

（一）显示板片名

在【板片窗口】点击右键，在弹出的菜单中选择【显示板片名】。

（二）更换板片名

选择【编辑板片】工具，点击想要更换名字的板片。在【属性窗口】→【Basic】→【Info】→【名字】栏里输入板片名（图3-51）。

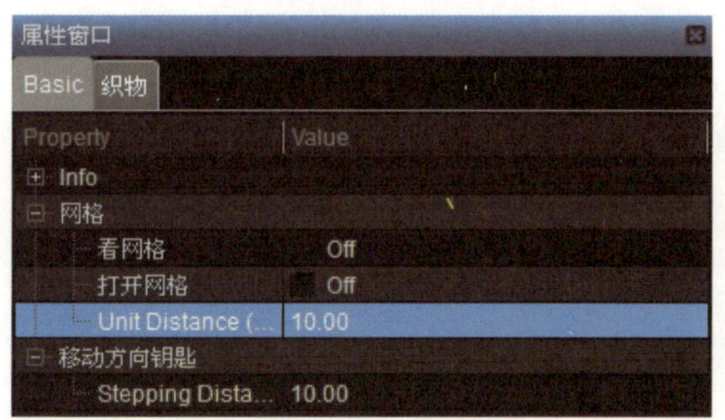

图3-50 网格间隔量设置

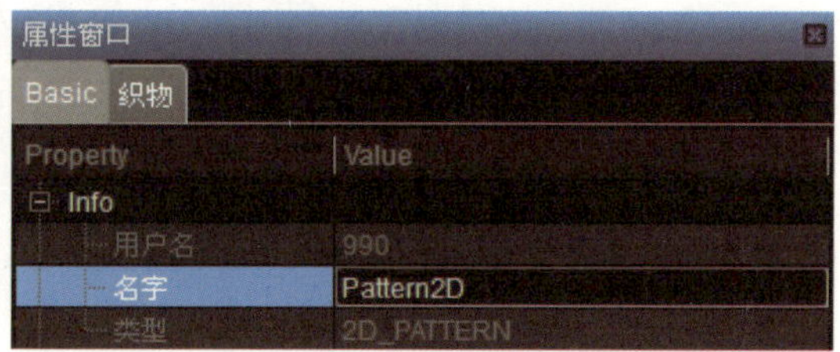

图3-51 修改板片名字

十二、显示基础线

将其他服装CAD导出的DXF文件导入到CLO系统时，板片上的剪口、布纹线等信息会作为基础线出现。有时为了制作需要，可以显示或隐藏基础线的信息。

（一）显示基础线

在【板片窗口】的空白处单击右键，在弹出的菜单中选择【显示基础线】。

（二）显示线的长度

在【板片窗口】空白处单击右键，在弹出的菜单中选择【显示线的长度】，这样可以确认板片或内部线的长度。

（三）显示图形的全部长度

用【编辑板片】工具选择图形，然后在【属性窗口】→【Basic】→【图形】→【周长】栏里可以看到图形全部长度（图3-52）。

（四）显示选择线段长度

使用【编辑板片】工具选择线，在【属性窗口】→【Basic】→【被选择的线】→【长度】栏里可以确认选择线的长度。如果选择的是多条线段，则属性栏中显示多条线段长度的总和（图3-53）。

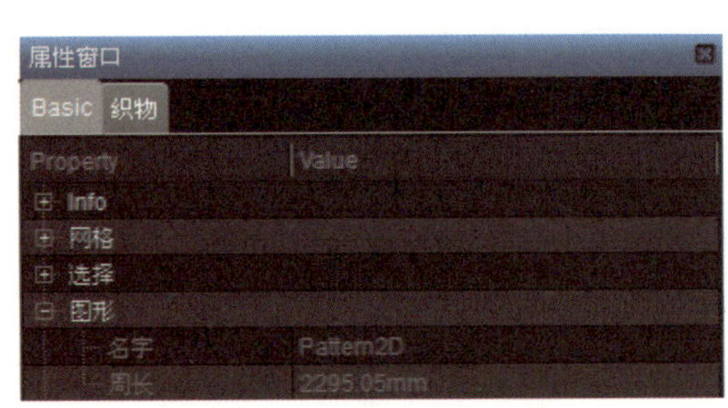

图3-52　图形全部长度

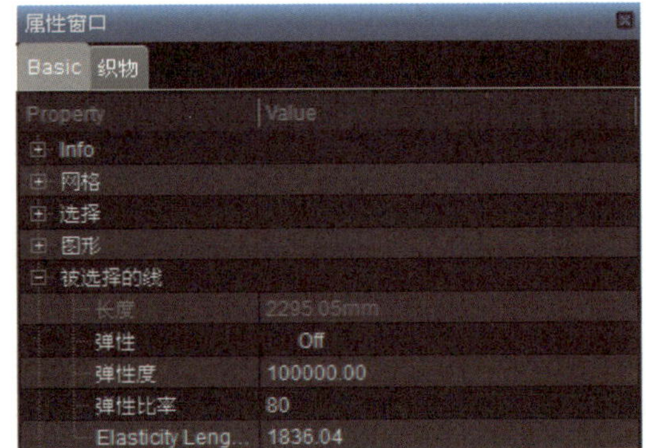

图3-53　选择线的长度

第三节　板片的三维定位

一、安排点

安排点是系统为了方便设计师在虚拟化身身上安排板片而设定的一些点，一般依附于安排面上。使用者可以根据需要追加、删除或移动安排点。编辑好的安排点可以用“*.arr”文件保存或打开。

（一）追加安排点

（1）在【物体窗口】点击【安排点】，点击上方的【加】按钮，即可生成新的安排点。

（2）安排点目录下方会生成新的安排点【Arrangement Point】（安排点）（图3-54）。

（3）单击【物体窗口】新增的安排点，在【属性窗口】→【Basic】→【info】→【名字】栏里修改安排点名称。

（4）在下面的【安排】栏里选择设置安排点依附的安排面（图3-55）。

（5）在【虚拟化身窗口】点击【显示安排点】工具，调整安排的细部属性，从而设定安排点位置。其中，【X】为水平方向安排点的移动量，【Y】为垂直方向安排点的移动量。

图3-54　安排点窗口

（二）删除安排点

在【物体窗口】点击【安排点】，选择要删除的安排点，点击图3-54上方的【删除】键，即可删除安排点。

（三）打开安排点

在【物体窗口】点击【安排点】，然后点击图3-54上方的【打开】，即可打开新的安排点文件。

（四）保存安排点

在【物体窗口】点击【安排点】，然后点击图3-54上方的【保存】，即可保存现在的安排点信息为“*.arr”文件。

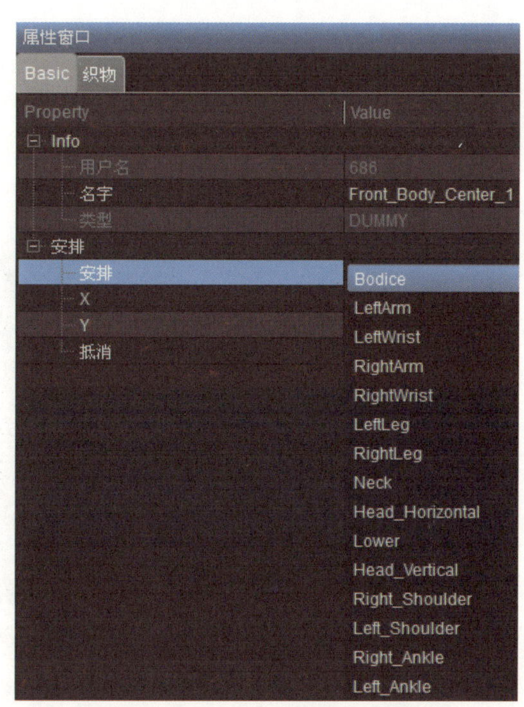

图3-55　设置安排点的安排面

二、安排面

安排面是指围绕在虚拟化身体周围的圆柱面，它是生成安排点的基础。安排面两端和虚拟化身各关节连接在一起，所以用户在变换虚拟化身的姿势或性别后，可以利用【物体窗口】→【安排】→【穿】功能，把安排点的位置移动到虚拟化身各部位继续使用，安排面也跟安排点一样会重新生成。已有的安排点的移动或删除等操作都可以在更新位置继续使用。

（一）显示安排面

点击【虚拟化身窗口】的【显示虚拟化身】工具旁边的三角形，选择【显示安排面】（图3-56）。

（二）追加安排面

（1）在【物体窗口】中，选择【安排】，然后点击【加】。

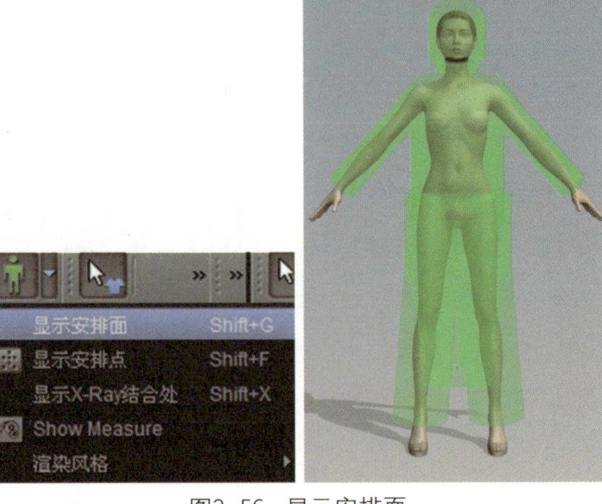

图3-56　显示安排面

（2）安排板下方生成新的安排面“pan”。在【虚拟化身窗口】下方确认新生成的圆柱形安排面（图3-57）。

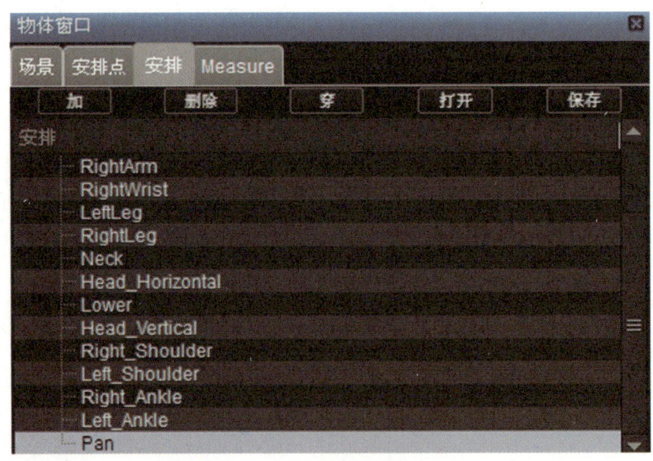

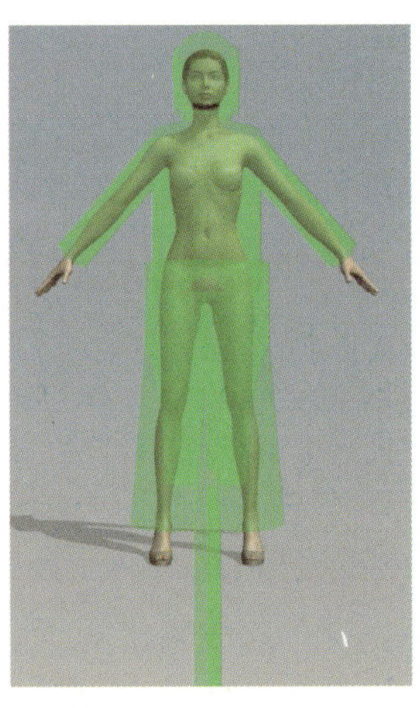
图3-57　新生成的安排面

（3）点击追加的“pan”，在【属性窗口】→【Basic】（基本信息）→【名字】里输入更换的名字（图3-58）。

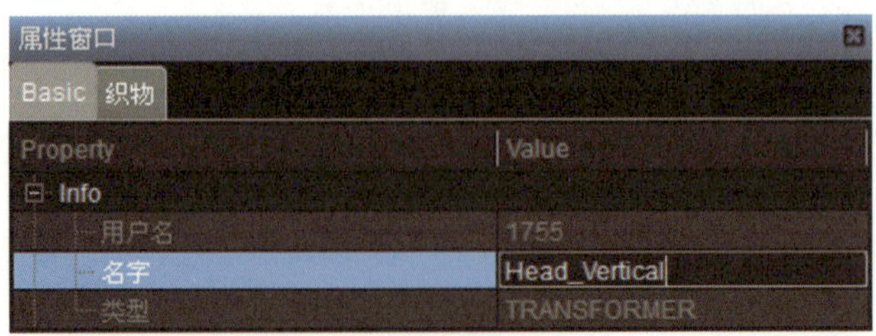

图3-58　修改名字

（4）【属性窗口】→【安排】面板里点击【Joint名字0】，然后在虚拟化身关节中选择一个关节；点击【Joint 名字1】，接着选择和上一个关节连接的关节。然后调整高度和各轴的半径，设定安排面大小（图3-59）。

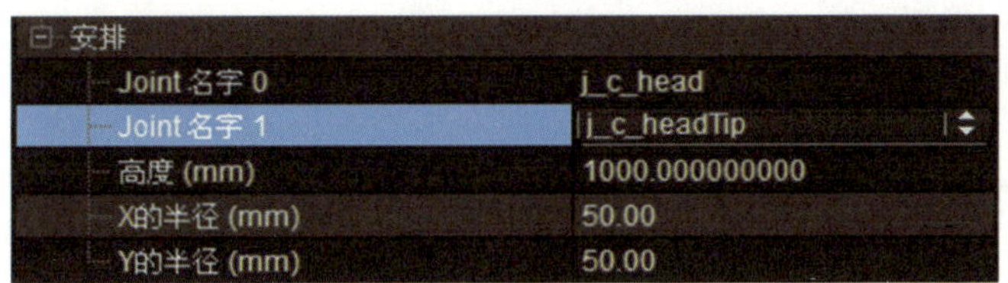

图3-59 安排面属性

① 因为安排面的上面及下面和虚拟化身的关节连接在一起，所以变换虚拟化身的姿态时，安排面的位置也会跟着变换。所以姿态变换后，用户需使用安排点排列板片。

②【Joint名字0】：连接安排面的下部和虚拟化身的关节。

③【Joint名字1】：连接安排面的上部和虚拟化身的关节。

④【高度】：安排面的高度。

⑤【X的半径】：安排面通常为圆柱形，X的半径即为圆柱在X轴方向的半径。

⑥【Y的半径】：圆柱在Y轴方向的半径。

（5）利用【虚拟化身窗口】的Gizmo旋转安排面的位置和角度，这样也可以直接调整安排面的大小。

（三）删除安排面

在【物体窗口】中单击【安排】，选择要删除的安排面，点击图3-57上方的【删除】键。

（四）打开安排面

在【物体窗口】的【安排】窗口中点击【打开】，即可打开新的安排板文件（*.pan）。

（五）保存安排板

在【物体窗口】的【安排】窗口中点击【save】，就能把安排板目录保存到“*.pan”文件形式。

第四节　板片缝合

CLO系统中的衣片缝合方式有线缝纫和自由缝纫两种。线缝纫是以缝边线为单位进行缝合的方式，如前后身片的侧缝线的缝合；自由缝纫是以缝边线的指定区域（缝边线的一部分）为单位缝合的方式，如领片的前领部分与前片上的领弧线部分的缝合。用户可以根据情况变化将两种缝合功能变换使用，其缝合结果是一样的。两种缝合方式都有指定缝合方向的标志（缝合线上的垂直短线），利用缝合方向可以制作褶。在图3-60中，左图为用缝合线连接带褶的板片，右图为完成的褶的效果。

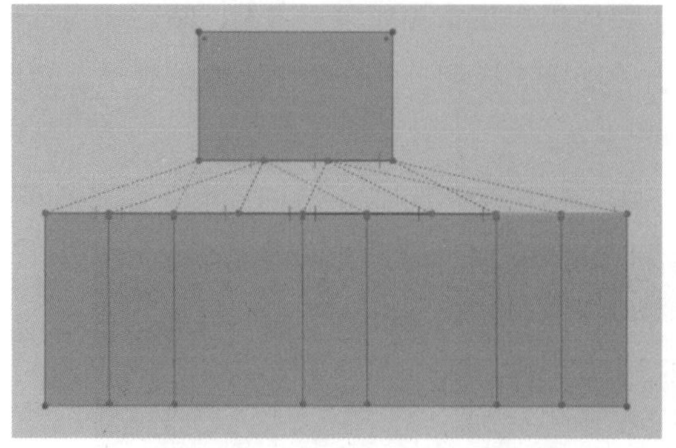
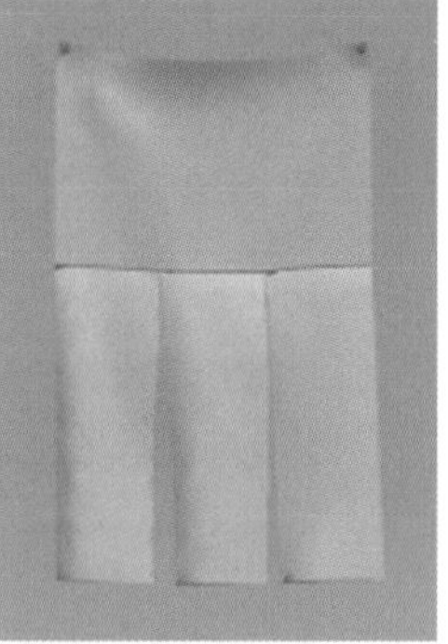
图3-60 利用缝合方向制作褶

一、线缝纫

（1）选择【线缝纫】工具，点击要缝合的一条线，然后选择另一个衣片上对应的缝边线（图3-61）。

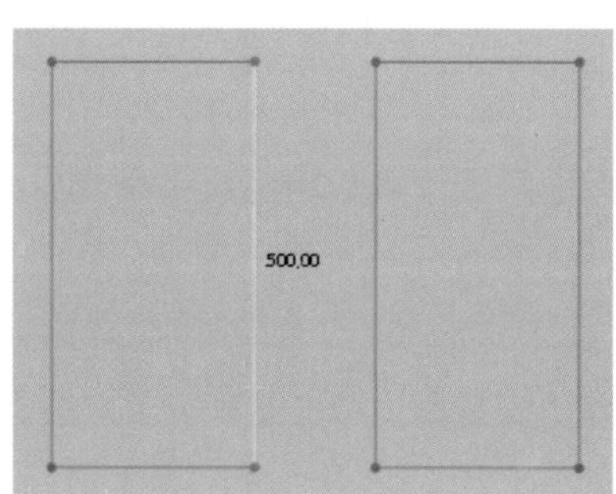

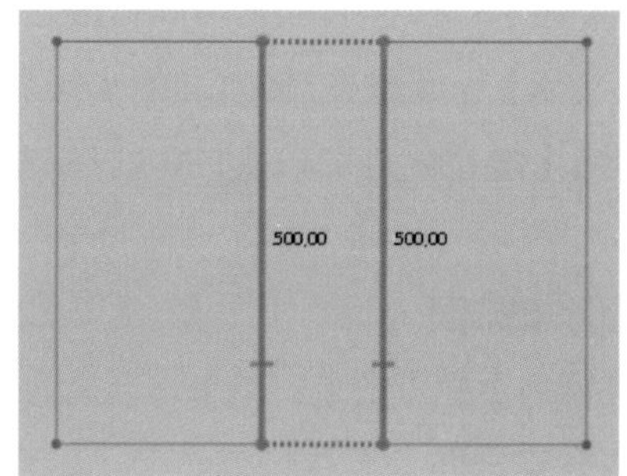

图3-61 选择对应的缝边线

（2）这时出现的虚线和缝合线标志会显示出两条线的缝合方向。选择第二条线的时候，缝合方向会根据鼠标的移动而变换。缝合过程中一般要求缝合方向一致。图3-62中的两条交叉虚线表示缝合方向不一致。

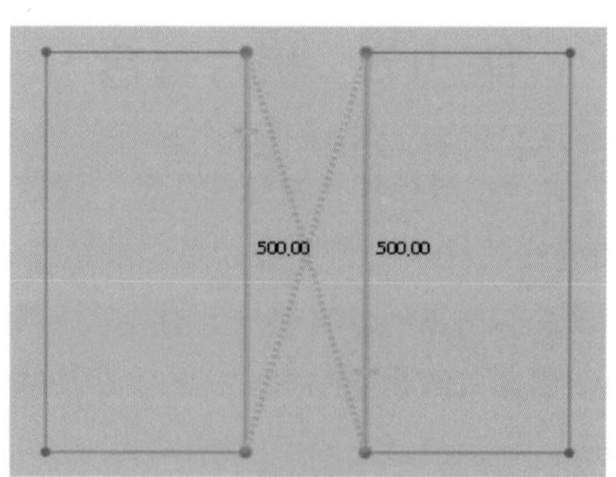

图3-62 缝合方向不一致

（3）如果缝合方向不一致，【虚拟化身窗口】的缝合线也会交叉显示。单击模拟工具后，两个衣片中的一个会被交叉缝合。图3-63中，右侧衣片缝反了。

图3-63 缝合方向不一致的模拟结果

二、自由缝纫

单击【自由缝纫】工具 ，单击一条缝边线的开始点和结束点，然后单击对应的缝边线的开始点和结束点（图3-64）。与线缝纫工具一样，本操作同样需要注意缝合方向的一致性。

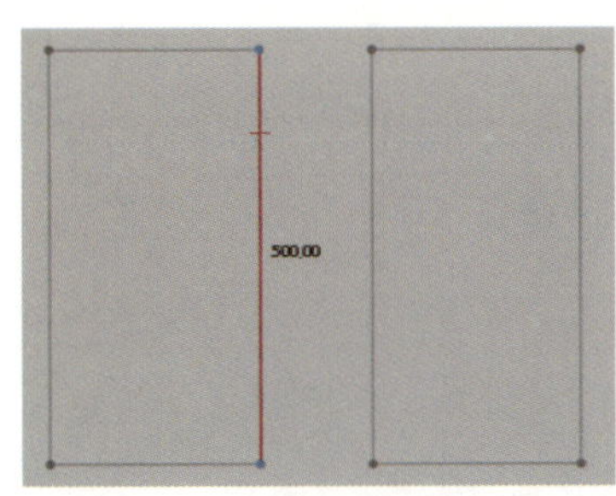

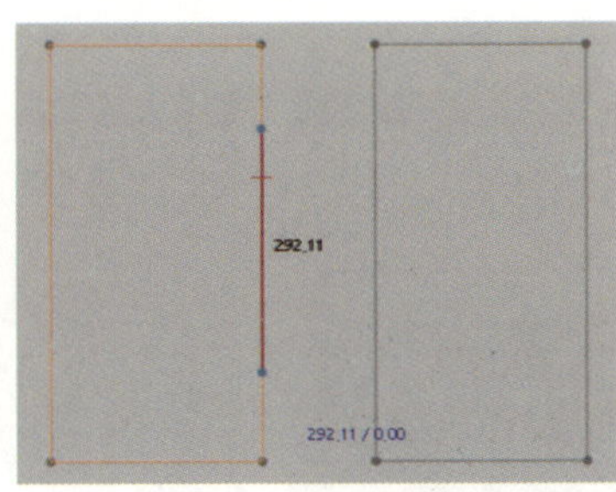

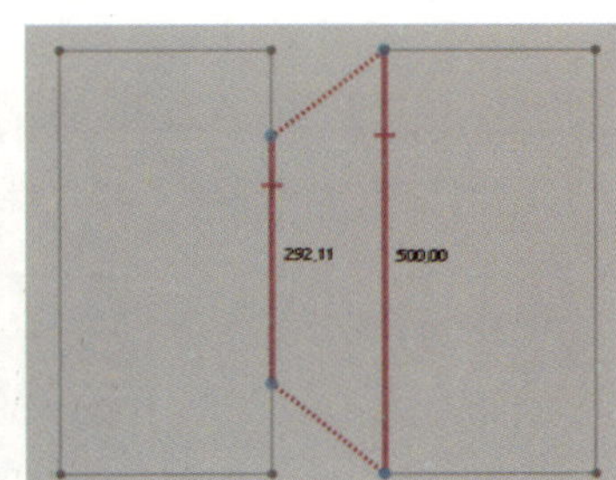

图3-64 自由缝纫

三、编辑缝合线

缝合线缝纫后，也可以修改和调整，比如调整缝合线的长度或反转缝合方向。

（一）选择缝合线

缝合线的选择有两种方式：一种是使用【编辑缝合线】工具选择，另一种是通过【物体窗口】选择。第一种方式的操作步骤是：单击【编辑缝合线】工具后，二维【板片窗口】中的所有的缝合线都会显示出来，用鼠标直接单击需要选择的缝合线即可；第二种方式是直接在【物体窗口】的场景中单击需要修改的缝合线。

（二）修改缝合线

（1）选择【编辑缝合线】工具，单击需要调整的缝边线的端点，按住鼠标左键，移动到调整位置后松开鼠标（图3-65）。

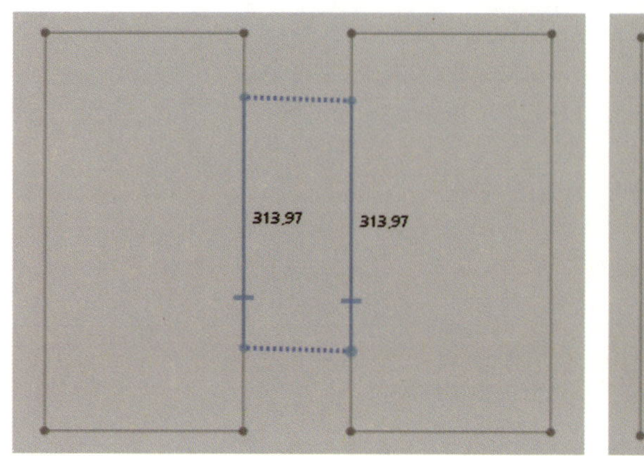

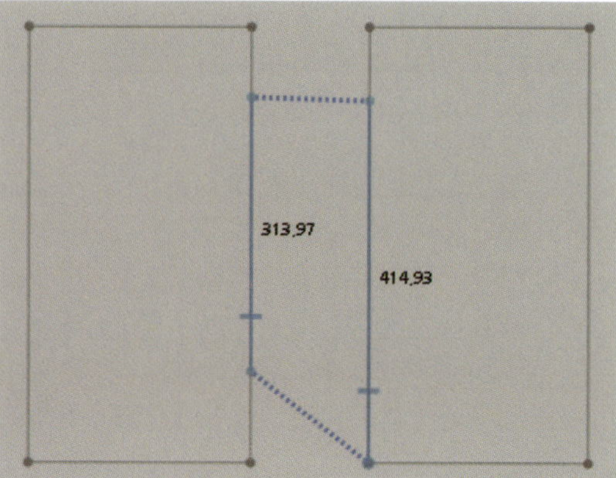

图3-65 调整缝合线长度

（2）选择缝合线，单击鼠标右键选择【反转缝合线】，从而使缝合线方向得到调整（图3-66）。

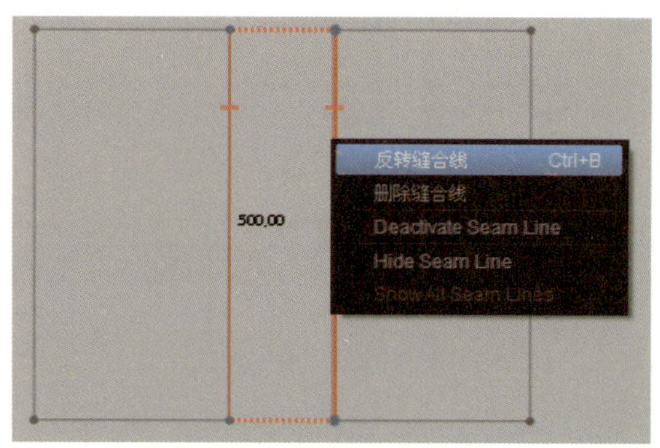

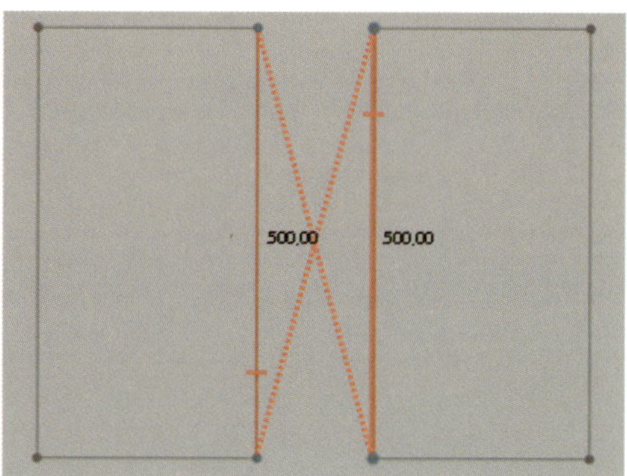

图3-66 反转缝合线

（三）删除缝合线

单击【编辑缝合线】工具，选择缝合线，按键盘上的【Delete】键即可。

四、折叠缝合线

其主要包括调整缝合线的折叠强度和角度等功能。

（1）单击【编辑缝合线】工具，选择缝合线，在【属性窗口】的【缝合线】栏里可以调整折叠强度和角度（图3-67）。内部线的调整也囊括其中。

（2）角度可以调整为“0°”到“360°”的任意数值。CLO系统的默认值是“180°”，指一个平坦的表面，在此基础上增加或减少角度会使衣片缝合处向上或向下折叠（图3-68）。

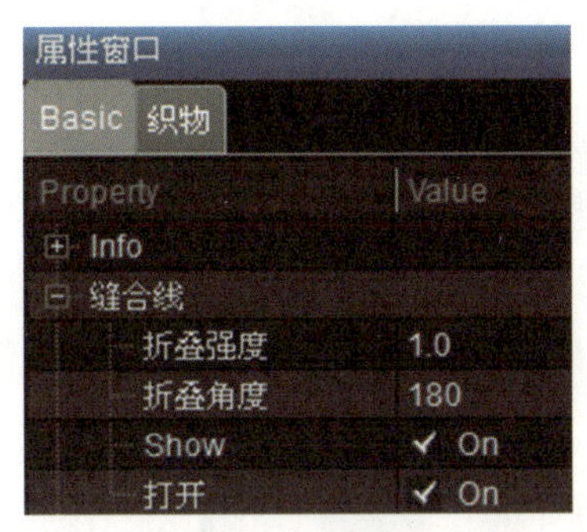

图3-67 折叠缝合线窗口

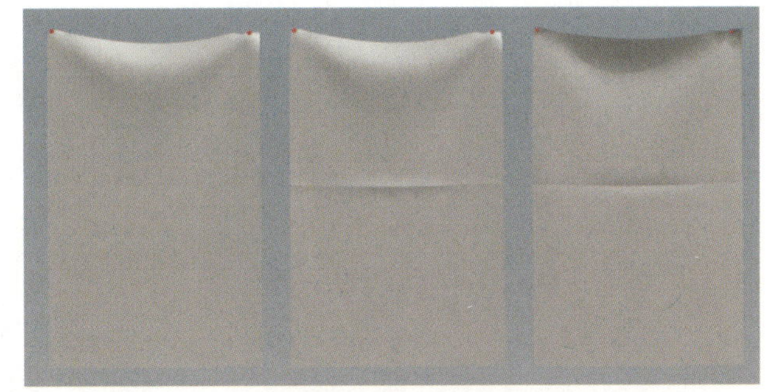
图3-68 调整角度

（3）调整【折叠强度】的值可以设定强度，强度值越大则越接近设定角度。折叠强度可以设置的值主要在0～20之间。

第五节 面料处理

面料处理功能主要包括面料的表面纹理安排、面料的颜色设置及面料的物理属性设置。

一、面料纹理处理

为了使效果更加真实，设计人员需要为虚拟服装加上面料图像。CLO 3D系统中提供了面料图像编辑工具，利用这些编辑工具可以修正图样和方向。这些工具在【虚拟化身窗口】和【板片窗口】中都可以使用。

（一）插入面料

插入面料有两种方法。第一种方法是打开一个文件夹中包含的面料，然后将面料图像拖放到【板片窗口】的板片上面或【虚拟化身窗口】衣片的上面（图3-69）。

（2）第二种方法是利用属性窗口的表面纹理菜单来插入。选择插入面料纹理的板片，然后点击【属性窗口】→【织物】→【属性】→【纹理】最右侧的按钮，在弹出的对话框中选择面料文件，插入纹理图像（图3-70）。

（二）纹理编辑

（1）利用【纹理编辑】工具选择板片或print纹理，显示编辑器（图3-71）。利用编辑器和【属性窗口】的纹理变换信息栏可以编辑纹理。

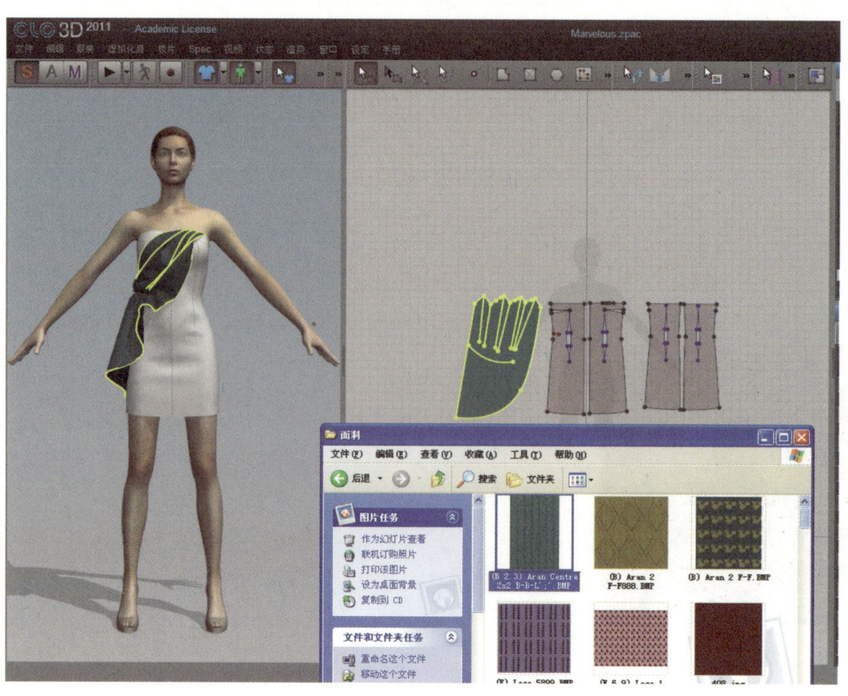

图3-69　以拖放方式加入面料

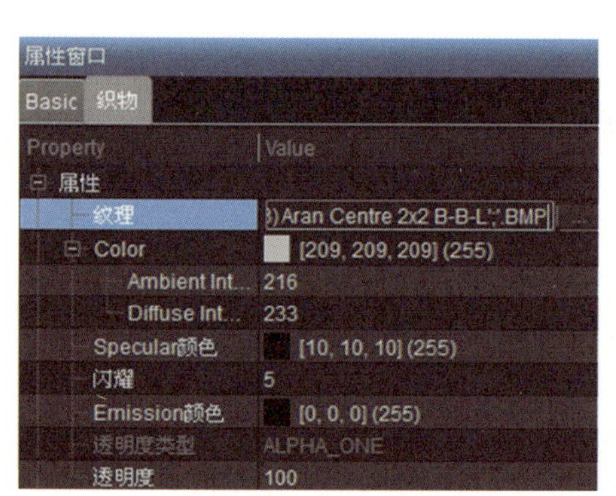

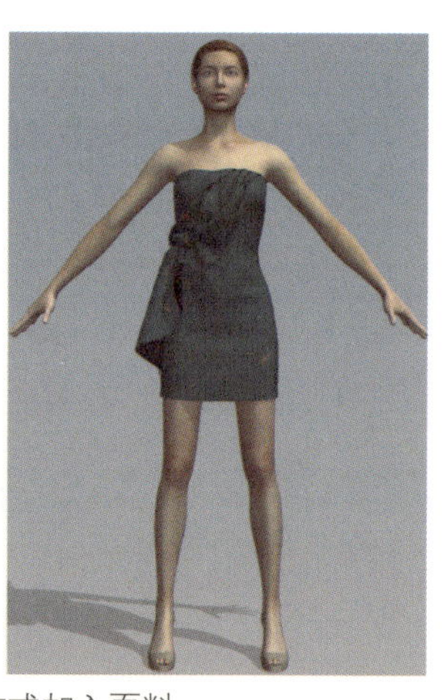

图3-70　以【属性窗口】方式加入面料

图3-71　纹理编辑器

（2）移动。利用【纹理编辑】工具拖动板片里面插入的纹理，可以移动纹理的位置。

（3）放大/缩小。利用【纹理编辑】工具点击面料纹理，然后拖动控制点，可以放大或缩小纹理（图3-72）。或选择板片，在【属性窗口】→【纹理变换信息】栏里输入宽度和高度的值（单位mm），亦可变化纹理尺寸（图3-73）。

（4）旋转。利用【纹理编辑】工具 选择纹理，点击圆周并沿着圆圈拖动鼠标，或在【属性窗口】→【纹理变换信息】栏里输入旋转角度，就可以旋转纹理（图3-74）。

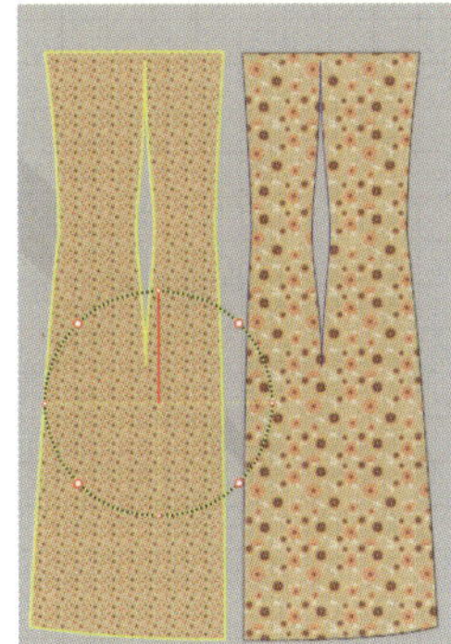
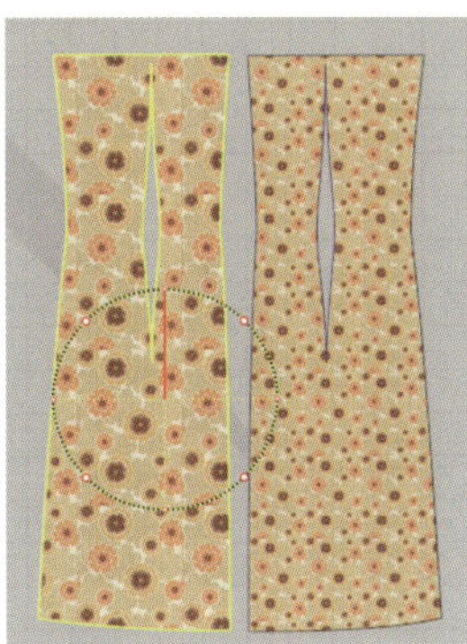
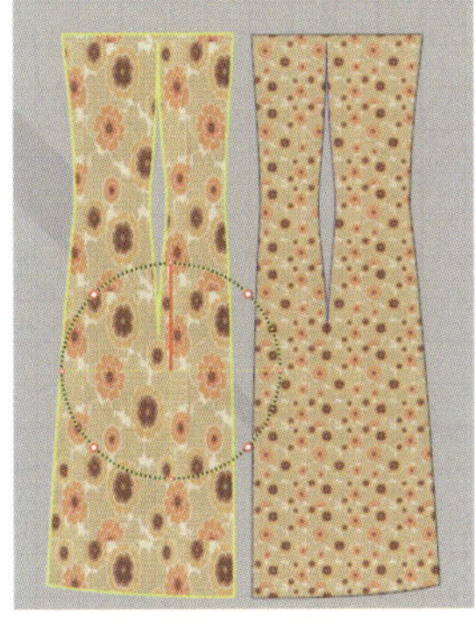
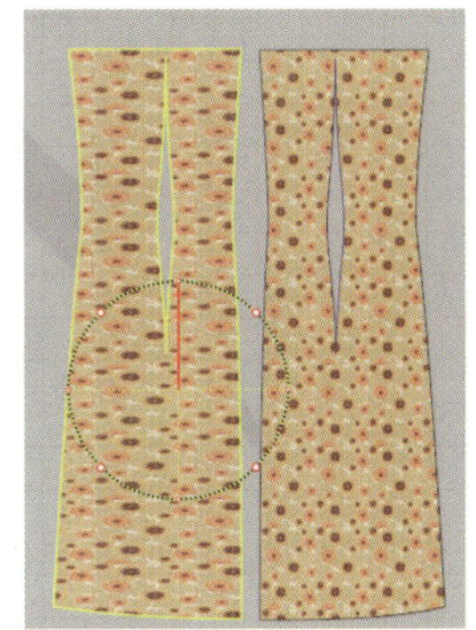

图3-72 缩放面料纹理

⊟ 纹理变换信息	
角度	0.00
⊟ Texture Size	
宽度 (mm)	119.76
高度 (mm)	294.11
Lock Aspe...	✓ On
X的位置 (mm)	135.37
Y的位置 (mm)	413.67

图3-73 纹理尺寸变化属性窗口

⊟ 纹理变换信息	
角度	-37.07
⊟ Texture Size	
宽度 (mm)	119.76
高度 (mm)	294.11
Lock Aspe...	✓ On
X的位置 (mm)	-264.64
Y的位置 (mm)	417.97

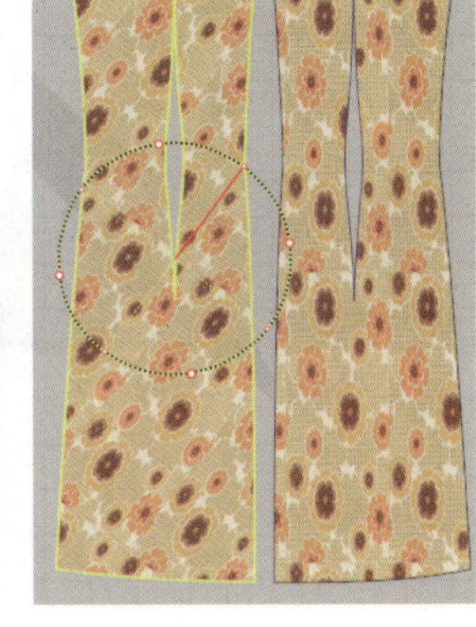

图3-74 旋转纹理

（三）刷新纹理

插入图像并保存编辑后的文件时，用户不用重新插入图像也可以利用【刷新纹理】更新图像。在【虚拟化身窗口】和【板片窗口】的空白处单击鼠标右键，选择【刷新纹理】即可。

（四）删除纹理

利用【编辑板片】工具，在板片上面点击鼠标右键选择【削除纹理】（图3-75），即可将纹理删除。

（五）显示/隐藏纹理

点击【板片窗口】【显示纹理】工具，可以显示或隐藏纹理。

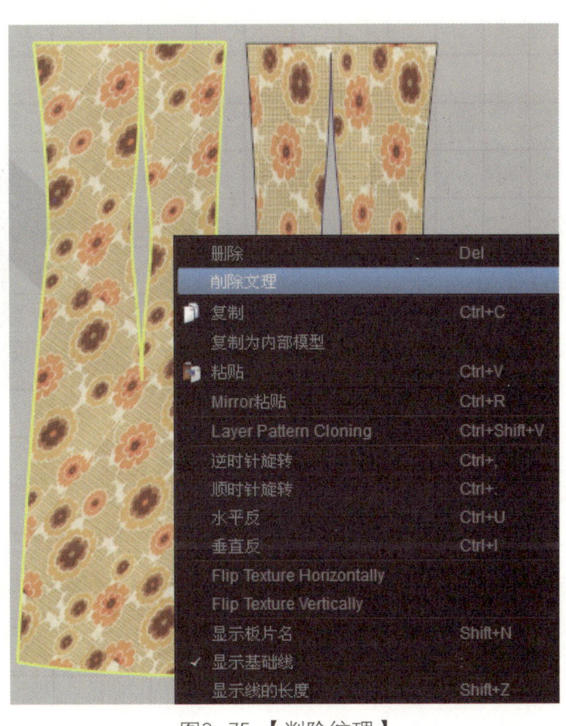

图3-75 【削除纹理】

二、调整面料颜色和光泽

（一）调整颜色和光泽

（1）选择板片，在【属性窗口】→【Color】栏里点击右侧按钮，在弹出的【Select Color】对话框内选择合适的颜色。【Ambient Intensity】选项可以通过调整环境光的强度的方式来达到简单调整颜色深浅的目的，其强度值越大，颜色就越浅。图3-76为将【Ambient Intensity】值从“255”调整到“28”的效果。

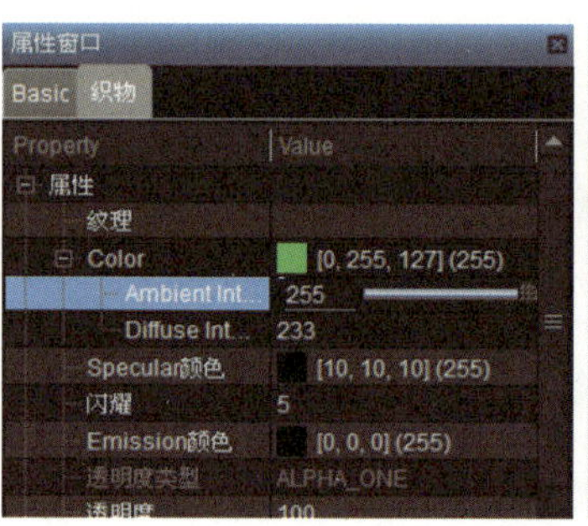

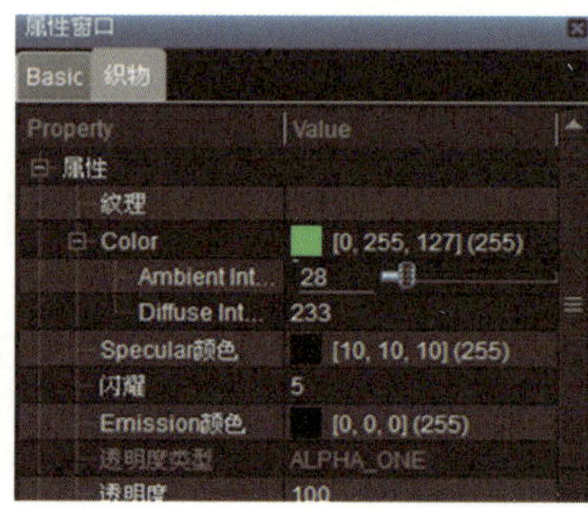

图3-76 调整【Ambient Intensity】值

（2）【Diffuse Intensity】选项可以通过调整漫反射光的强度的方式达到调整颜色的目的，相比【Ambient Intensity】选项，该选项调整服装颜色的效果更加明显。图3-77为将【Diffuse Intensity】值从“255”调整到“28”的效果。

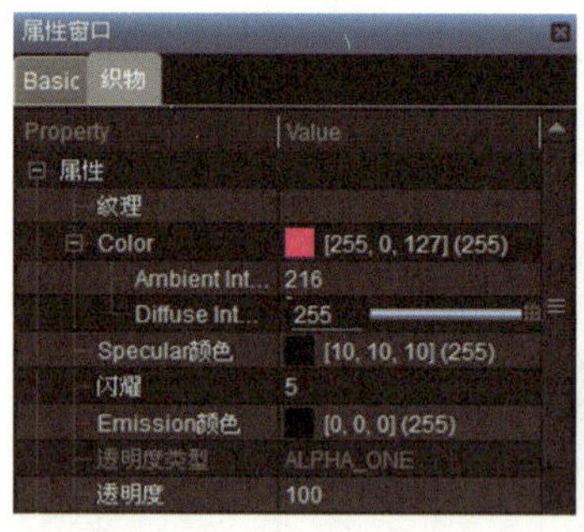

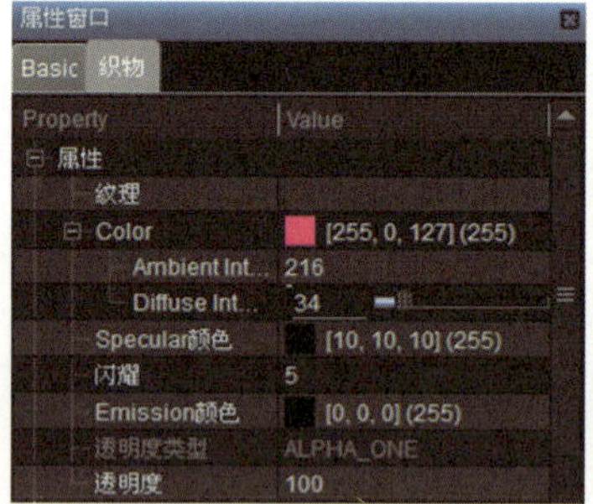

图3-77 调整【Diffuse Intensity】值

（3）【Specular颜色】选项可以通过调整镜面光的颜色的方式达到调整颜色的目的。单击【Specular颜色】选项右侧的按钮，在弹出的【Select Color】对话框中选择好光源的颜色后，正对光源的服装表面会有相应颜色的光泽。图3-78为将【Specular颜色】值调整为绿色的效果。

（4）【Emission颜色】选项可以通过调整辐射光的颜色的方式达到调整颜色的目的。辐射光即物体自身发出的光，可以表现出“反射面料”、“夜光面料”等发光面料的效果（图3-79）。

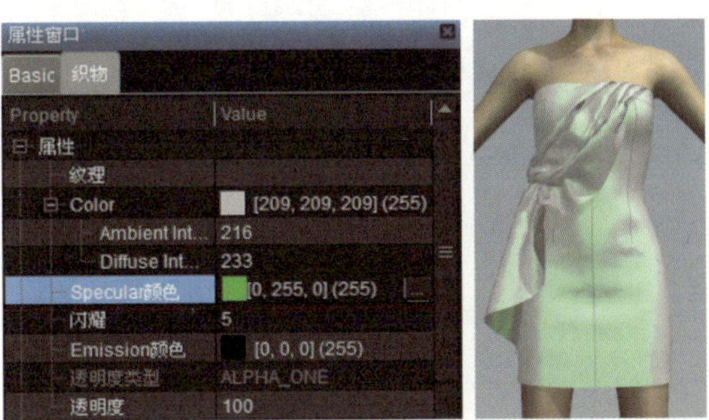

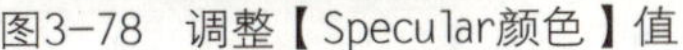
图3-78 调整【Specular颜色】值

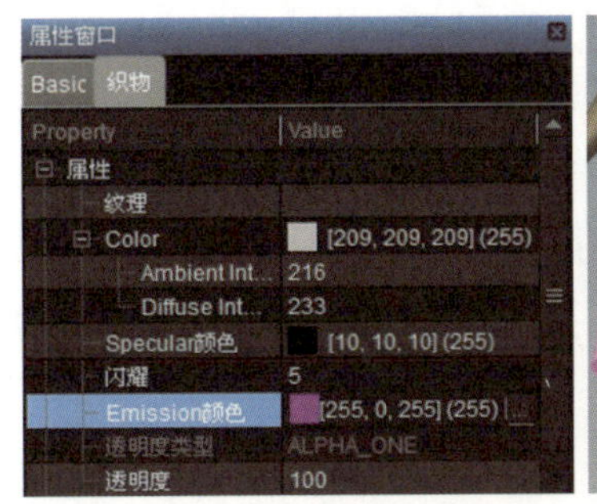

图3-79 调整【Emission颜色】值

（二）调整透明度

【透明度】选项可以调整服装的透明程度。当透明度为“0”时，【虚拟化身窗口】不显示服装，并且用户不能选择服装。一般情况下，透明度都设为“100”。当制作透明面料效果时，用户可以根据需要将透明度值设置为小于100的值（图3-80）。

三、设定面料的物理属性

面料的物理属性是决定服装的悬垂感等外观感觉的主要因素。CLO 3D系统中的面料物理属性包括纬向强度、剪切强度、弯曲强度、密度、摩擦系数及压力等（图3-81）。通过调整这些属性值，CLO 3D可以表现出棉、牛仔布、丝绸和皮革等面料的不同外观感觉。

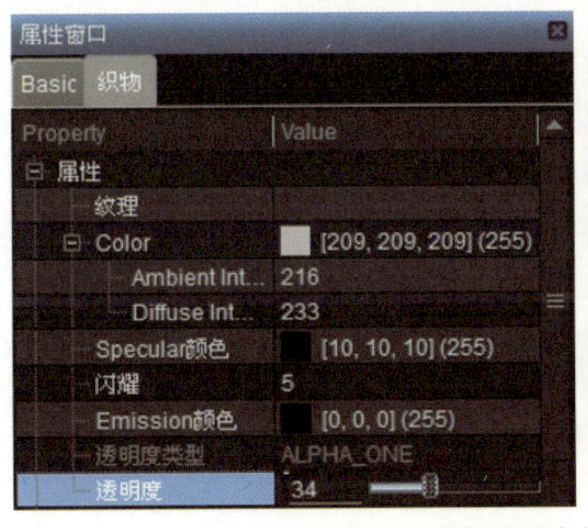

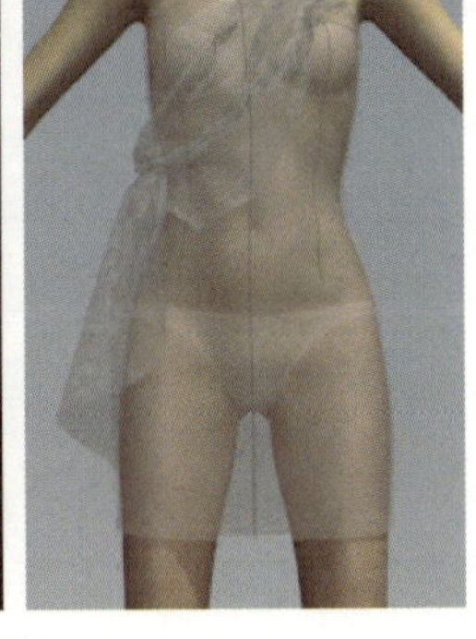
图3-80 调整透明度值

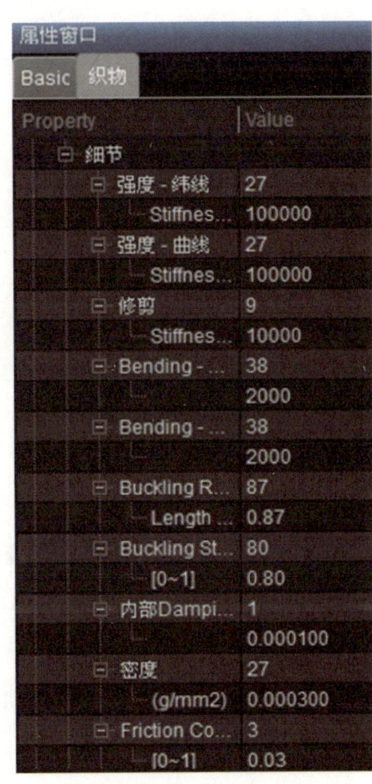

图3-81 物理属性

（一）设定预设值

预设值是系统为了方便使用者，预先定义好的一组物理属性值，通过设置预设值，用户可以快速调整面料的外观。根据使用方式的不同，预设值可以分为4种类型（图3-82）：

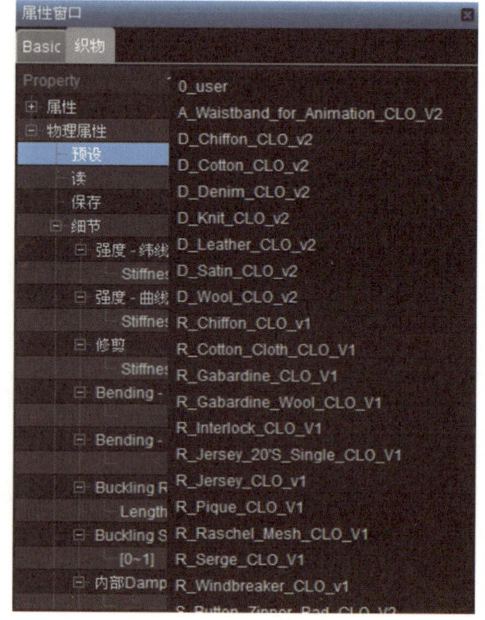

图3-82　预设值

（1）【0_user】（基本物理属性）：利用基本物理属性可以快速进行模拟。

（2）Animation（动画）：制作服装动画时，用户可在指定的部分使用此功能。目前，系统中的Animation类面料只有一种。

【A_Waistband_for_aniamtion_CLO_v1】制作动画时，裤子或裙子可能会因为与虚拟化身之间的磨擦较小而在走动过程中掉落，这时就可以通过将服装腰带设定为这个物理属性的方式来解决问题。

（3）Draft（预览面料）。这类面料一般用于服装的最初模拟，用户可以一边预览面料的物理属性一边修正设计。目前，系统中的Draft类面料有7种，即预设面料中以D开头的面料，如“D_chiffon_CLO_V2”。

（4）Reality（实际面料）试验出的布料物理属性和实际布料物理属性90%相同。目前，系统中的Reality面料有11种并会持续更新。

【R_Chiffon_CLO_V1】　雪纺面料。

【R_Cotton_Cloth_CLO_V1】　棉型面料。

【R_Gabardine_CLO_V1】　华达呢面料。

【R_Gabardine_Wool_CLO_V1】　毛类华达呢面料。

【R_Interlock_CLO_V1】　罗纹针织面料。

【R_Jersey_20'S_Single_CLO_V1】　20支运动装面料。

【R_Jersey_CLO_V1】　运动装面料。

【R_Pique_CLO_V1】　凹凸面料。

【R_Raschel_Mesh_CLO_V1】　经编网眼针织面料。

【R_Serge_CLO_V1】　哔叽面料。

【R_Windbreaker_CLO_V1】　防风服面料。

（5）Subsidiary Material（辅料的物理属性）即面料以外的辅料的物理属性。目前系统中有3种：

【S_Button_Zipper_Pad_CLO_v1】　扣子、拉锁、垫肩等物理属性。

【S_Collar_with_Interlining_CLO_v1】　带有里子的领子的物理属性。

【S_Leather_belt_CLO_v1】　皮革腰带的物理属性。

（二）调整细部属性

预设值以外的面料物理属性可以在【细节】各栏里调整。细部属性相互间可以产生影响，全部属性值综合表现出服装的物理属性。用鼠标拖动属性值后面的滚动条或输入【Stiffness】后面的数值，都可以调整细节属性值。

因下面【Stiffness】值较大，所以为了减少输入的不便，系统采用了把主要使用的物理属性值分成99阶段的方式。另外还有0～1000000000阶段的Stiffness栏，用以调整实际物理属性，可以更精密地设定布料物理属性。

1. 调整纬线、曲线（实为经向）和剪切强度

【纬线】、【曲线】和【修剪】是板片以窗口为基准，在水平、垂直和对角线方向伸缩而表现出的弹力。各方向的强度值以【板片窗口】为基准，可用以对齐板片的布料方向和【板片窗口】的垂直方向。提高强度值可以使面料在经纬向或斜向方向变得硬挺，降低强度值则使面料变得柔软。图3-83左图是【修剪】值为47时的面料，右图为【修剪】值为7时的面料。

2. 调整弯曲强度

【弯曲强度】（Bending）可以调整布料的弹力，提高弯曲强度值可以使牛仔布表现出和皮革一样僵硬的质地，降低弯曲强度值可以使之表现出丝绸一样的悬垂性很好的材料。图3-84左图是弯曲强度为2的效果，右图是弯曲强度为65的效果。

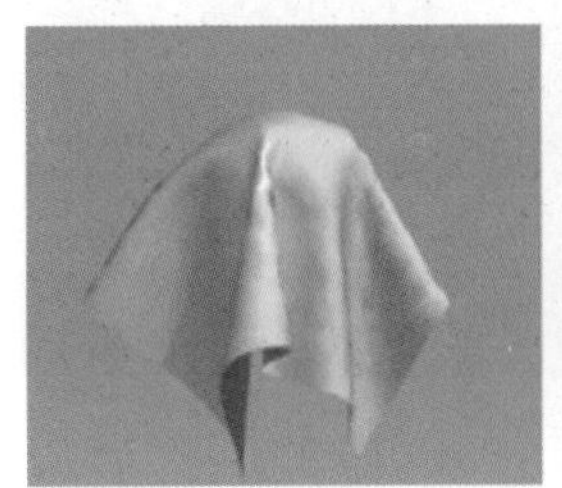
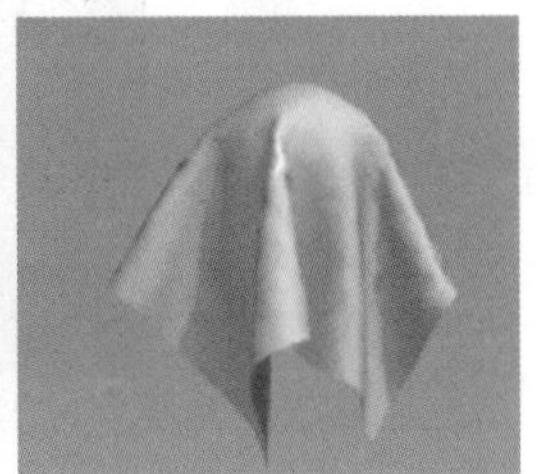

图3-83 调整【修剪】值

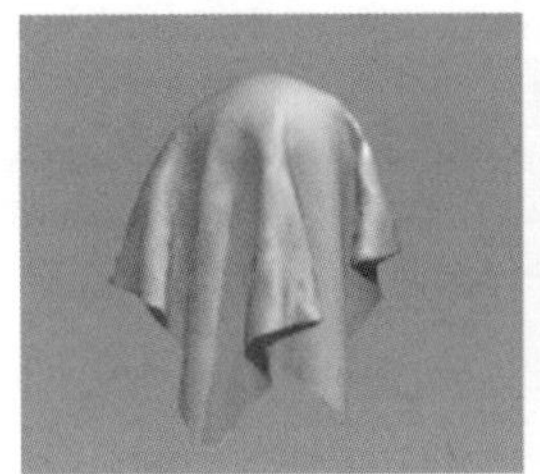
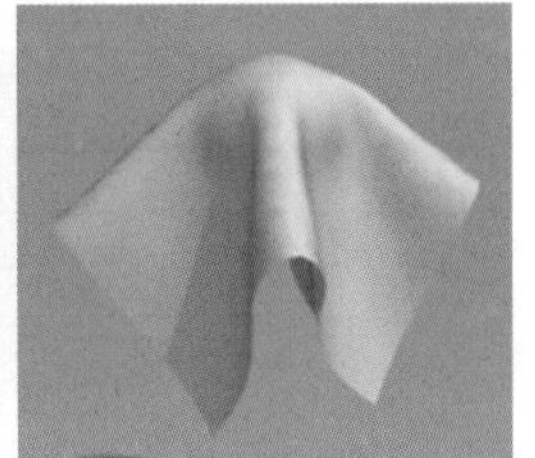

图3-84 调整【Bending】值

3. 调整【内部Damping】

【内部Damping】是指服装移动时拉长或收缩速度的大小。【内部Damping】值越大，服装在移动过程中变化越慢，反之则变化越快。

【内部Damping】主要影响服装移动的变化，较多用于动画制作。所以如果用户在模拟静止服装时调整【内部Damping】值，服装的变化不会很大。

4. 调整【Buckling】

【Buckling】是指布料承受超过一定数值的力量时产生弯曲的特性。当【Buckling】接近100%时，布料会变成丝绸一样很小力量也能弯曲的材料，接近0%时，则会变成牛仔布、羊毛一样，需要一定的力量才能弯曲的材料。图3-85左图是【Buckling】为1的效果，右图是【Buckling】为99的效果。

5. 调整密度

密度，是指布料每单位面积的重量，值越大布料越重。

6. 摩擦

摩擦，是指服装与人体等其他物体表面相对移动时所产生的摩擦力。

7. 保存与读取物理属性

调整好的细部属性值可以以PSP文件格式保存使用。点击【属性窗口】→【物理属性】→【读】，可以打开保存的物理属性数据。

8. 设定布料厚度

在【属性窗口】→【物理属性】→【其他属性】→【Thickness（Rendering）】栏里输入值就可以调整布料厚度（图3-86）。【Rendering厚度】只能在CLO 3D或MD里面看得见，当导出到别的3D软件上打开时，厚度信息就会消失。

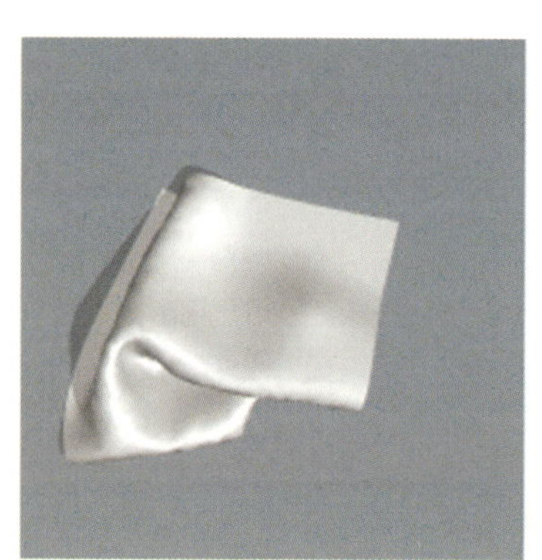

图3-85 调整【Buckling】

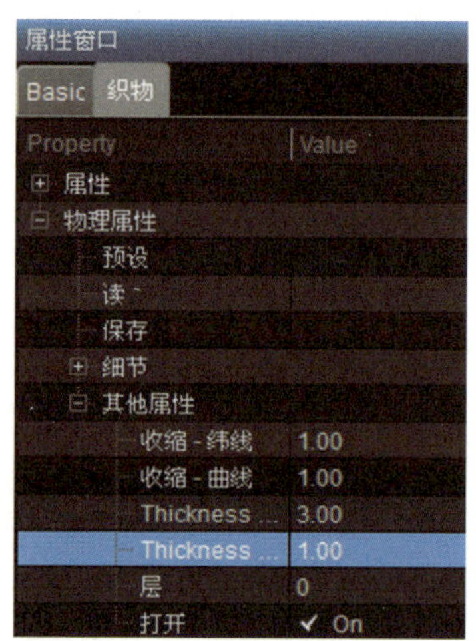

图3-86 设定布料厚度

四、制作打印覆盖图

打印覆盖图是在板片的指定部分里插入图像，一般用于印花、绣花或品牌Logo的设计。

（一）插入图像

（1）在【板片窗口】点击【制作打印覆盖图】，在弹出的【打开文件】对话框中选择需要插入的图像，点击【打开】（图3-87）。

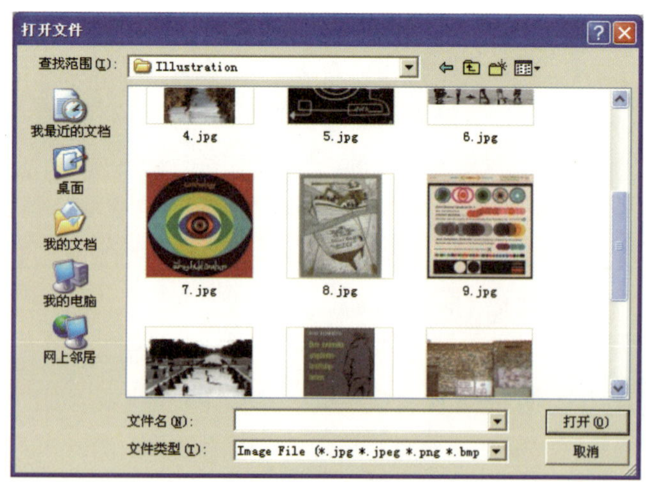

图3-87 打开文件

（2）在板片上面单击鼠标，弹出【创造打印纹理】对话框。输入【宽度】和【高度】数值，即可生成打印覆盖图（图3-88）。

（3）点击【同步】按钮，【虚拟化身窗口】的服装上面会显示图像（图3-89）。

图3-88 插入打印覆盖图

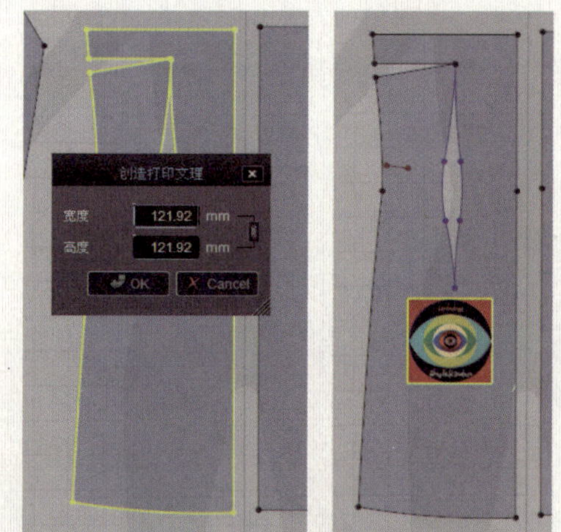

图3-89 【虚拟化身窗口】中的显示

（二）编辑Print纹理

利用【传输板片】工具选择图像，然后利用图像大小调整点调整图像大小，由此可以在一个板片里生成多个Print纹理或将纹理一部分放置在板片外面（图3-90）。板片外的部分不显示在【虚拟化身窗口】。

（三）删除Print纹理

利用【编辑板片】工具选择Print纹理，然后按【Delete】键删除。

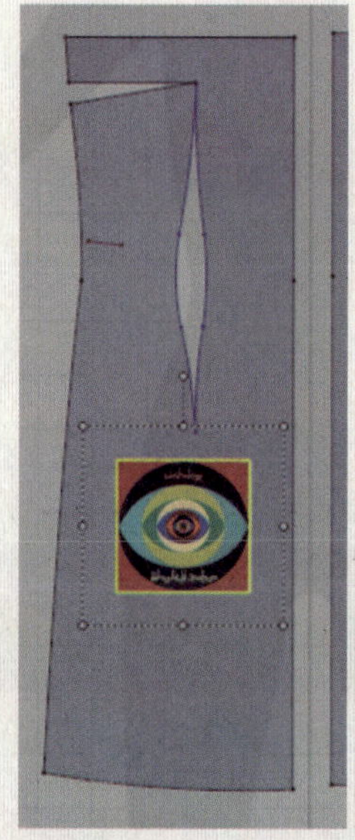

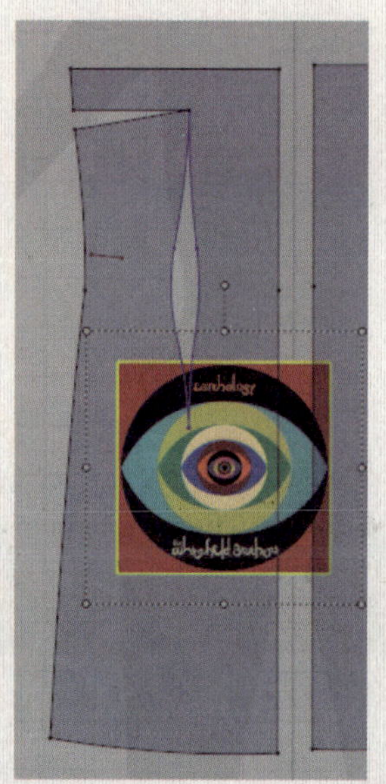

图3-90 编辑Print纹理

第六节 模拟

一、模拟功能

在模拟时，【虚拟化身窗口】的服装会根据重力值进行模拟，如果没有虚拟化身或者服装没有缝合，模拟时服装就会掉落到地面上。因此在模拟前，设计师需要安排好虚拟化身或者其他物体来承载服装，板片间也要设定好缝纫线。

（一）模拟

该项操作为点击【虚拟化身窗口】上方的【模拟】按钮▶。

（二）实时修正设计

【模拟】▶和【同步】按钮一起打开后，修正【板片窗口】的板片时，该修正就会直接反映在【虚拟化身窗口】，达到实时修正设计的效果（图3-91）。

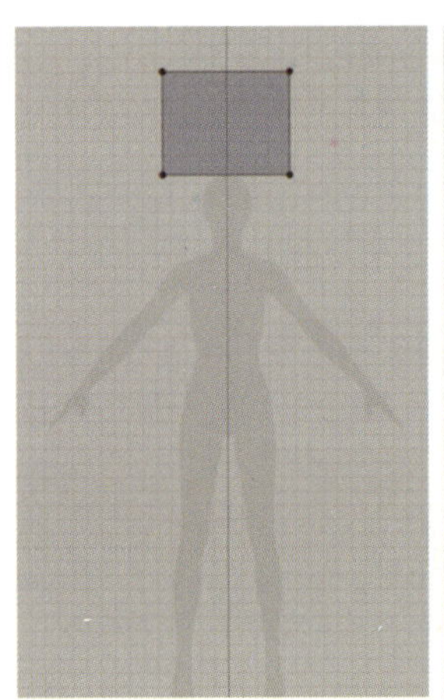
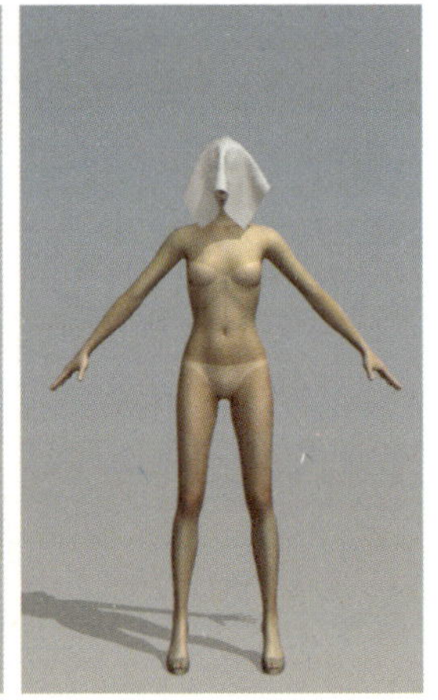
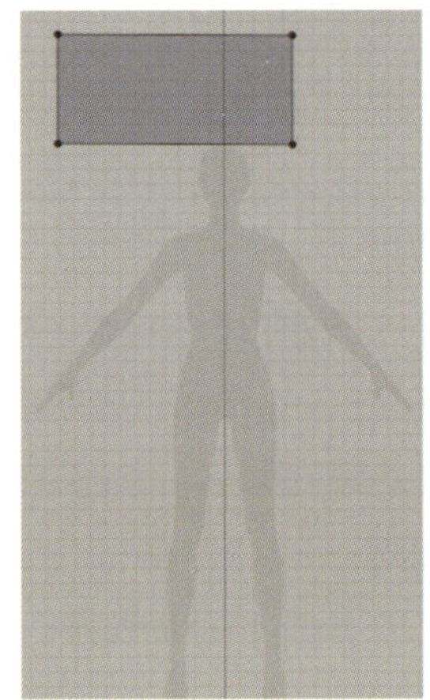
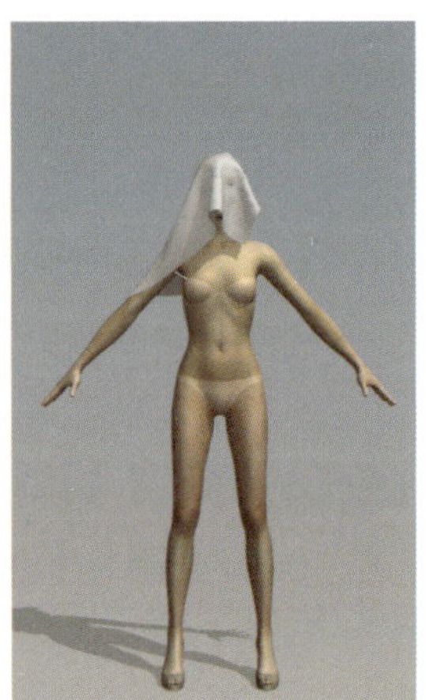

图3-91 实时修正设计

（三）显示帧速率

在主菜单选择【窗口】→【显示帧速率】命令，在窗口右下角的状态显示栏里可以确认模拟分析的速度（图3-92）。【FPS】（frames per second）值越大表示模拟速度越快。

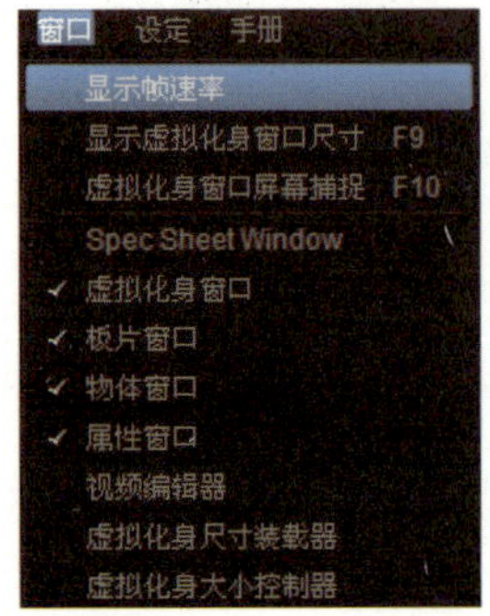

图3-92 显示帧速率

（四）拖拽服装

在模拟状态下，用户可以通过用鼠标拖拽服装的某一部分的方式调整服装的穿着状态，实现人机交互。按住【W】键并拖动，可以将服装或面料拖动到所需位置，起到固定位置的作用（图3-93）。

（五）使用图层

当板片或服装重叠在一起时，用户可以通过设置图层的方式来区分外层和里层的服装或板片，提高模拟的准确性。利用这个功能可以使口袋、扣子等外层部件在模拟时顺利地显示在服装外面，还可以实现多层服装的套穿，如在连衣裙或衬衫外面穿上大衣。

1. 设定图层

选择板片后，在【属性窗口】→【物理属性】→【其他属性】→【图层】栏里输入值（图3-94）。【层】值默认是“0”，表示最里面的板片。输入【层】的值可以排列服装。

图3-93 拖拽服装

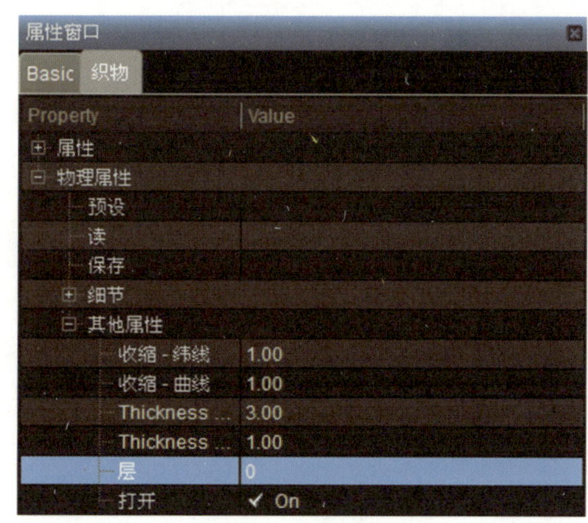

图3-94 层的使用

2. 追加服装

在主菜单中选择【文件】→【打开】→【追加服装文件】，打开外套。选择外套的所有板片，在【属性窗口】输入【层】值为“1”。点击【模拟】工具，外套就会被穿在外面。

二、调整粒子距离

粒子距离（Particle Distance）是指构成板片各点之间的平均距离，表示网格的大小，可以影响服装的品质和模拟速度。所以设计师给虚拟化身穿着服装的过程中，可以设定粒子距离为20～30mm，以便于快速模拟服装。制作完毕后，设计师可以把粒子距离调整为5mm或10mm，以提高服装的模拟品质。图3-95分别是粒子距离为20和5的情况。

选择板片，在【属性窗口】→【板片】→【Basic】→【粒子距离】栏里输入3～700之间的值（图3-96）。点击【模拟】按钮，就可以将更改应用在【虚拟化身窗口】。

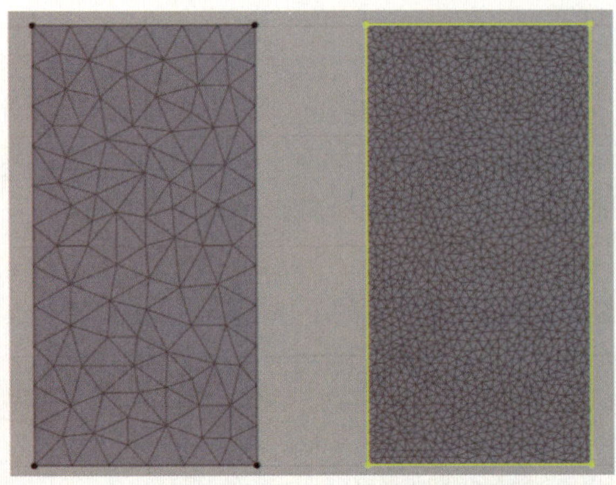

图3-95　调整粒子距离①

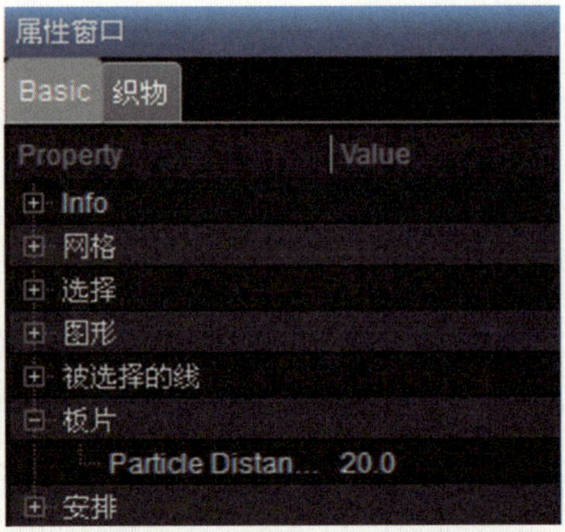

图3-96　调整粒子距离②

三、调整模拟厚度

模拟厚度能使服装在模拟时不致于出现虚拟化身透过服装的现象。模拟厚度以板片为中心，两侧各1.5mm，共3mm。降低厚度值，可以制作出跟虚拟化身更贴身的服装；提高厚度值，则可以将厚度作为充填材料看待。

CLO 3D系统的虚拟化身也设定了3mm的厚度。为了制作紧身服装，设计师在调整模拟厚度的同时，最好也要调整虚拟化身的厚度。选择板片，在【属性窗口】→【其他属性】→【织物】→【Thickness（Simulation）（mm）】栏里可以调整模拟厚度值（图3-97）。

图3-97　调整模拟厚度

四、显示服装合体性信息

（一）压力参数设置

压力是使布料变形的力量。当虚拟化身穿上服装时，肩部、胸部等与服装紧密接触的部位会产生压力，虚拟化身的移动也会引起压力。压力大小的程度可以用颜色和数字表示。

单击【服装】→【Stress/Strain Map Preference】，弹出压力参数设置对话框（图3-98）。在对话框中，用户可以选择压力分布或变形率分布的方式，显示服装对人体的压力。分布图可以在一定程度上帮助用户分析服装是否合体。

（二）显示压力分布

点击【显示服装】按钮旁边的三角形，选择【渲染风格】→【Stress Map】，可以看到压力分布图（图3-99）。

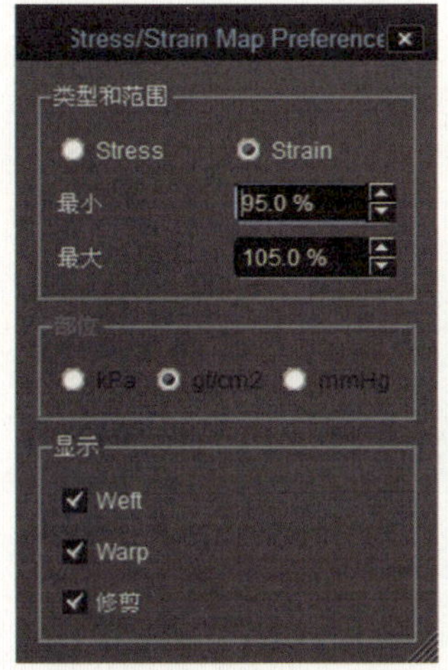

图3-98 压力参数对话框

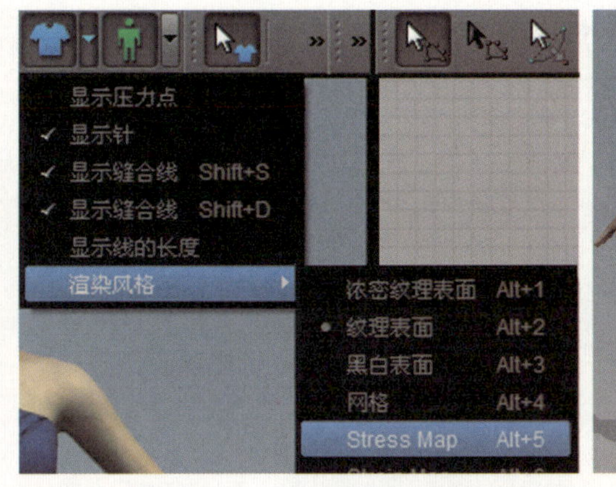

图3-99 显示压力分布

（三）显示变形率分布

变形率是外部力量使服装产生变形的百分率，CLO 3D同样使用颜色和数值表示变形率。点击【显示服装】按钮旁边的三角形，选择【渲染风格】→【Strain Mapp】即可显示变形率（图3-100）。

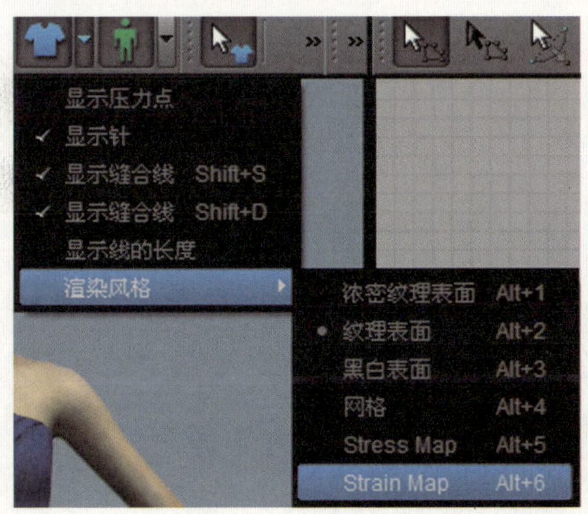

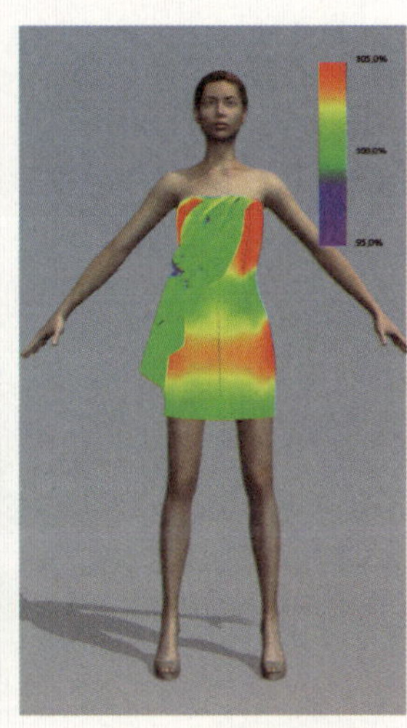

图3-100 显示变形率分布

五、显示压力点

即用点表示虚拟化身和服装的接触点。

（一）【显示压力点】

点击【显示服装】旁边的三角形，选择【显示压力点】即可。如果化身上没有压力点显示，则需要单击【模拟】工具。

（二）显示/隐藏针

显示或隐藏用【W】键生成的针。点击【显示服装】旁边的三角形，点击【显示针】即可显示或隐藏“针”（图3-101左图中的红色圆点）。

图3-101　显示/隐藏针

六、同步板片

（1）要将【板片窗口】的板片显示在【虚拟化身窗口】时使用。除【板片窗口】中的板片以外，缝纫线迹、print纹理、粒子间距的变化也同样需要点击同步工具，才能反映在【虚拟化身窗口】中。同步工具属于开关工具，第一次单击是打开同步，第二次单击是关闭同步。

（2）根据【板片窗口】的板片颜色不同，用户可以确认同步按钮的激活状态（图3-102）。

从未同步

曾经同步

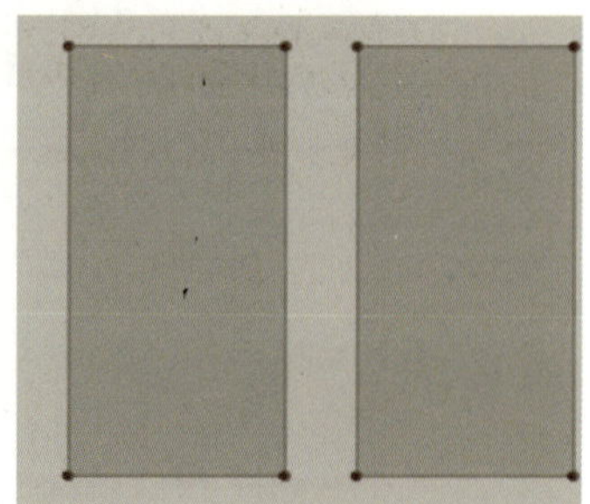

同步中

图3-102　同步板片

第七节　动态展示

静态的服装制作完毕后，设计师有时需要将服装进行动态展示，使效果更加直观。

一、录制动态展示视频

动态展示视频是在模拟状态下制作完成的。

（一）录制

（1）确认【虚拟化身窗口】处于模拟状态，即【改变为模拟状态】按钮 S 处于按下状态，然后单击【文件】→【打开】→【动作】，弹出【打开文件】对话框，打开虚拟化身的动作文件（*.mtn）。CLO 3D系统自带了多个男女模特的T台动作文件，用户可以自己选择。

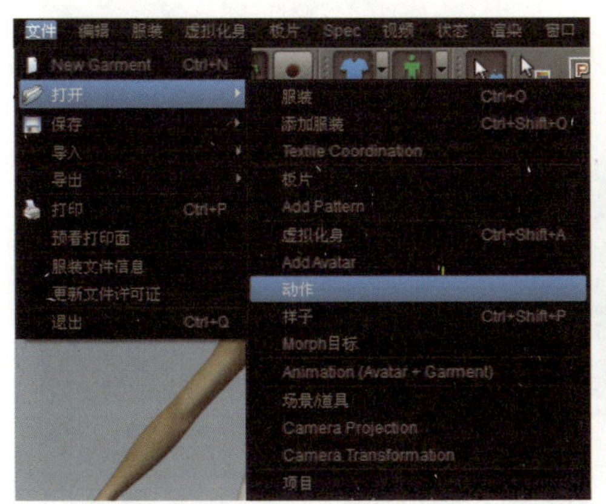

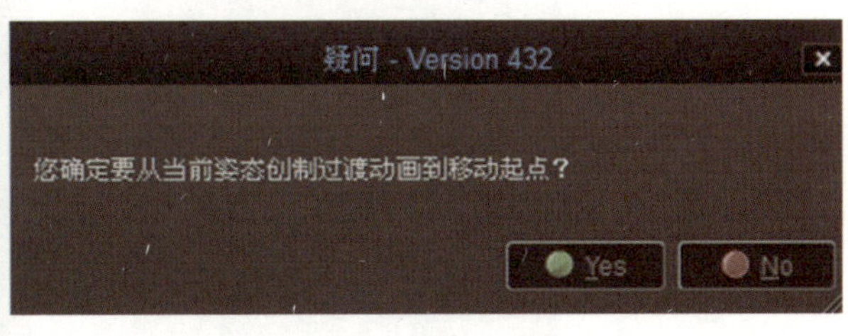

图3-103　打开动作文件

（2）打开动作文件后，在弹出的对话框中点击【Yes】，则生成从虚拟化身当前姿势到T台开始处的过渡动画（图3-103）。

（3）点击【录制服装模拟】按钮，即可开始录制视频，再次点击按钮则结束录制。如果动作结束，录制会自动终止。图3-104为录制过程中的截图。

（二）录制设定

（1）单击【模拟】旁边的三角，将模拟状态更换成【完成】（图3-105）。完成状态下的模拟次数会增加，虚拟化身和服装的处理将更加精细逼真，当然录制视频的速度也相对较慢。

（2）在【虚拟化身窗口】背景上点击鼠标右键，在弹出的菜单中选择【模拟属性】（图3-106）。

（3）将【模拟属性】中的【虚拟化身】→【服装碰撞检查（点-三角形）】上打对勾，使其变为打开状态（图3-107），则系统将对虚拟化身和服装进行更加精密的冲突处理，使模拟效果更加逼真。

图3-104　录制视频

图3-105　模拟品质设置

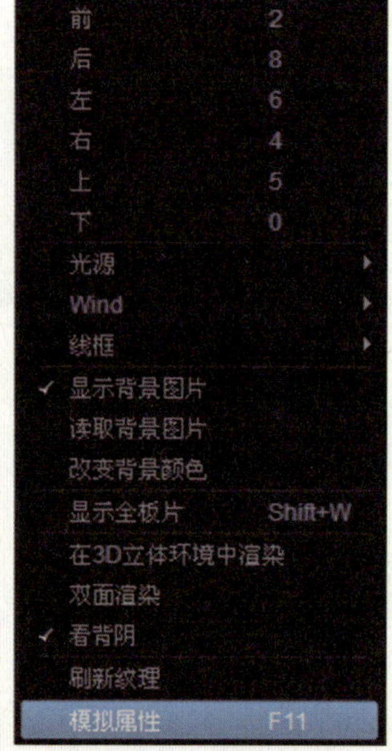

图3-106【模拟属性】

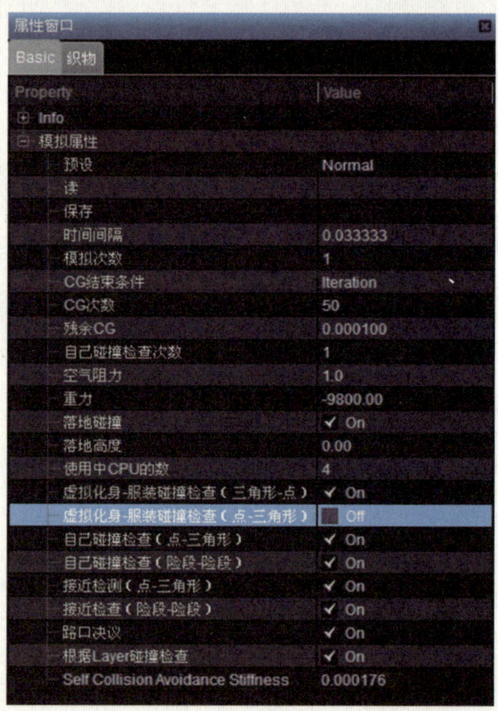

图3-107【模拟属性】菜单

二、视频播放及编辑

动态展示的视频播放和编辑可以在视频状态下进行。

（一）视频播放

（1）单击工具栏中的【改变为视频状态】，即可将系统切换到视频状态（图3-108）。

（2）利用视频状态上面的工具栏可以播放视频（图3-109）。

图3-108 视频状态窗口

图3-109 播放工具栏

（3）视频播放工具

【到开始】 移动到播放领域的开始点。

【打开】 开始播放。

【到结束】 移动到播放领域的最后点。

【反复】 反复播放播放领域。

【（Frame Stepping / Real Time）】 将播放单位更换成帧或秒。

【更换播放速度】 可更换播放速度。

（二）视频编辑

使用窗口下方的视频编辑器（图3-108），可以对录制的视频进行简单的编辑。

1. 时间线选择

编辑器中有3个时间线：第一个长蓝色时间线管理着虚拟化身的动作视频；第二个短蓝色时间线管理着虚拟化身的过渡动作；最后一个红色时间线管理着服装的动作。

用鼠标点击某条时间线前面的单选按钮，可以选择播放或者不播放此条时间线管理的动作，其中不播放的时间线显示为灰色。

2. 播放区域选择

时间线上的黄色栏是指播放领域。用户可以用鼠标按住黄色栏的两端进行移动，以确定播放区域。保存视频时，系统也会只保存选择的播放区域。

3. 视频打开/保存

如需打开保存的视频，首先打开已做好的款式文件（*.pac），然后打开视频文件

（*.anm）即可。保存视频时，直接单击保存按钮即可。

4. 视频导出

录制的视频可以导入Maya、3ds Max等其他3D软件，用户可以使用这些软件对视频进行渲染，以得到更加真实、高质量的视频。单击菜单【文件】→【导出】→【服装动画】里面的具体功能，就可以将视频导出为需要的格式。

第四章　CLO系统应用实例

第一节　女士衬衫

女士衬衫的款式很多，本节介绍的是女士衬衫的经典款式，表4-1为其成衣尺寸数据，图4-1为结构图。读者可以根据结构图在二维CAD软件中制版，然后导出DXF文件，或者直接使用本书提供的DXF文件，最终三维效果为图4-2。扣子、面料属性调整等细节处理见本书第五章相关内容。

表4-1 号型为160/84A的成衣尺寸数据表　（单位：cm）

部位	衣长	胸围（B）	腰围	背长	领围（N）	肩宽（SW）	袖长	半袖口
尺寸	64	92	80	38	38	37	54	12

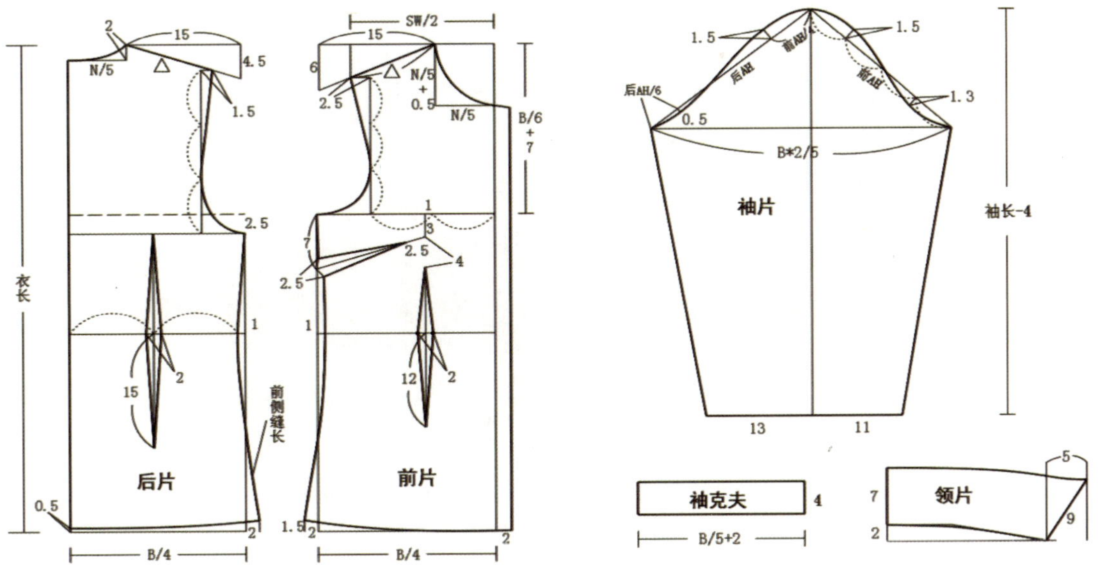

图4-1　女士衬衫结构图

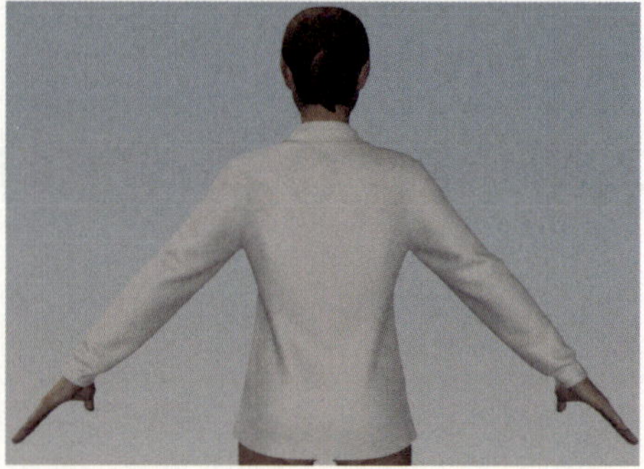

图4-2 女士衬衫最终效果图

一、准备工作

在主菜单中选择【文件】→【导入】→【DXF】→【打开】，导入女衬衫的DXF文件，导入的单位为默认值“mm”。如果导入的板片是水平放置的，则可在【板片窗口】中框选所有的板片，单击右键，在弹出的菜单中选择【逆时针旋转】或【顺时针旋转】，将板片竖直放置，然后选择【传输板片】工具 移动板片（图4-3）。

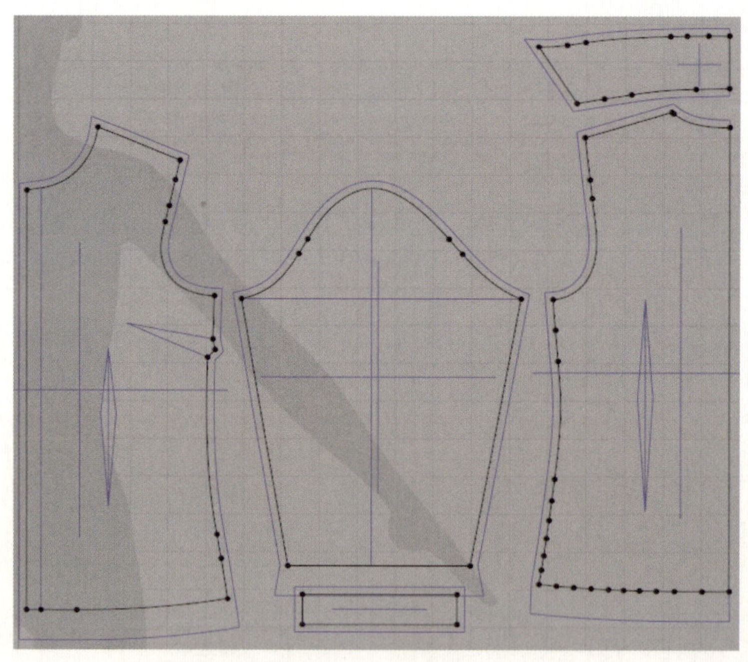

图4-3 导入板片

选择菜单【窗口】→【虚拟化身大小控制器】，在弹出的对话框中，将虚拟化身的【Height】（身高）设置为“160”，【Chest】（胸围）设置为“84”，【Arm】（手臂）长度设置为“52”。

二、绘制领片翻折线及省道

（一）绘制领片翻折线

选择【创造内部图形/线】工具绘制翻领翻折线。按住【Ctrl】键，先在领中线位置单击确定起始点，再在翻领内部单击确定另外一点，最后在结束位置双击左键确定最后一点，完成翻折线绘制。

在翻折线被选中的状态下（如果不在选中状态，可以使用【编辑板片】工具选中），在【属性窗口】→【Basic】→【图形】→【折叠角度】栏里，将折叠角度设置为“360”（图4-4）。

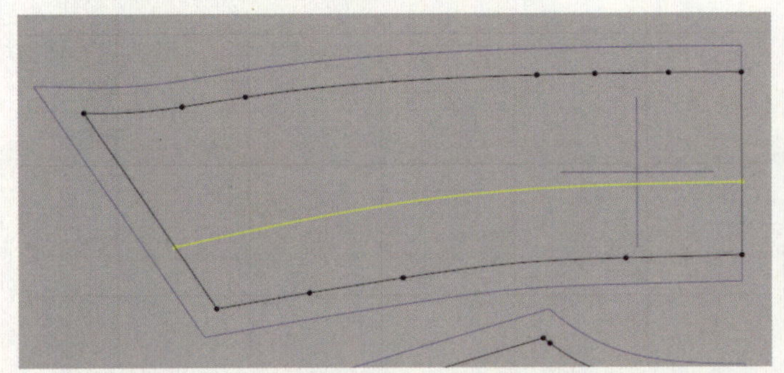

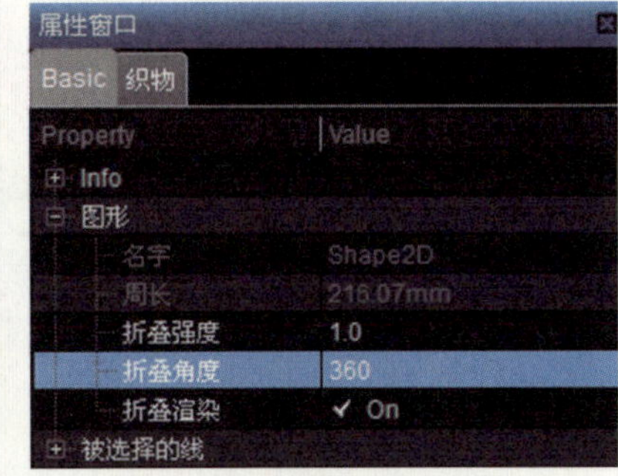

图4-4 绘制领片翻折线

（二）制作腋下省

选择【编辑板片】工具，选中省中间点，按住不放拖到省尖点位置（图4-5）。

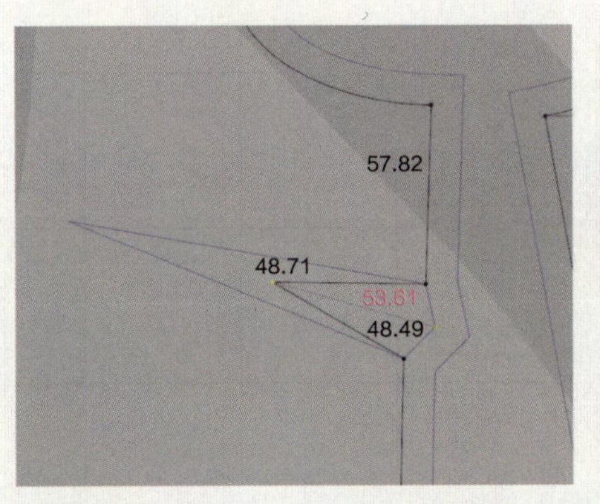

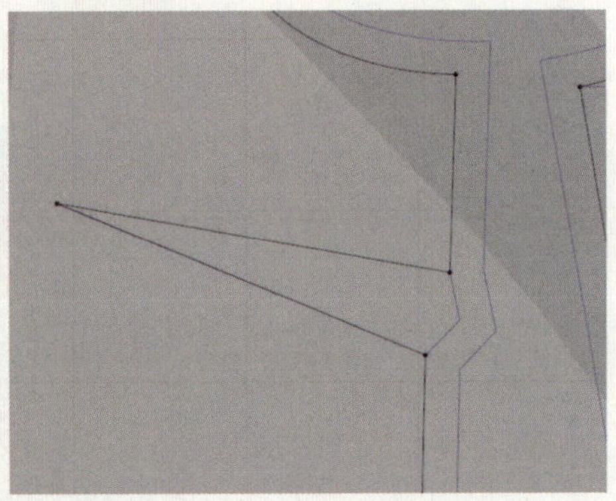

图4-5 制作腋下省

（三）制作腰省

选择【创造Dart】工具绘制出腰省，选择【编辑板片】工具将点移动到合适的位置，制作出前片的腰省（图4-6）。用同样的方法制作出后片的腰省（图4-7）。

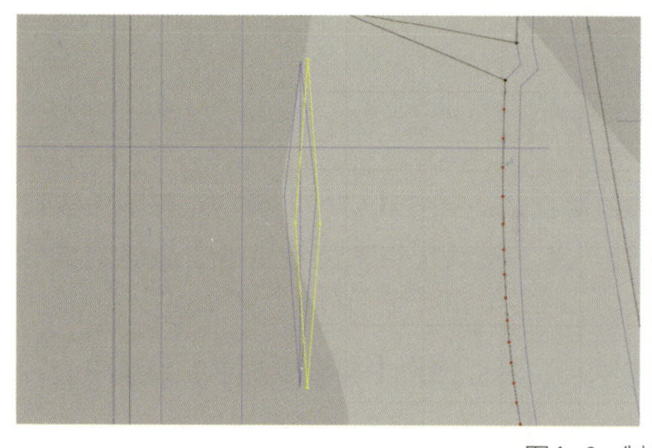
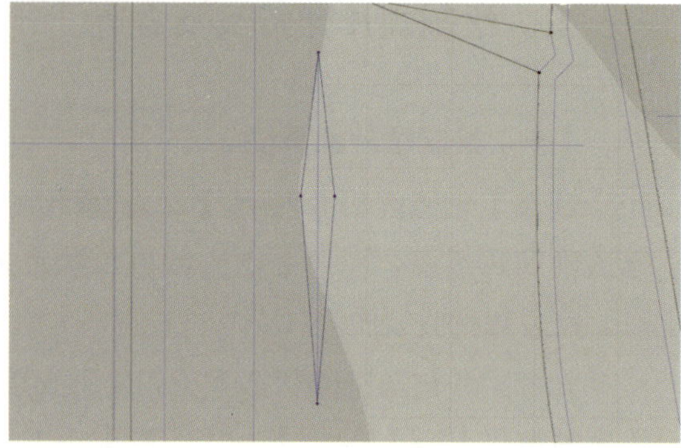

图4-6　制作前片腰省

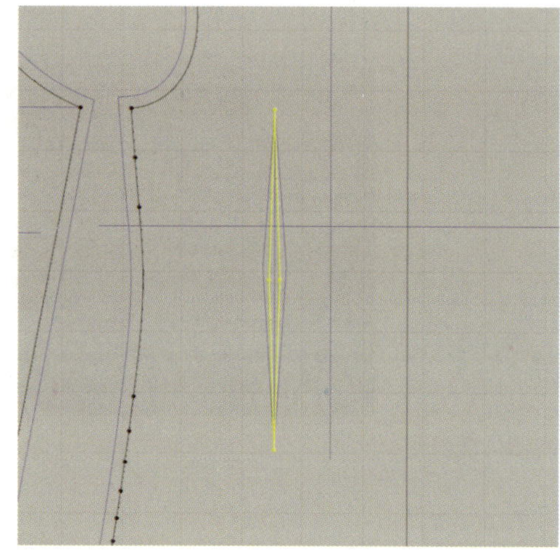
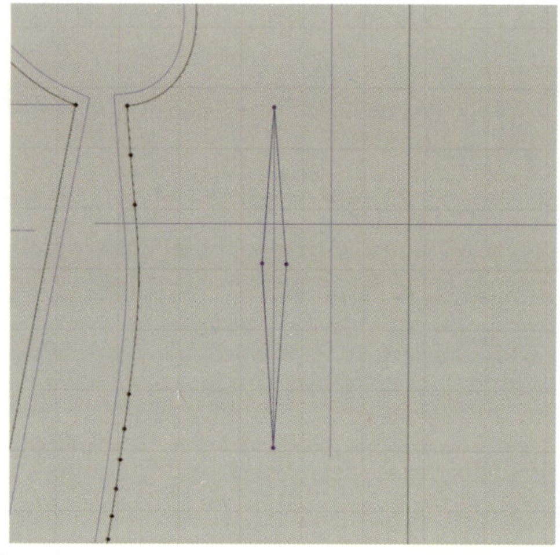

图4-7　制作后片腰省

三、缝合板片

（一）缝合省道

选择【线缝纫】工具，依次单击胸省的两条省线，然后再分别单击前片腰省线的上边两条线及下边两条线。用同样的方法缝纫后片的腰省（图4-8）。

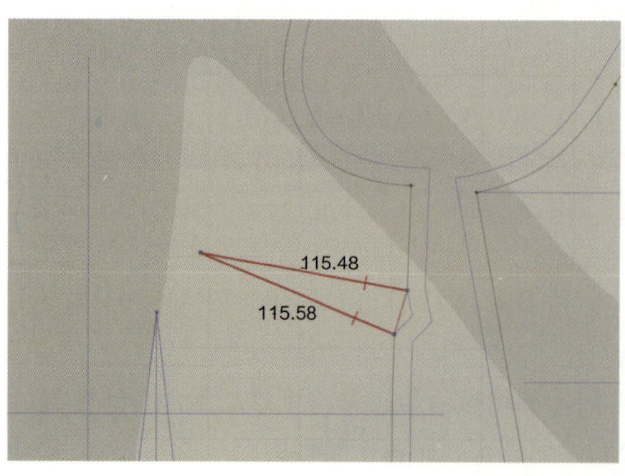

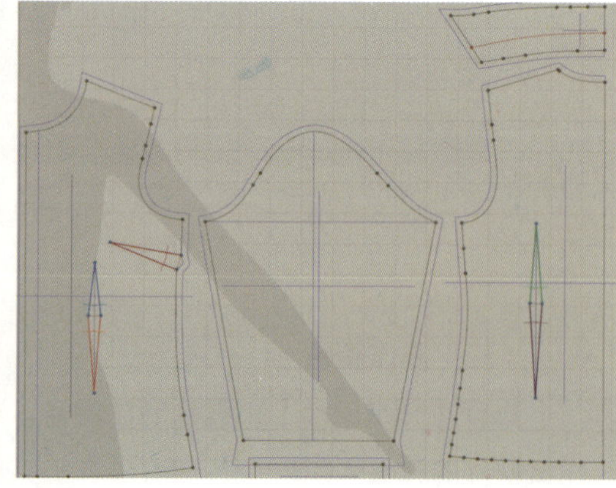

图4-8　缝合省道

（二）缝合肩线

选择【线缝纫】工具，依次单击前后片的肩线，缝合肩线（图4-9）。

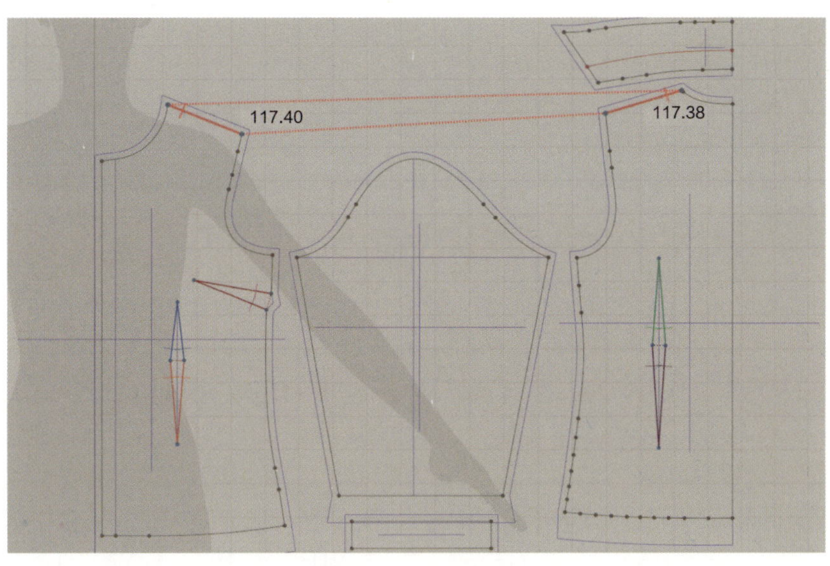

图4-9　缝合肩线

（三）缝合侧缝

选择【自由缝纫】工具，先单击前片腋下点，再单击腋下省上边线与侧缝线的交点，可以看到本段长度为57.82mm。然后单击后片腋下点，在侧缝线上单击右键，在弹出的【Create Seam Line】对话框中输入“57.82”，单击【OK】，即缝合完毕（图4-10）。

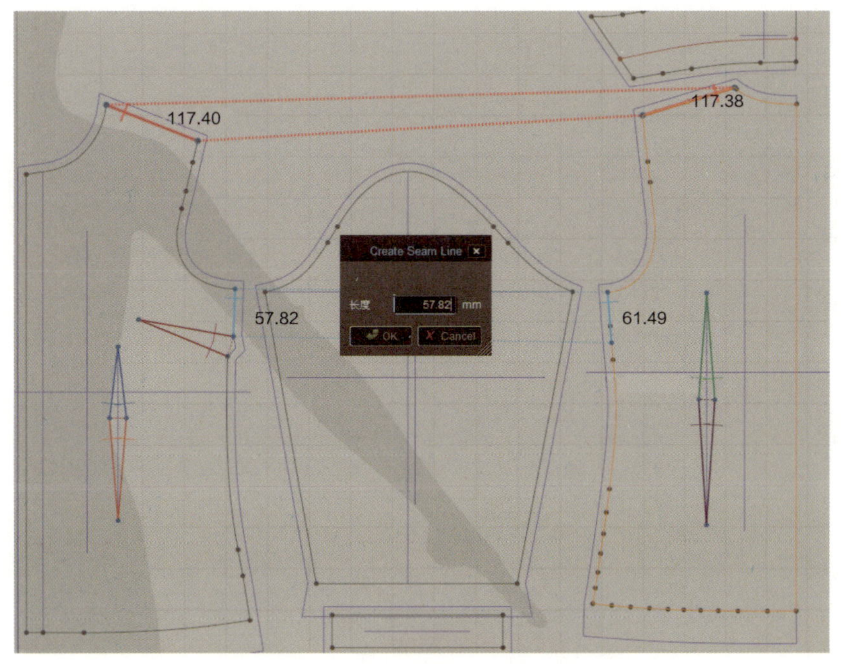

图4-10　自由缝纫中的定量缝合

继续使用【自由缝纫】工具，将侧缝线剩下的部分缝合完（图4-11）。

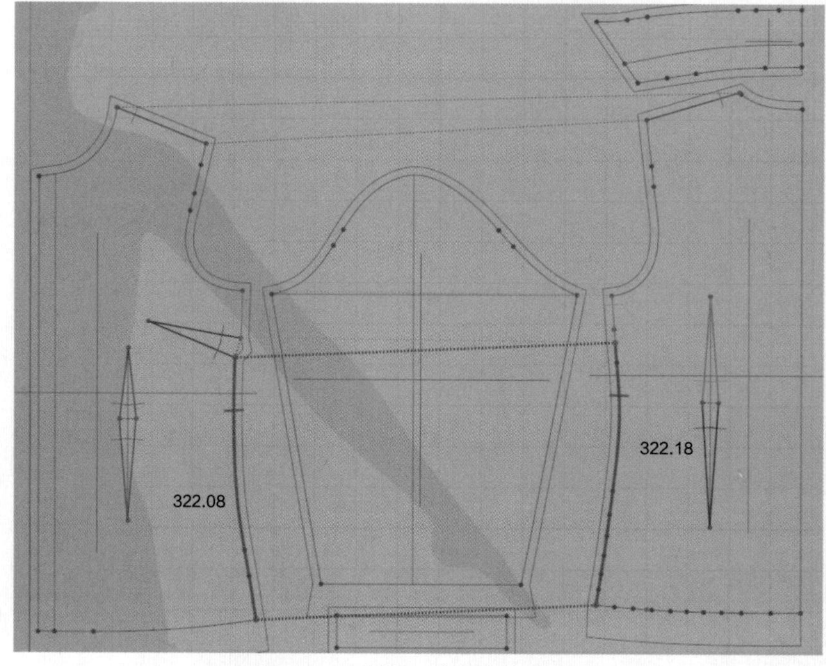

图4-11　侧缝下半部分的缝合

（四）缝合袖窿

继续使用【自由缝纫】工具，按照袖片上已有的点将袖片与前后袖窿缝合（图4-12）。

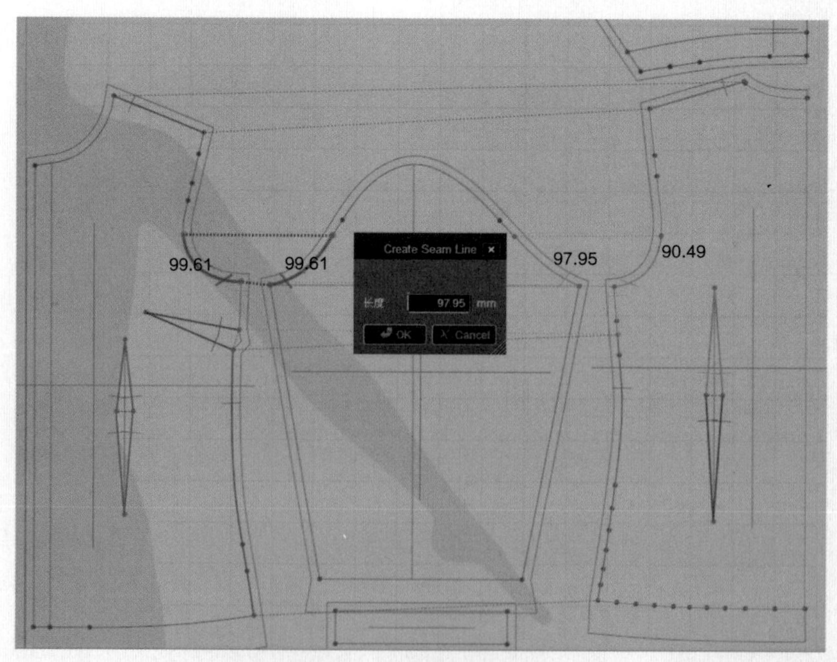

图4-12　袖窿部分的缝合

将袖片剩余部分与前后袖窿缝合（图4-13）。

（五）缝合袖片

选择【线缝纫】工具，将袖片与袖克夫缝合，再将袖侧缝缝合，最后将袖克夫侧缝缝合（图4-14）。

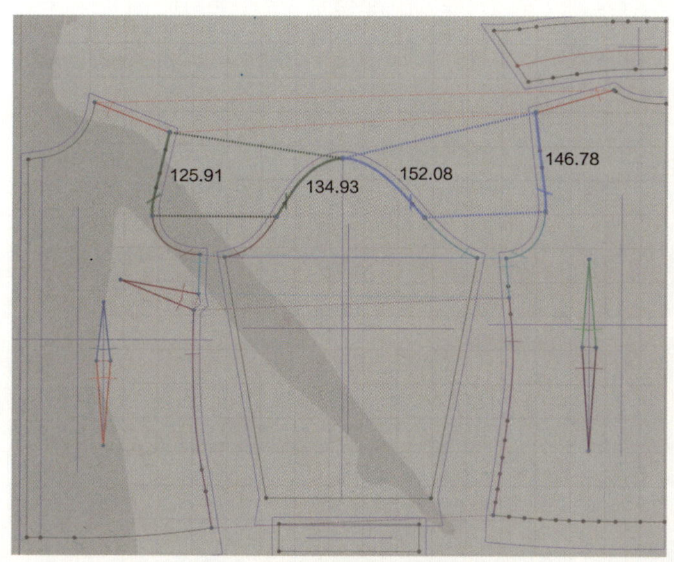

图4-13　袖窿剩余部分的缝合

图4-14　袖片的缝合

（六）展开板片

选择【编辑板片】工具，单击后中线，并在线上单击右键，在弹出的菜单中选择【展开】。用同样的方法展开领片（图4-15）。

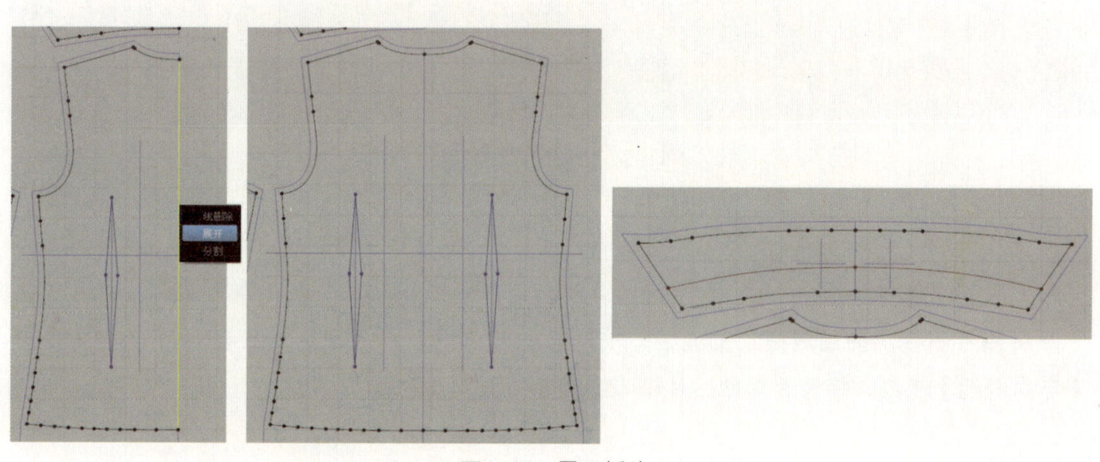

图4-15　展开板片

（七）复制板片

选择【传输板片】工具，框选前片、袖片及袖克夫，按键盘上的【Ctrl】+【C】复制，然后按【Ctrl】+【R】对称粘贴（图4-16）。

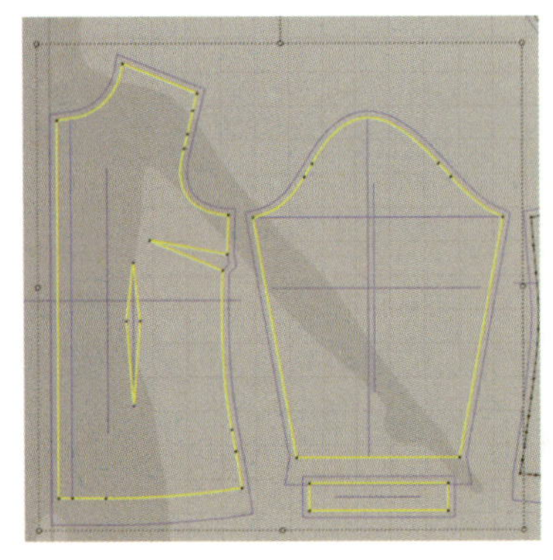
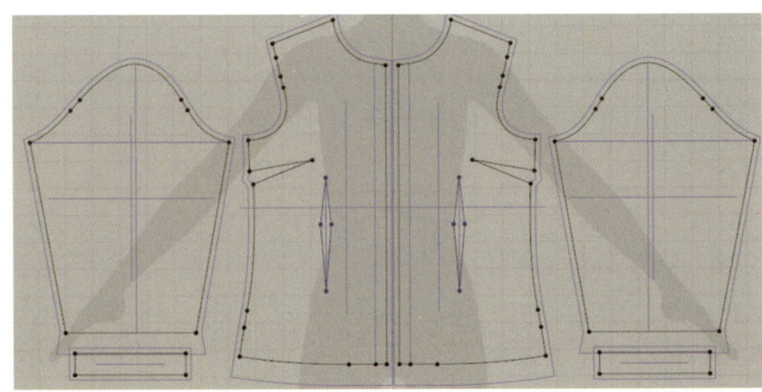

图4-16 复制出对称板片

对称复制后，缝纫线迹部分也将被复制（图4-17）。

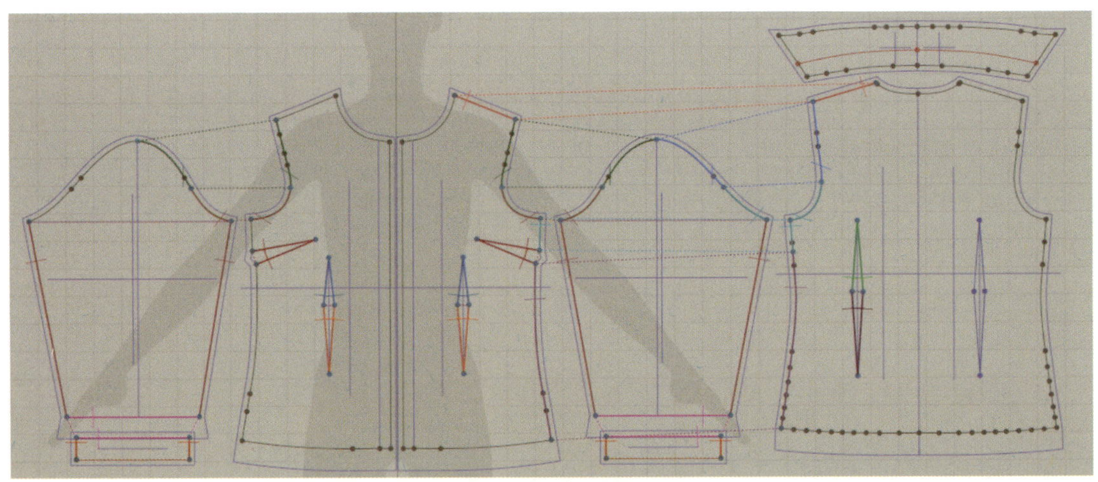

图4-17 复制后的缝合线

（八）缝合剩余板片

将后片省线、前后肩线、侧缝线、袖片与后袖窿都分别缝合好（图4-18）。然后选择【自由缝纫】工具，将领片与前后片领弧线缝合（图4-19）。

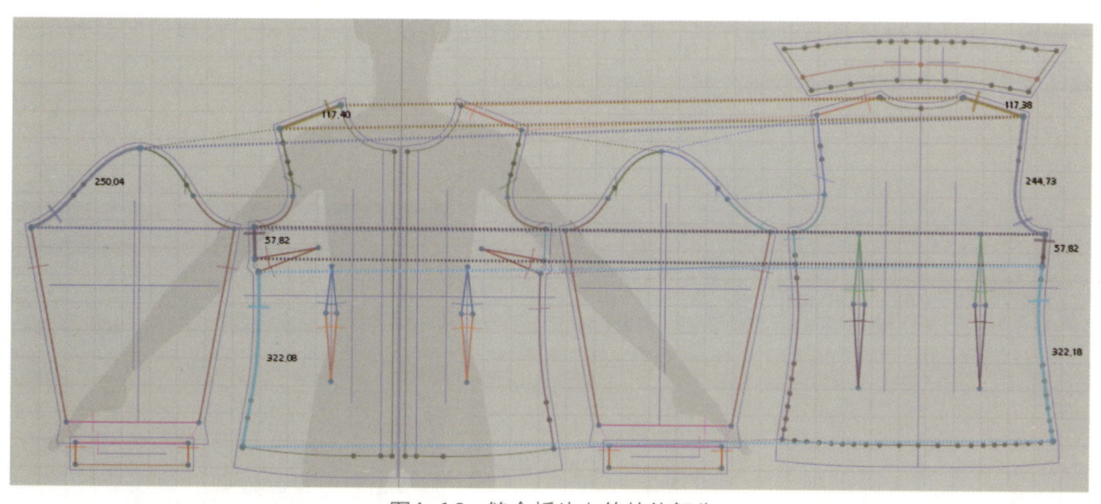

图4-18 缝合板片上的其他部分

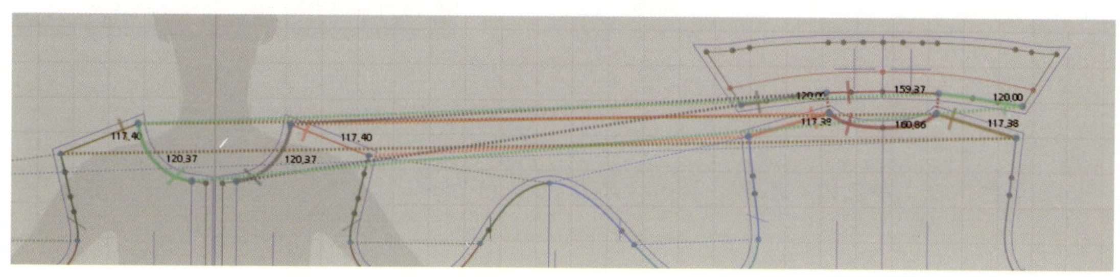

图4-19 缝合领片

四、虚拟试衣

（一）同步显示

选择【同步】工具，板片将同步显示在【虚拟化身窗口】（图4-20）。

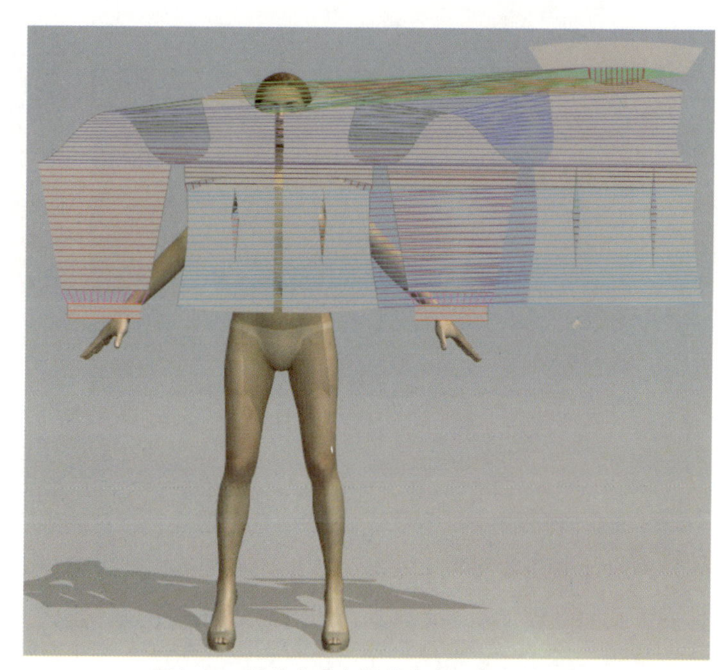

图4-20 板片在【虚拟化身窗口】中的显示

（二）安排后片

选择【编辑板片】工具，在【板片窗口】中框选后片及领片，然后在【虚拟化身窗口】中按住黄色方框，将其拖动到虚拟化身前方，并使用鼠标左键按住蓝色数轴进行拖动调整，使衣片置于虚拟化身身后。在【虚拟化身窗口】单击鼠标右键，在弹出的菜单中选择【后】，虚拟化身后背出现在窗口前方（图4-21）。

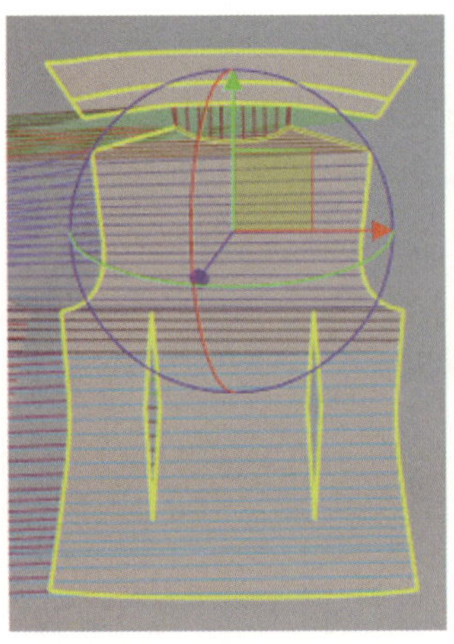

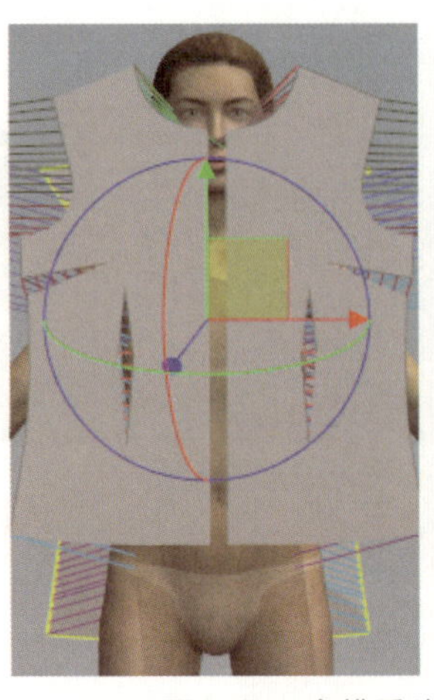

图4-21　安排后片

在黄色方框上单击鼠标右键，选择【水平反】（图4-22）。

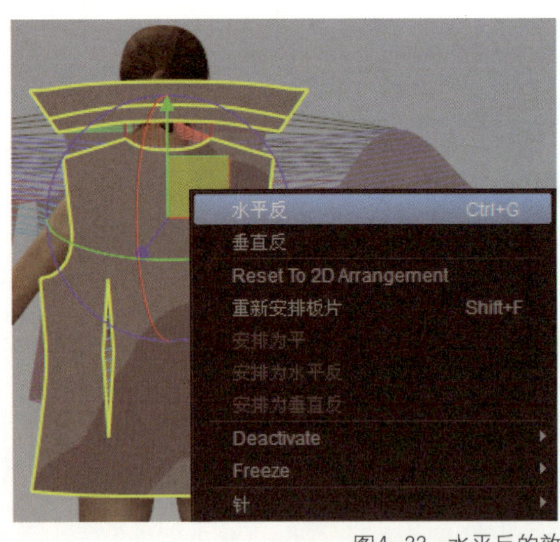

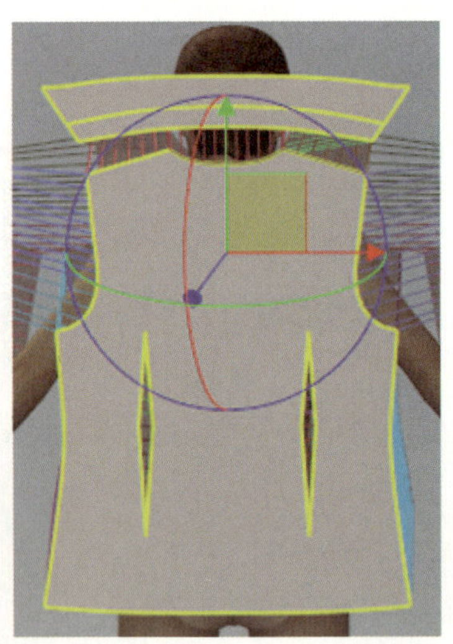

图4-22　水平反的效果

（三）安排袖片

单击【显示安排点】工具，虚拟化身周围出现安排点。由于虚拟化身的身高已经改变，但安排点的位置并未随之移动，所以需要单击【物体窗口】→【安排】→【穿】功能按钮，安排点就会自动调整到适合虚拟化身身高的位置。在【虚拟化身窗口】空白处单击右键，在弹出的菜单中选择【左】（图4-23）。

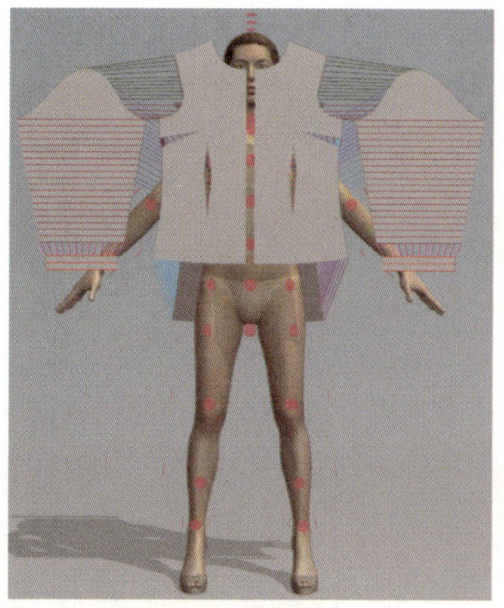
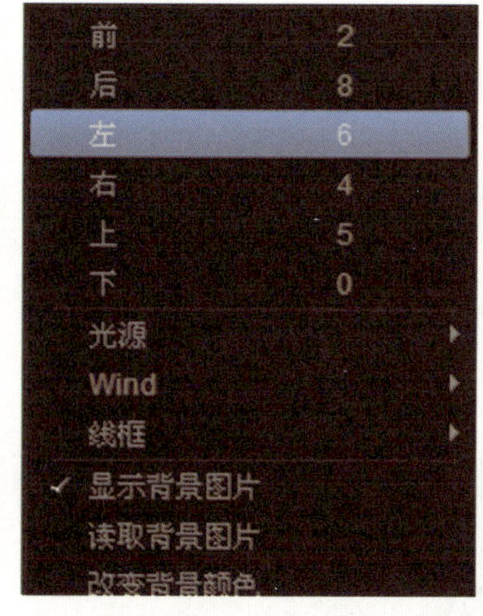

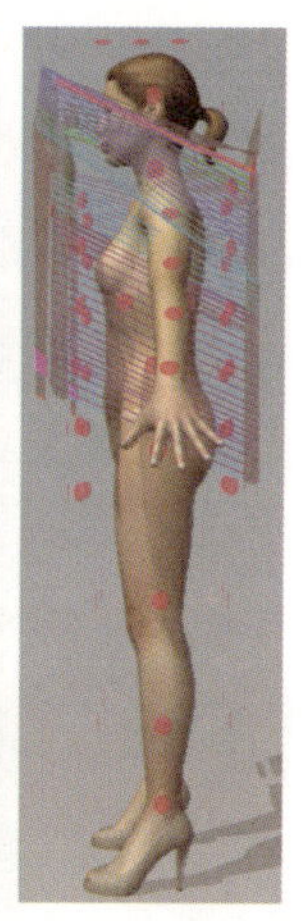

图4-23　左侧视图

左键单击选择左袖克夫片，单击安排点，袖克夫片被安排在手腕处（图4-24）。

左键单击选择左袖片，单击安排点，袖片被安排在手臂周围（图4-25）。用同样的方法安排右袖克夫片和右袖片。

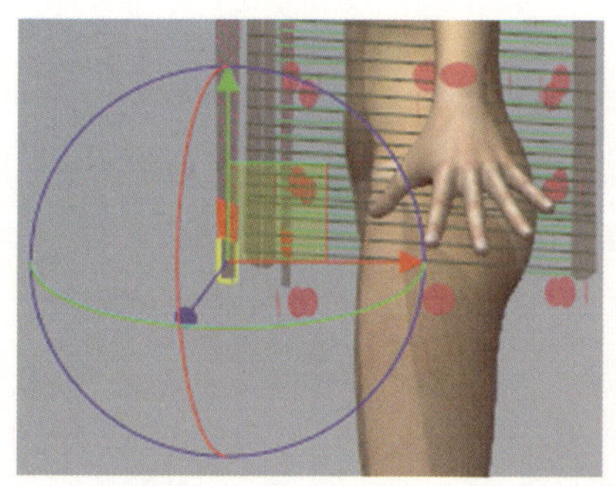
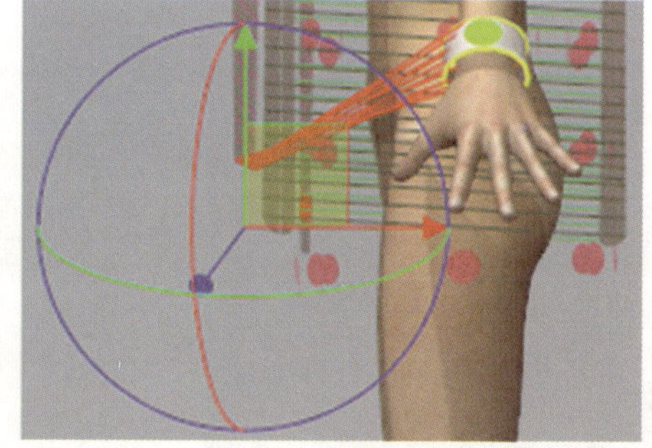

图4-24　安排袖克夫

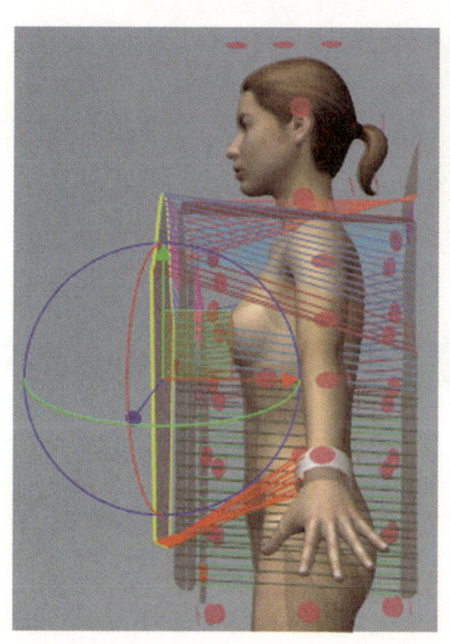
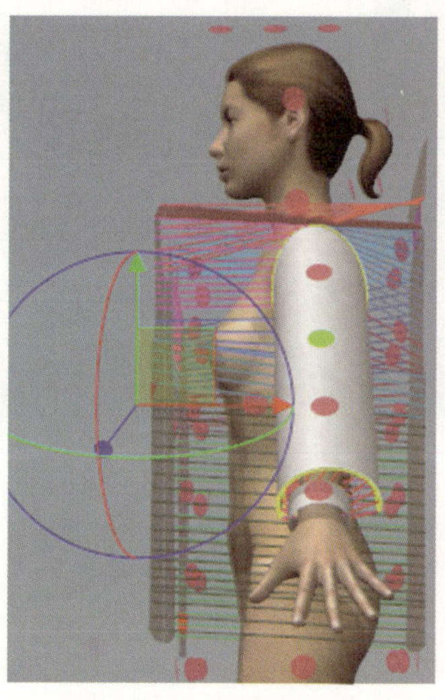
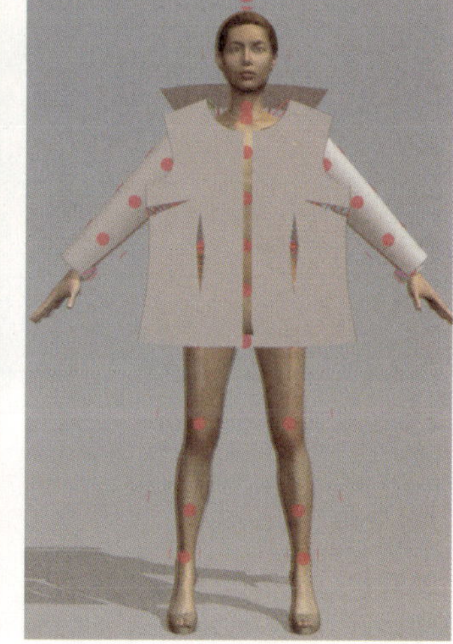

图4-25　安排袖片

（四）安排领片

在【虚拟化身窗口】空白处单击右键，在弹出的菜单中选择【后】。单击选择领片，单击安排点，将领片安排在颈部周围（图4-26）。

再单击选择领片，在【属性窗口】→【安排】→【抵消】栏调整抵消的值，使领子更加贴合颈部（图4-27）。

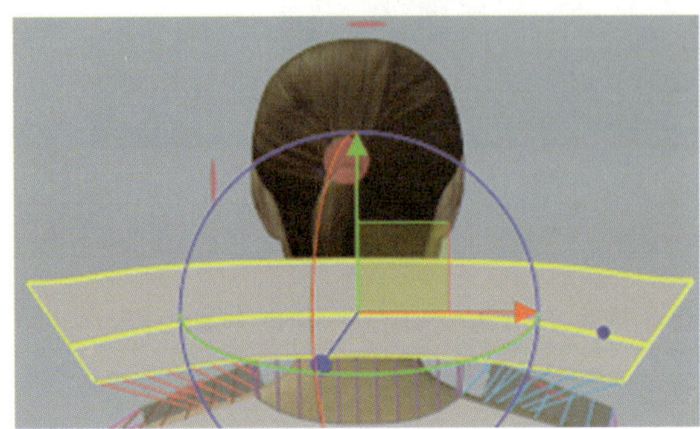

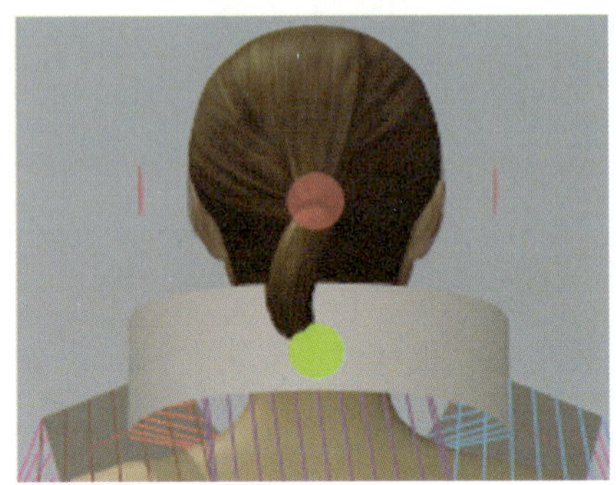

图4-26　安排领片

属性窗口

Basic　织物

Property	Value
⊞ Info	
⊞ 网格	
⊞ 选择	
⊞ 图形	
⊞ 被选择的线	
⊞ 板片	
⊟ 安排	
安排点	Neck_Collar
图形类型	曲面
X的位置	25
Y的位置	70
抵消	71
方向	180
垂直反	Off
水平反	Off
Spiral Type	Even

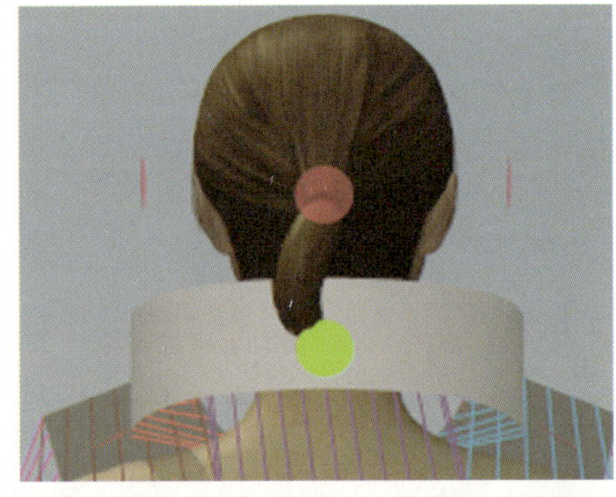

⊟ 安排	
安排点	Neck_Collar
图形类型	曲面
X的位置	25
Y的位置	70
抵消	48
方向	180
垂直反	Off
水平反	Off

图4-27　领片调整

五、领片调整

单击【模拟】工具，得到模拟效果（图4-28）。

图4-28　初次模拟效果

按住鼠标左键不放，拖动领片，将领片整理好。再次单击【模拟】工具停止模拟，得到模拟效果（图4-29）。

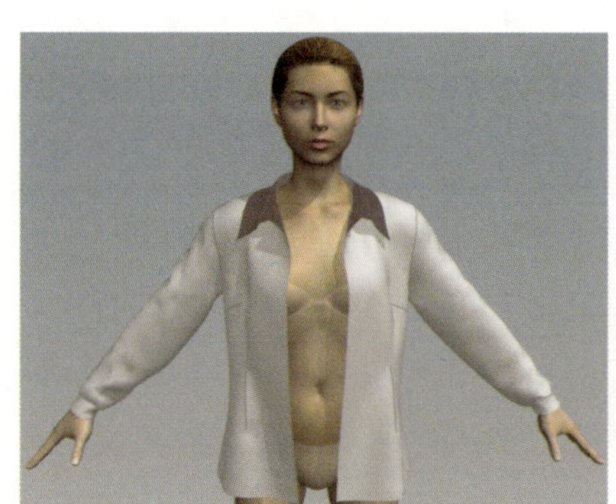

图4-29　调整领片后的模拟效果

六、缝合门襟

本节女衬衫例子的扣子部分的制作将在第五章中详细介绍，这里只是简单使用内部线代替进行缝合。

（一）提取内部线

选择【勾勒轮廓】工具，单击右前片前中线，再在线上单击右键，选择【Create as Inner Shape】，则提取出内部线。用同样的方法提取出左前片的内部线（图4-30）。

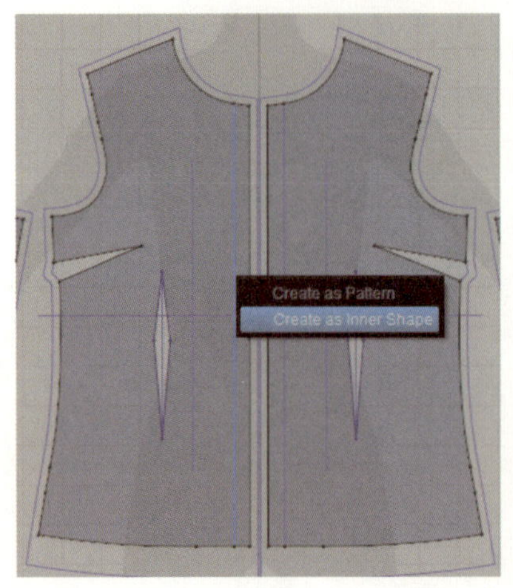

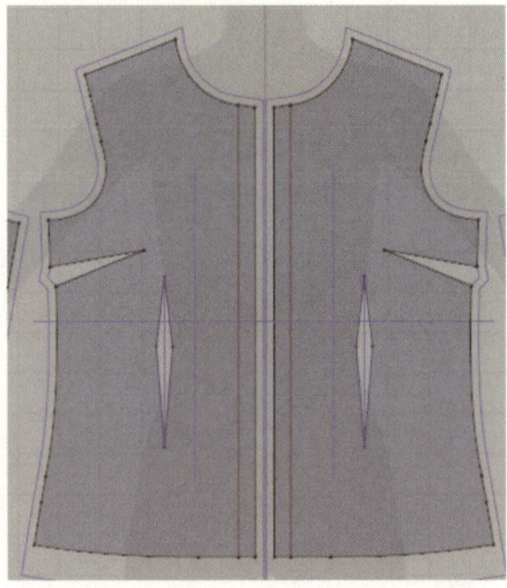

图4-30　提取内部线

（二）缝合门襟

选择【线缝纫】工具，缝合两条内部线，在【虚拟化身窗口】单击【模拟】工具，模拟完毕后再次单击【模拟】工具停止模拟，虚拟试衣效果为图4-31。由于左右前片处于同一层上，系统比较难判断两个板片的上下关系，所以门襟处模拟的效果并不理想，设计师可以通过后面的步骤进行调整。

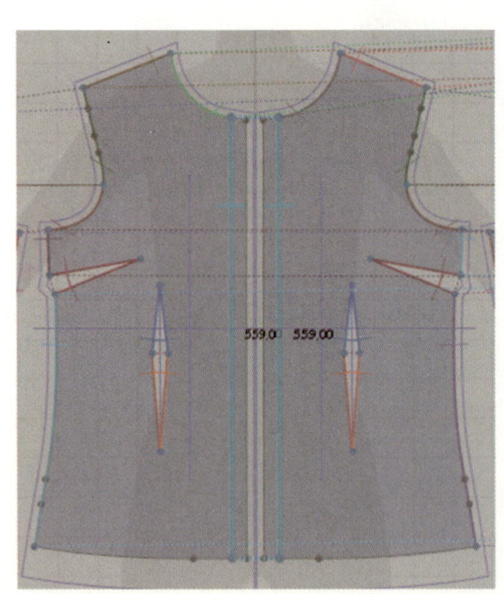

图4-31　缝合门襟后的虚拟试衣效果

（三）调整属性

在【虚拟化身窗口】中按住【Shift】键，依次单击右前片和领片，在【属性窗口】→【织物】→【物理属性】→【其他属性】→【层】栏里将其改为“1”。然后单击【模拟】工具，试衣效果为图4-32。最后，在【板片窗口】或【虚拟化身窗口】中选中右前片和领片，将【层】改回为“0”。

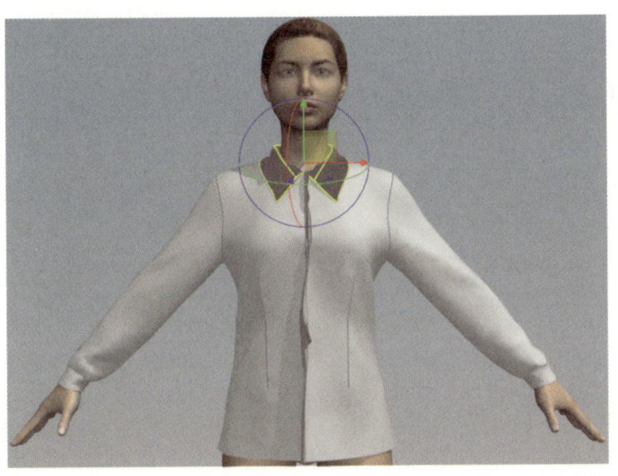

图4-32 修改层前后的试衣效果对比

（四）调整纹理效果及粒子距离

在【板片窗口】按【Ctrl】+【A】选中所有板片，在【虚拟化身窗口】单击【显示服装】旁边的小三角，选择【渲染风格】→【浓密纹理表面】，然后单击【模拟】工具，虚拟试衣效果为图4-33，再次单击【模拟】工具停止模拟。

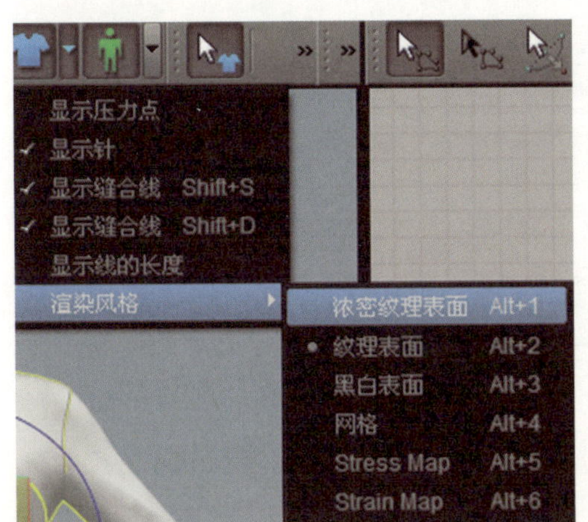

图4-33 调整纹理后的试衣效果

在【属性窗口】→【Basic】→【板片】→【粒子距离】栏里将距离改为“10”，然后单击【模拟】工具，最终虚拟试衣效果为图4-34。粒子距离的设置会影响到服装的模拟品质和模拟速度，粒子距离值越小，模拟品质越好，模拟速度也越慢。

取消缝合线的显示后，最终试衣效果图为图4-35。

图4-34 调整粒子距离后的试衣效果

图4-35 最终试衣效果

第二节 牛仔裤

牛仔裤可谓是一年四季永不凋零的明星，被列为“服装之首”，大多用劳动布（又名坚固呢）裁制，衣缝沿边缉双道桔红色的缝线针迹，并缀以铜钉和铜牌商标。其造型现已成固定格局，一般不分男女均可穿着。也有专门为女性设计的臀部稍大、股沟较深的牛仔裤、弹力牛仔裤、绣花牛仔裤以及低腰牛仔裤等。

本节牛仔裤适合女性穿着，特点是贴体，前片作分割处理，使用微弹面料，有跃动感，富有青春活力。成品尺寸见表4-2，结构图见图4-36，最终三维效果为图4-37。

表4-2 牛仔裤成品尺寸（单位：cm）

号型	裤长	腰围	臀围	立裆	膝围	脚口围
165/70A	105	71	90	22.5	36	30

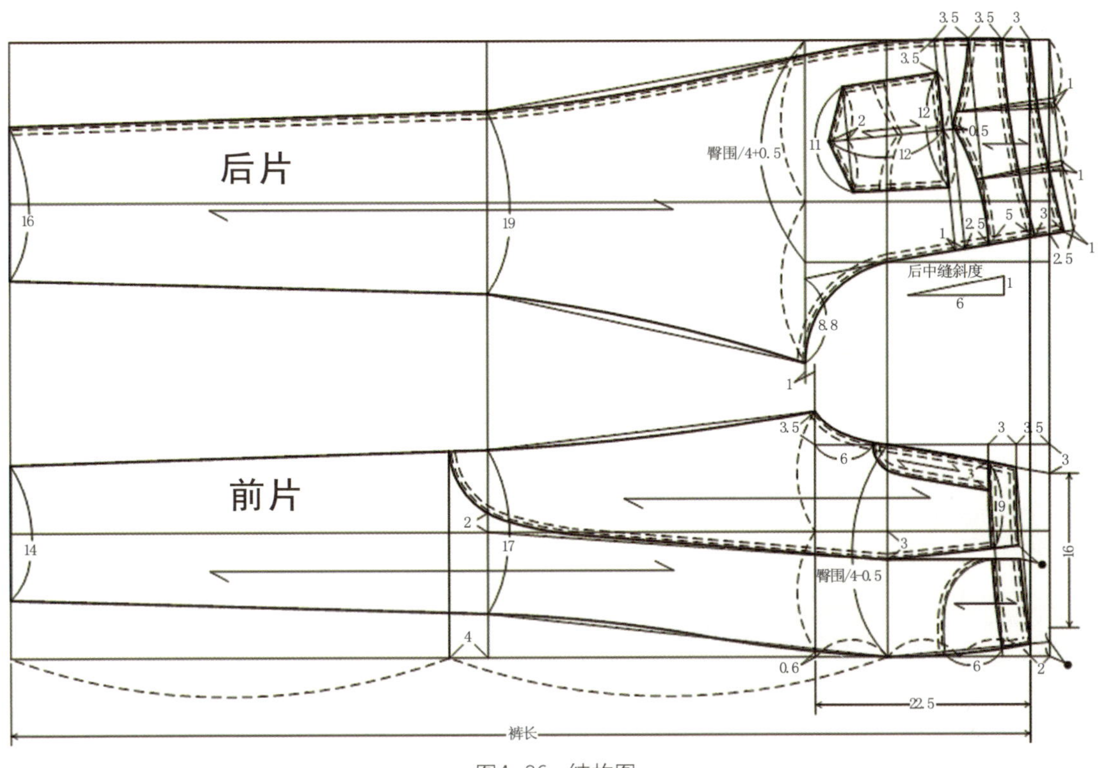

图4-36 结构图

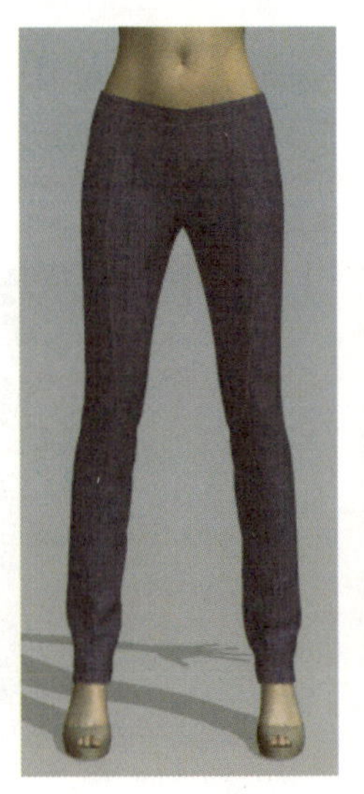
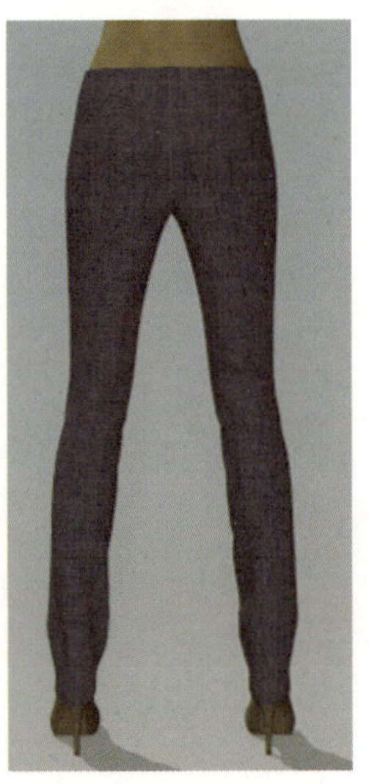

图4-37 三维效果图

一、准备工作

导入牛仔裤DXF文件，如果板片是水平放置的，则可以在板片上单击鼠标右键，在弹出的菜单中选择【逆时针旋转】或【顺时针旋转】，使板片竖直放置。选择【传输板片】工具 ，将板片排列起来（图4-38）。

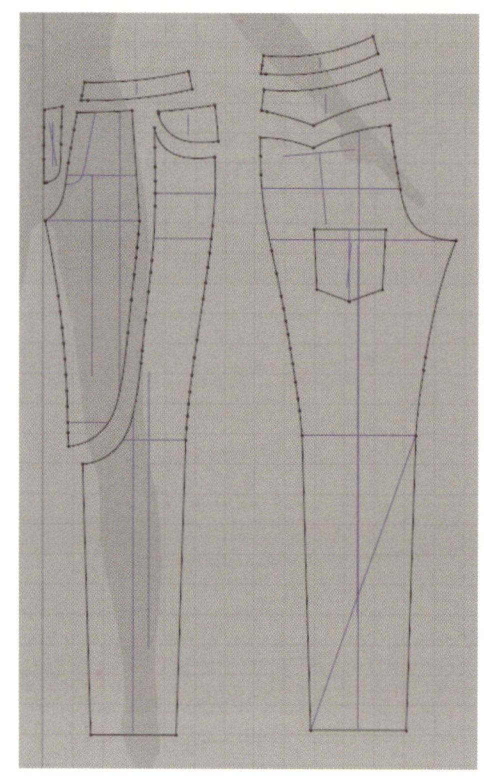

图4-38 导入板片

选择菜单【窗口】→【虚拟化身大小控制器】，在弹出的对话框将虚拟化身的【Height】（身高）设置为“165”，【Waist】（腰围）设置为“70”。

二、提取后兜内部线

滑动鼠标滚轮，可将后片板片放大。用【传输板片】工具选择后兜片，在板片上单击右键，在弹出的菜单中选择【复制为内部模型】，在空白处单击右键，在弹出的菜单中选择【粘贴】，后兜片的轮廓线就会随着鼠标的移动而移动（图4-39）。

将该轮廓线放置到后裤片的兜所在的内部线位置。用【传输板片】工具选择该轮廓线，按住虚线框最上面的点不放并移动鼠标，对复制出的后兜轮廓线进行旋转；在虚线框内部按住鼠标并移动，使得后兜轮廓线的位置与后裤片的兜口内部线位置重合（图4-40）。

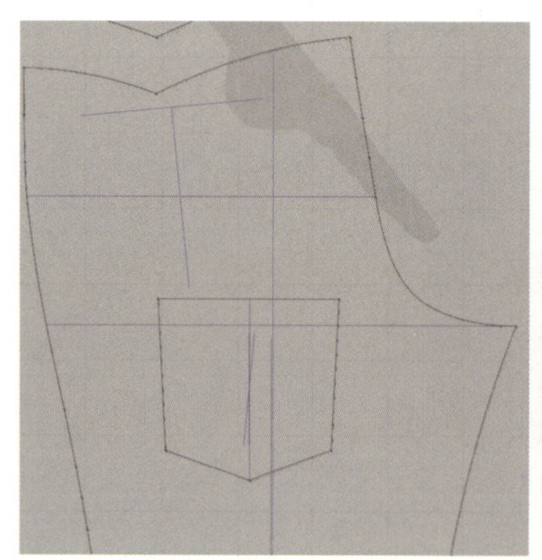

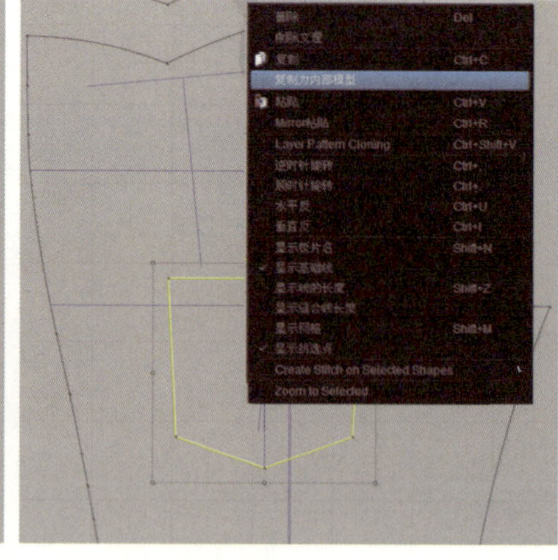

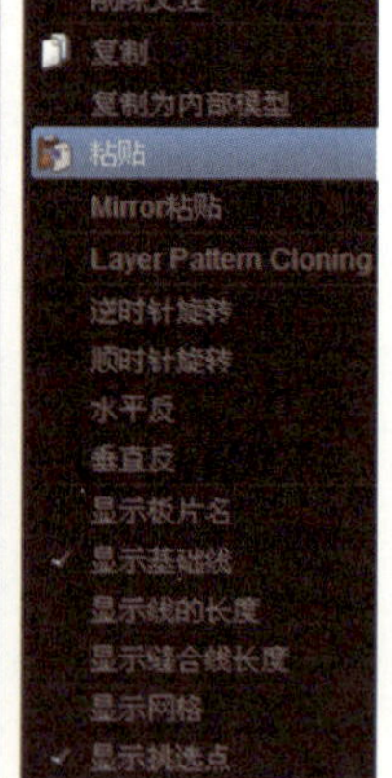

图4-39 复制后兜内部线

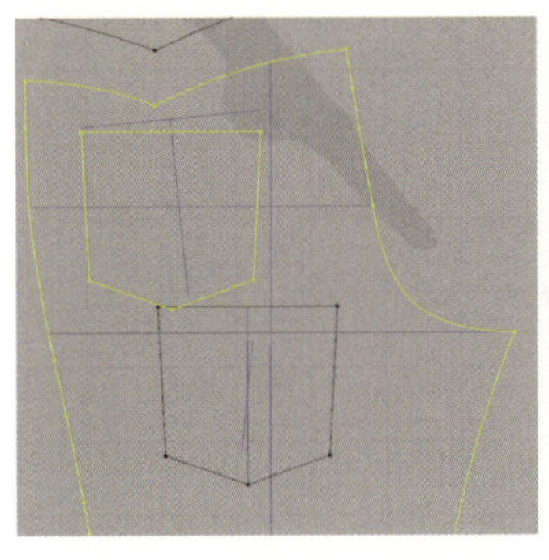
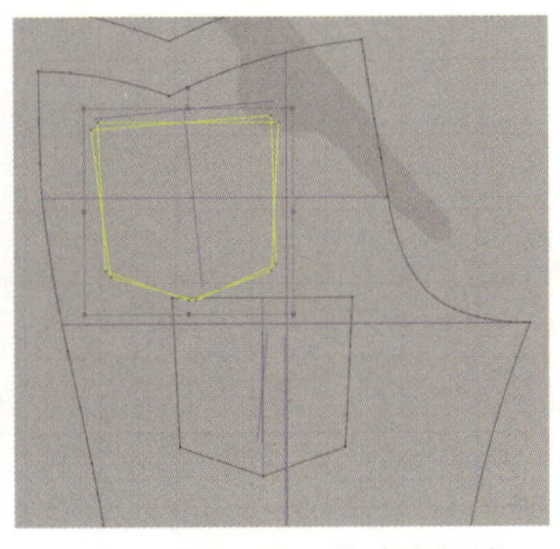
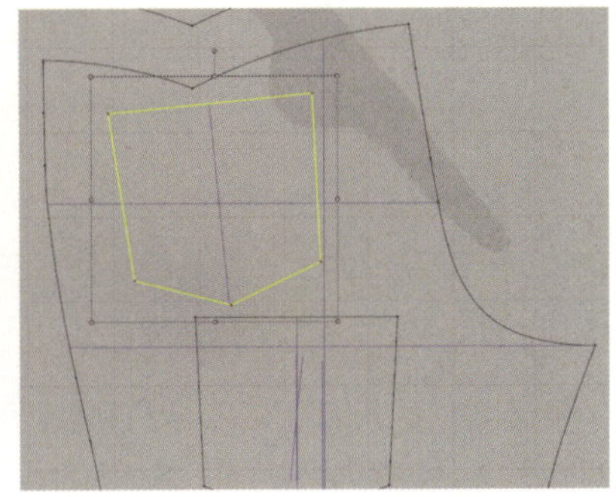

图4-40 移动内部线

三、缝合板片

（一）缝合前片

选择【自由缝纫】工具，将前裤片的几个板片先进行缝合。其中腰部的缝合属于一条线对应两条线的缝合，操作时使用【自由缝纫】工具单击腰头下边线两个端点后，按住【Shift】键不放，鼠标依次选择对应的两条线即可（图4-41）。

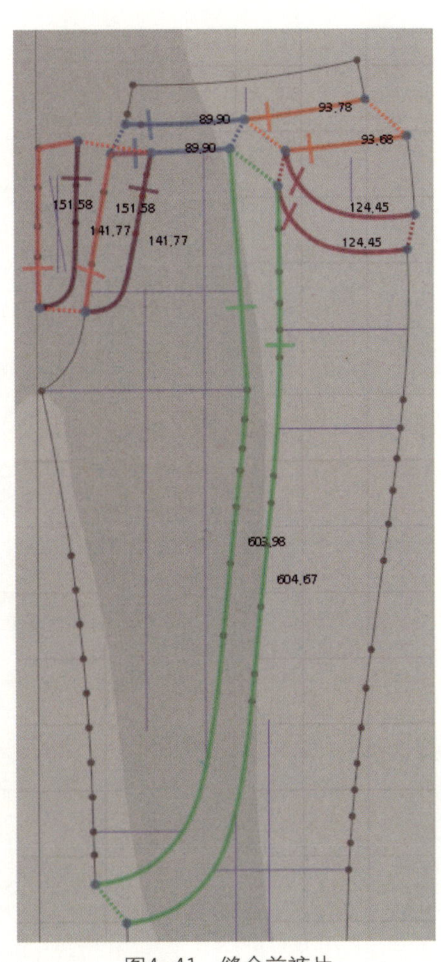

图4-41 缝合前裤片

（二）缝合后片及后兜

使用【自由缝纫】工具与【线缝纫】工具相结合的方法，将后裤片的几个板片缝合起来（图4-42（a））。

使用【自由缝纫】工具，单击后兜上边线左端点，移动鼠标顺着后兜缝合线直到上边线的右端点，单击鼠标左键，然后在后片上单击对应的缝合线，缝合后兜（图4-42（b））。

（三）缝合侧缝

继续使用【自由缝纫】工具，将前片与后片的侧缝线进行缝合（图4-43）。

（四）复制板片

选择【传输板片】工具，用鼠标框选【板片窗口】中的全部板片，按【Ctrl】+【C】进行复制，然后按【Ctrl】+【R】对称粘贴，复制出的板片会跟随鼠标移动。按住【Shift】键，并水平向左移动鼠标，在空白处单击鼠标左键，使得复制出的板片放置在原板片左侧（图4-44）。

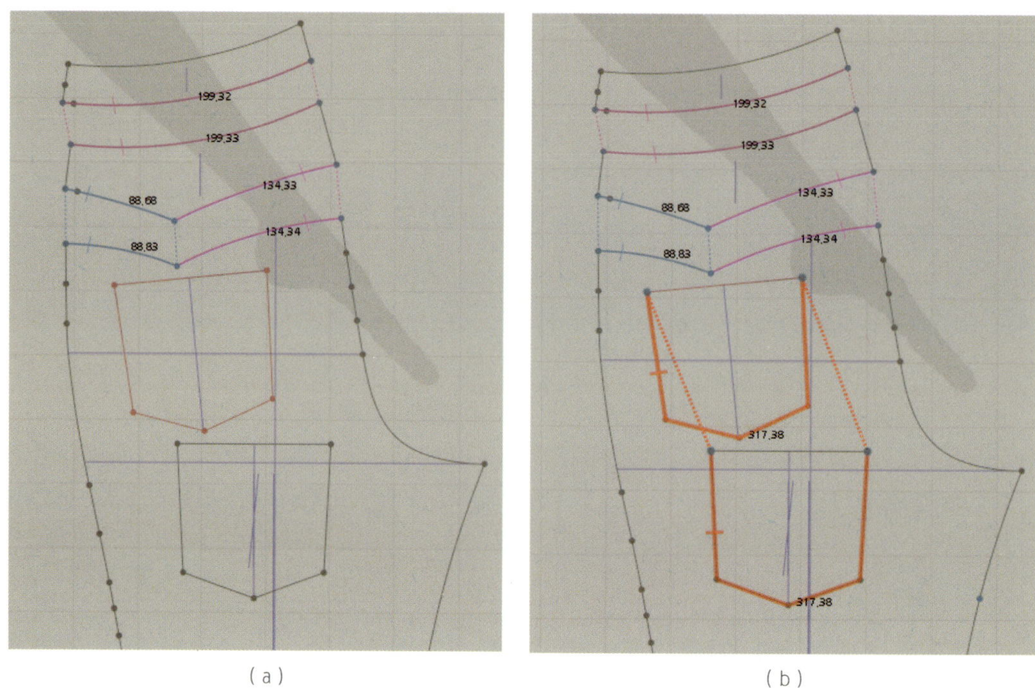

（a）　　　　（b）

图4-42　缝合后裤片及后兜

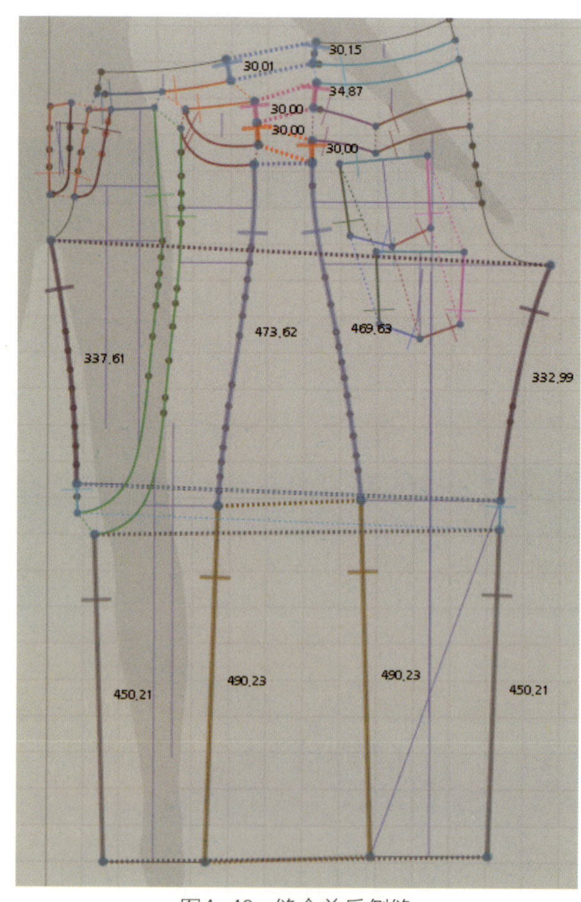

图4-43　缝合前后侧缝

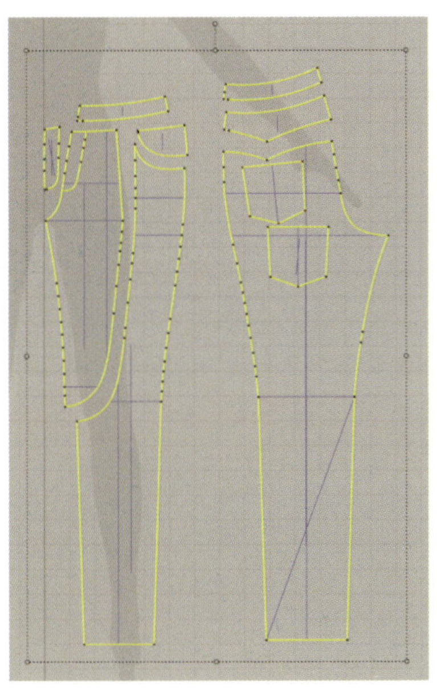

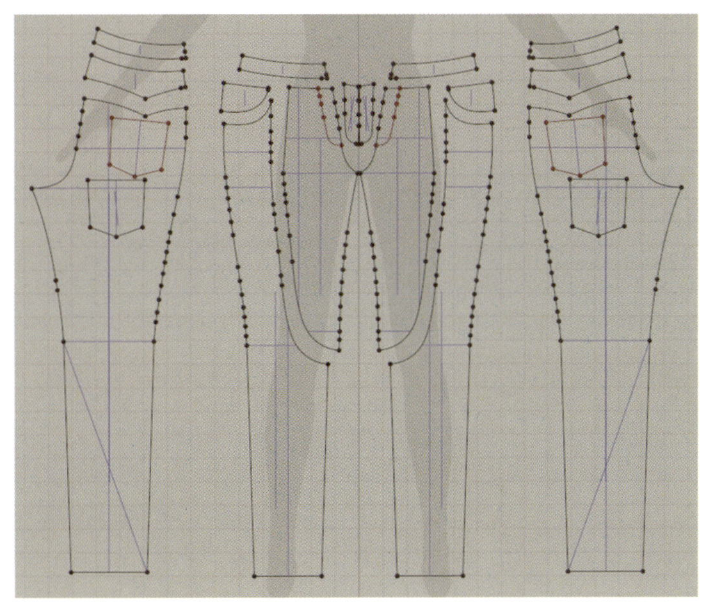

图4-44　复制对称板片

（五）删除板片

继续使用【传输板片】工具，选中左边裤片复制完的门襟，在板片上单击右键，在弹出菜单中选择【删除】；选择左边裤片上门襟的内部线，在线上单击右键，在弹出菜单中选择【线删除】（图4-45）。

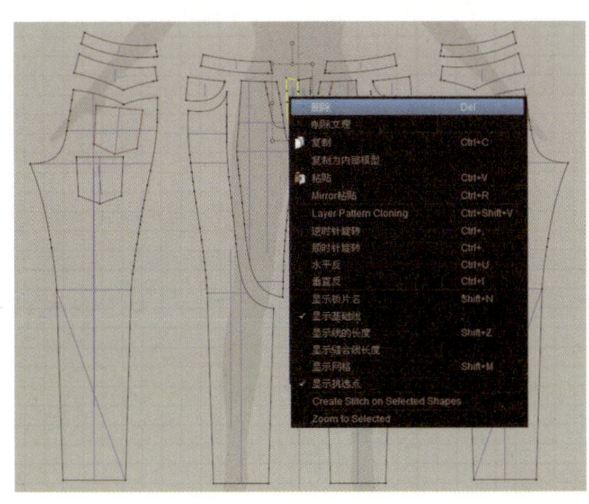

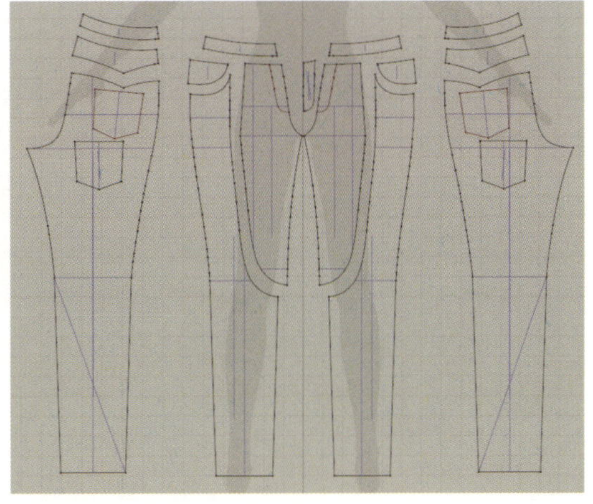

图4-45　删除多余板片和线

（六）调整板片位置

选择【传输板片】工具，将左边的后裤片全部选中，在虚线框内按住鼠标左键进行拖动，在右侧后裤片的右边空白处释放左键，将板片排列成图4-46的形式。

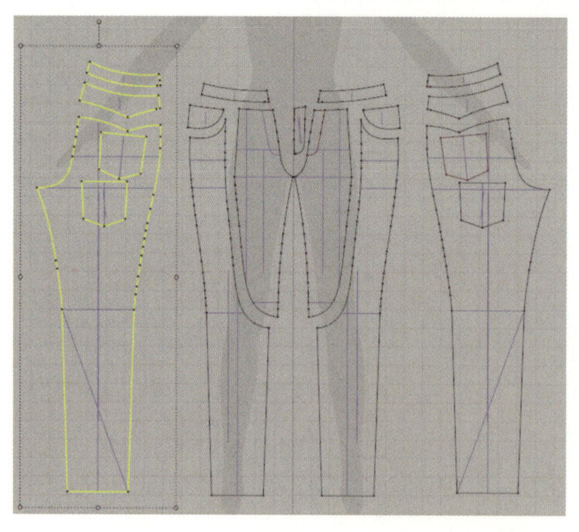
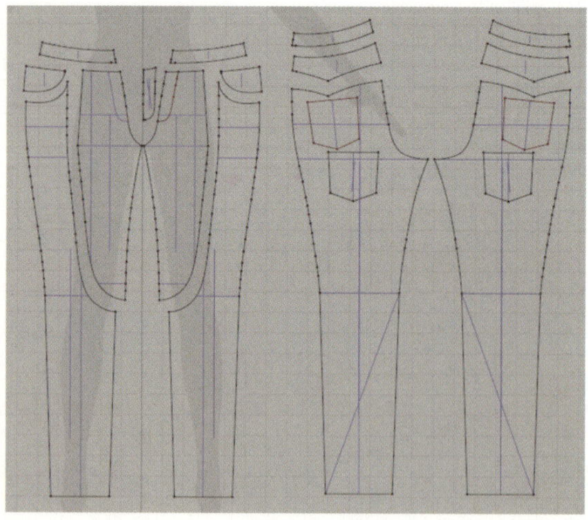

图4-46 调整板片位置

（七）缝合前后中缝线

选择【自由缝纫】工具，将前片与前片、后片与后片的中缝线进行缝合（图4-47）。

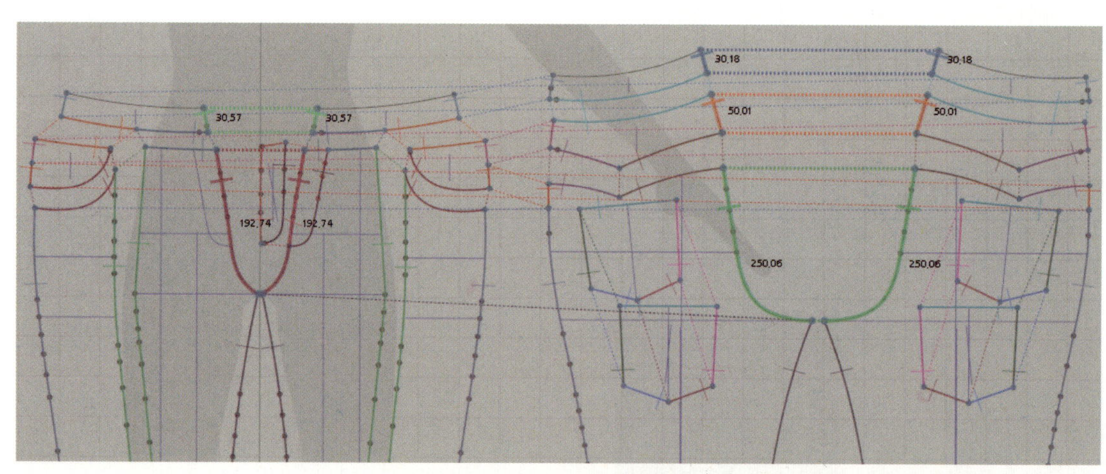

图4-47 缝合前后中线

四、虚拟试衣

（一）同步显示

单击【同步】工具，【板片窗口】的板片显示在【虚拟化身窗口】中（图4-48）。

（二）安排后片

选择【传输板片】工具，在【板片窗口】将后裤片全部选中，这样【虚拟化身窗口】中的后裤片也已经被选中（图4-49）。

图4-48 使板片同步到【虚拟化身窗口】中

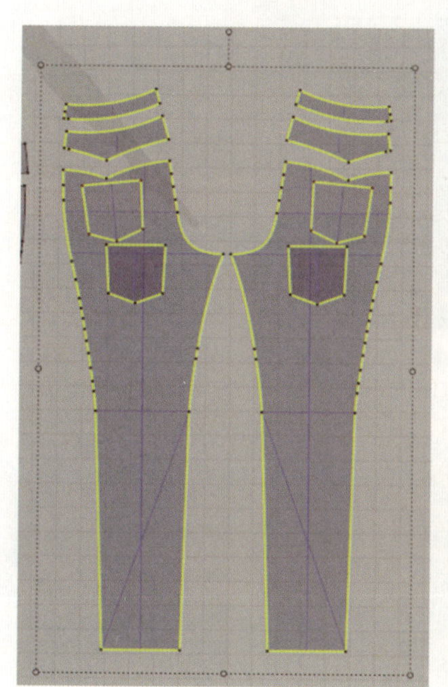

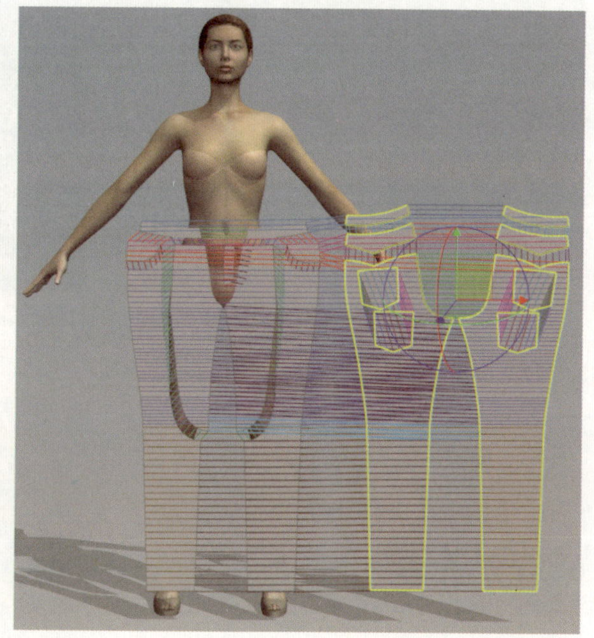

图4-49 选中后裤片

在【虚拟化身窗口】中，用鼠标按住黄色方框，将前裤片拖动到虚拟化身前面，再按住蓝色鼠标轴向后拖动，将后裤片拖动到虚拟化身后面（图4-50）。

由于此时前后裤片的侧缝线是交叉的，所以用户需在选中全部后裤片的情况下，用鼠标右键单击后裤片，在弹出的菜单中选择【水平反】（图4-51）。

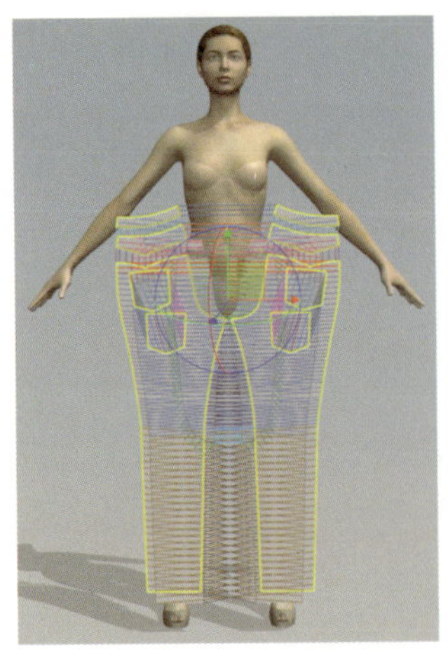
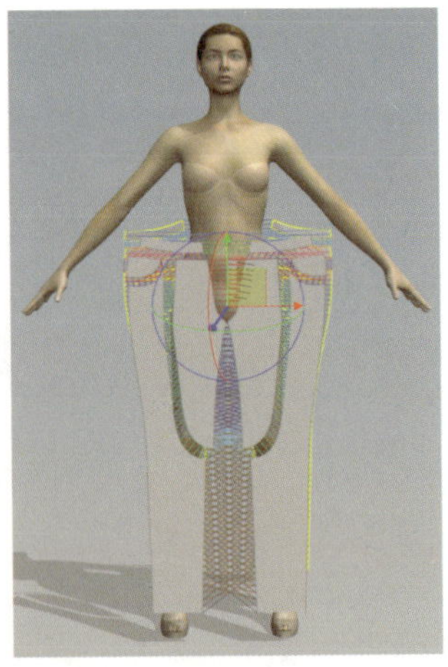

图4-50 在【虚拟化身窗口】中移动后裤片

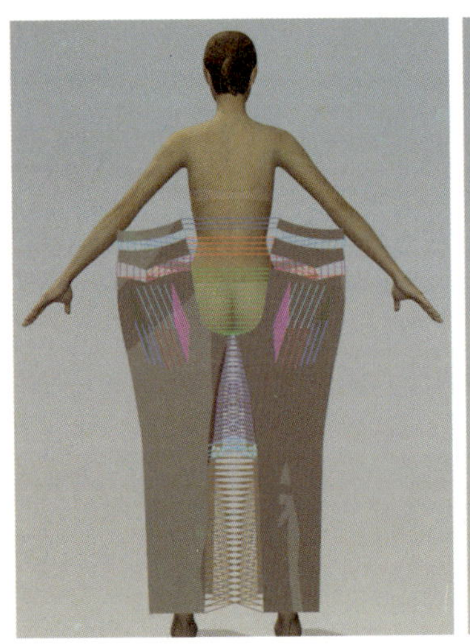
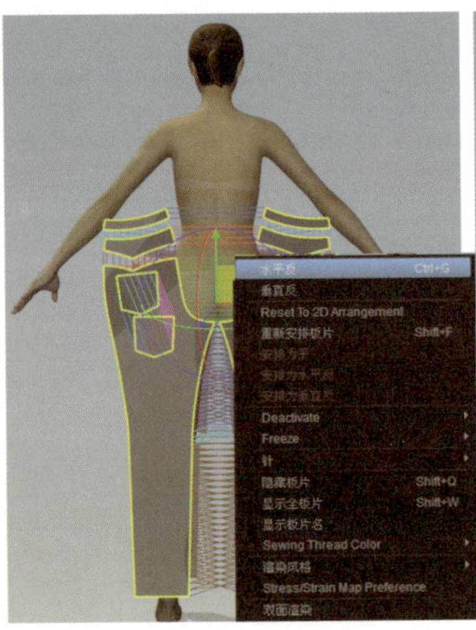

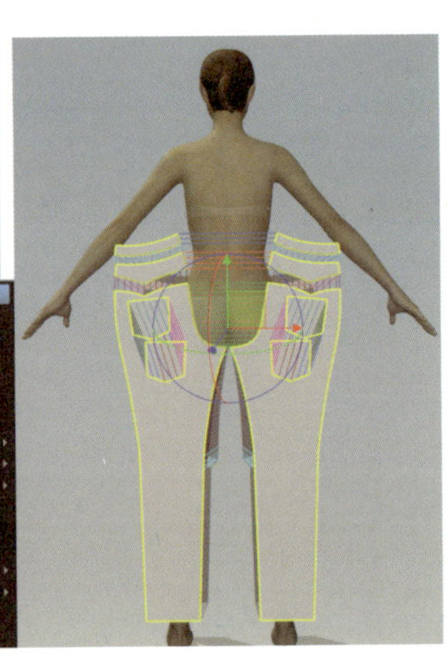

图4-51 水平翻转后裤片

（三）模拟

单击【模拟】工具▶，模拟完毕后再次单击【模拟】工具停止模拟，【虚拟化身窗口】虚拟试衣效果为图4-52。如果试衣效果不佳，特别是后兜和门襟处有问题的话，可以进行后续的调整属性操作；如果试衣效果良好，可以略过调整属性操作。

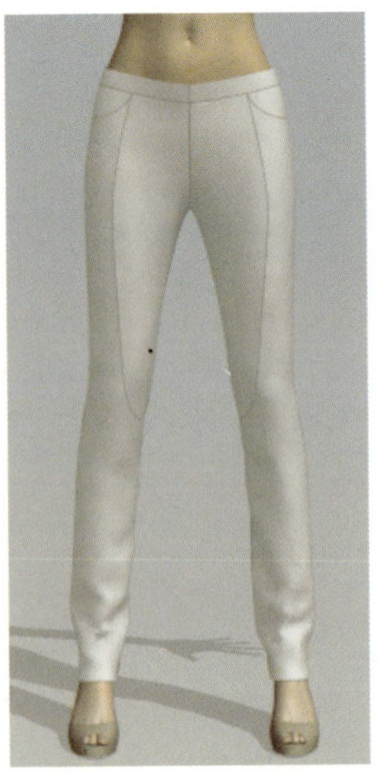
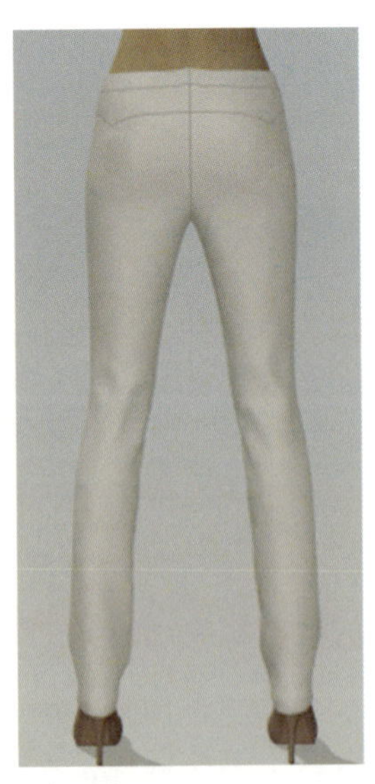

图4-52 虚拟试衣效果

五、调整属性

（一）调整层设置

选择【传输板片】工具，在按住【Shift】键的同时，在【板片窗口】中依次单击两个兜片，将两个板片全部选中，在【属性窗口】→【物理属性】→【其他属性】→【层】栏中将其设为“1”（图4-53）。对前门襟进行同样的设置，然后进行虚拟试衣。

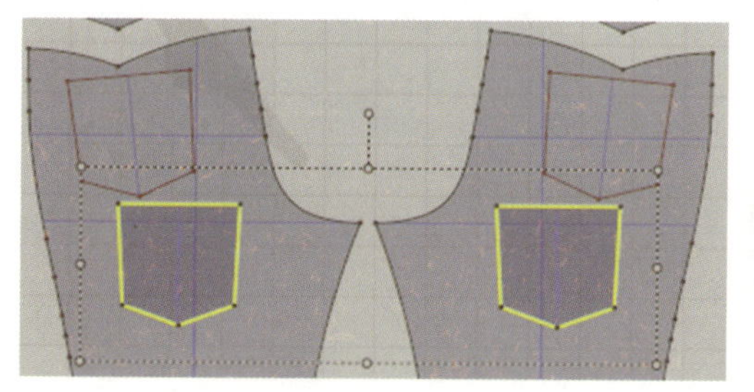
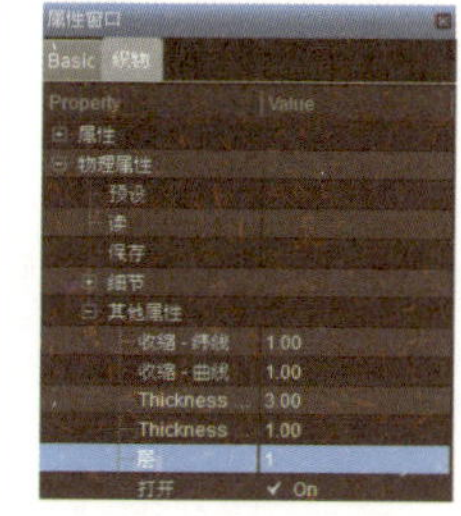
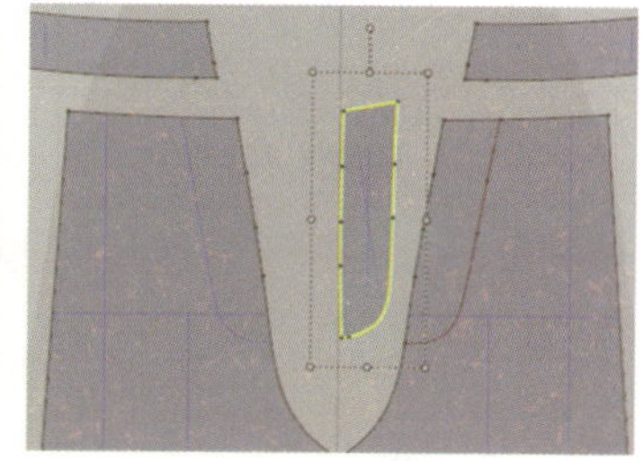

图4-53　修改后兜和前门襟的层

（二）恢复层设置

虚拟试衣完成后，在【板片窗口】按【Ctrl】+【A】选择全部板片，再将【层】统一设为“0”（图4-54）。

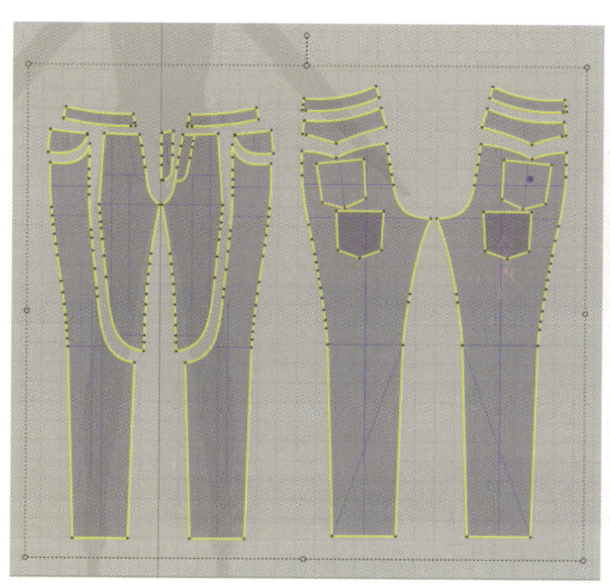
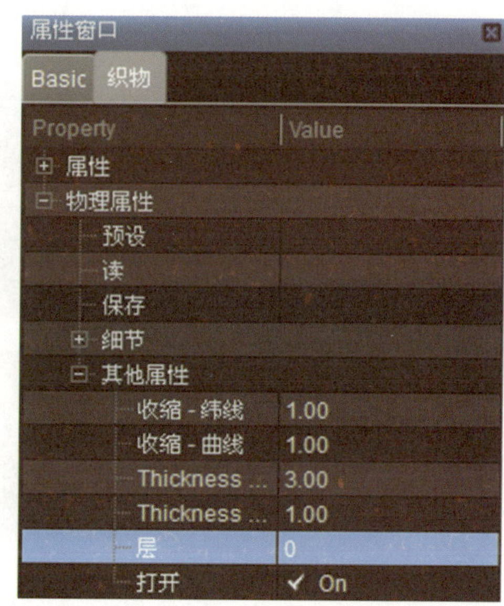

图4-54　修改全部板片的层

（三）虚拟试衣

【虚拟化身窗口】中的虚拟试衣效果（图4-55）。

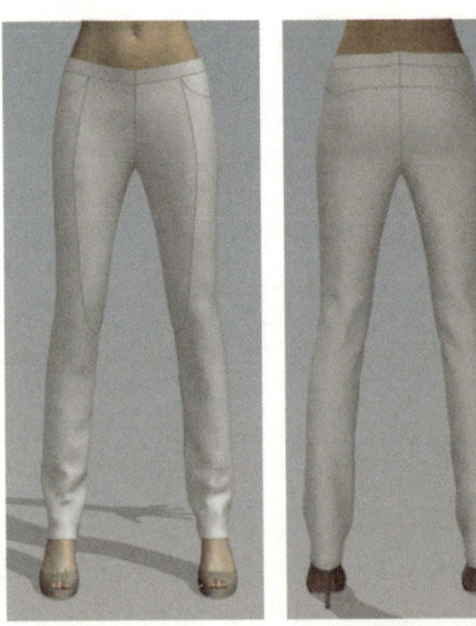

图4-55 虚拟试衣效果图

六、添加面料

（一）打开面料

在【板片窗口】中按【Ctrl】+【A】选择全部板片，单击【属性窗口】→【纹理】栏右侧的按钮，打开牛仔面料文件，为板片填充面料（图4-56）。

（二）调整物理属性

在【属性窗口】→【物理属性】→【预设】栏里选择“R_Cotton_Cloth_Clo_V1”（图4-57）。

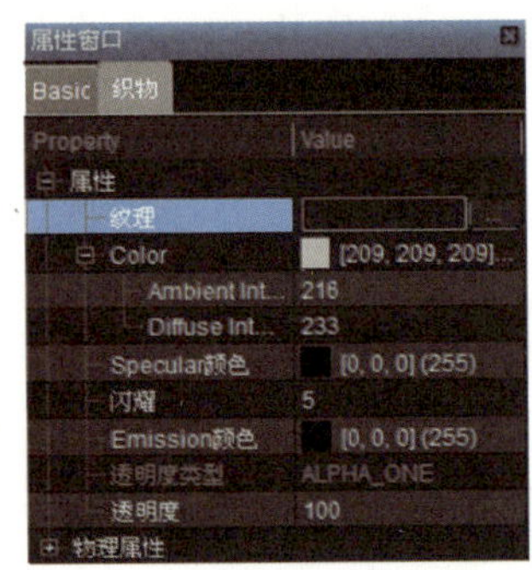

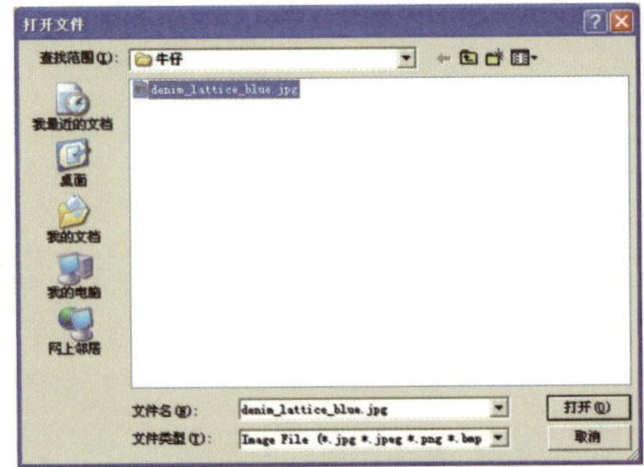

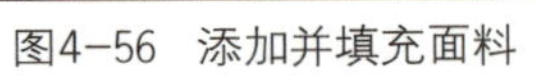

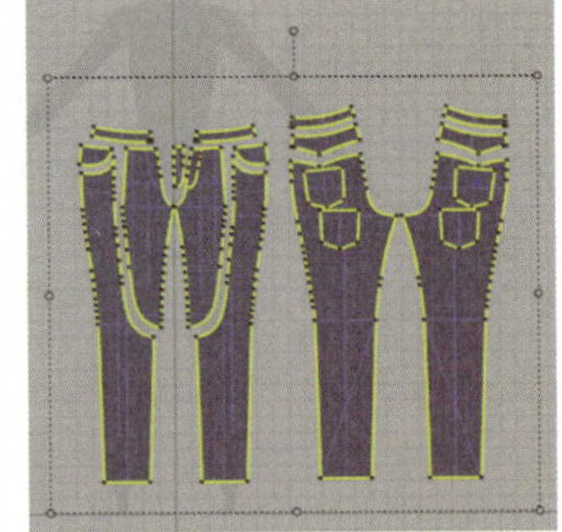

图4-56 添加并填充面料

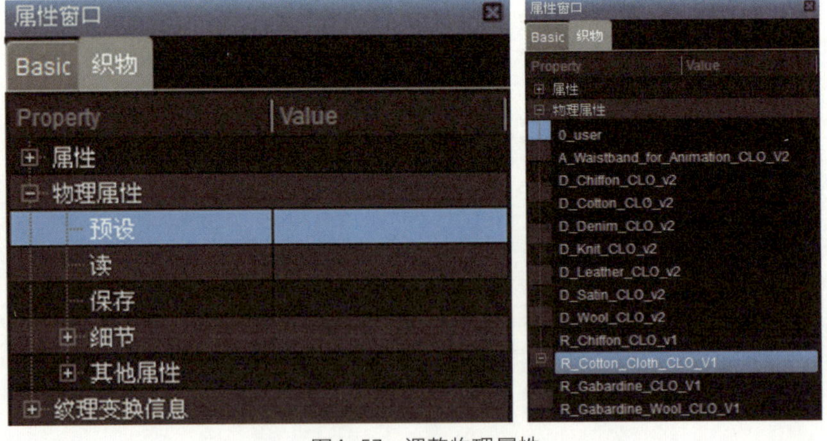

图4-57 调整物理属性

（三）虚拟试衣

完成的牛仔裤模拟试穿效果（图4-58），同样调整所有板片的【粒子距离】为“5”或“10”，然后模拟试衣效果。

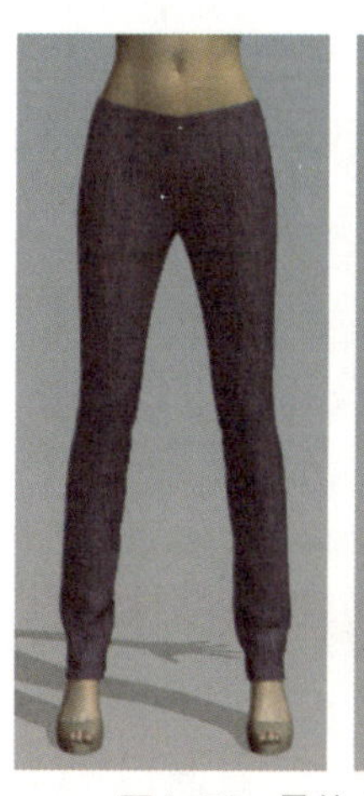

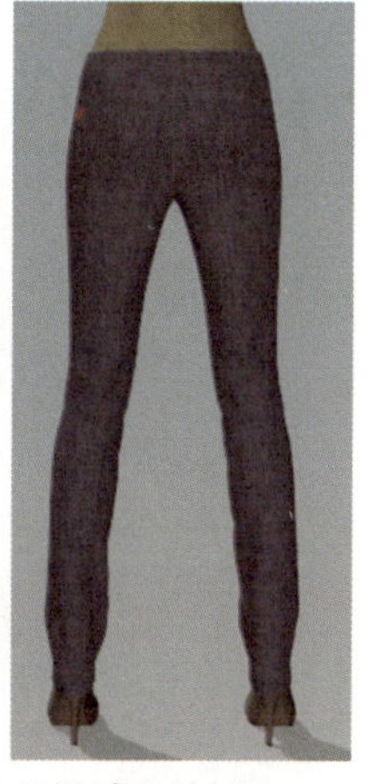

图4-58　最终虚拟试衣效果

第三节　内衣

内衣是现代女性不可缺少的贴身衣物。本节介绍的内衣是指文胸，成品尺寸为表4-3内号型，结构图为图4-59，最终三维效果为图4-60。

表4-3　内衣成品尺寸　（单位：cm）

号型	胸围	下胸围	背长	杯宽	下杯高
165/70B	80	70	39	19.5	8.5

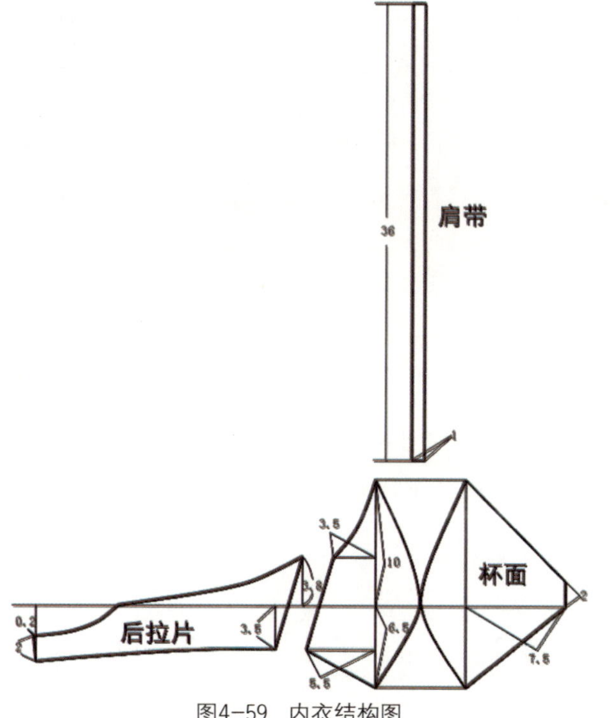

图4-59　内衣结构图

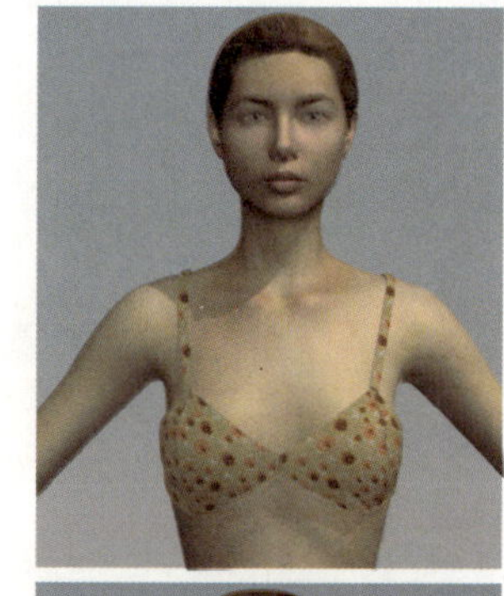

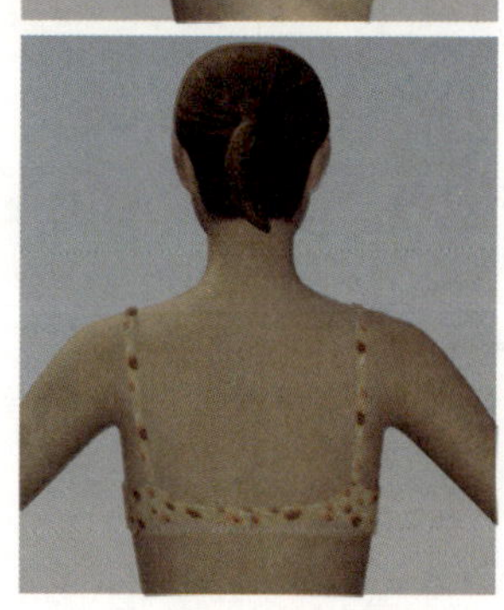

图4-60　三维效果图

一、准备工作

导入内衣DXF文件，选择【传输板片】工具，排列板片（图4-61）。

选择菜单【窗口】→【虚拟化身大小控制器】，在弹出的对话框中将虚拟化身的【Height】（身高）设置为“165”，【Chest】（胸围）设置为“80”。

二、缝合板片

（一）缝合当前板片

选择【自由缝纫】工具，分别缝合左右杯面、杯面与后拉片、肩带与杯面、肩带与后拉片（图4-62）。

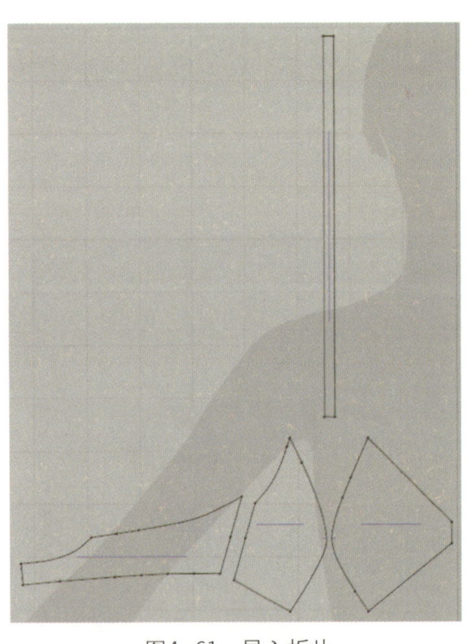

图4-61　导入板片

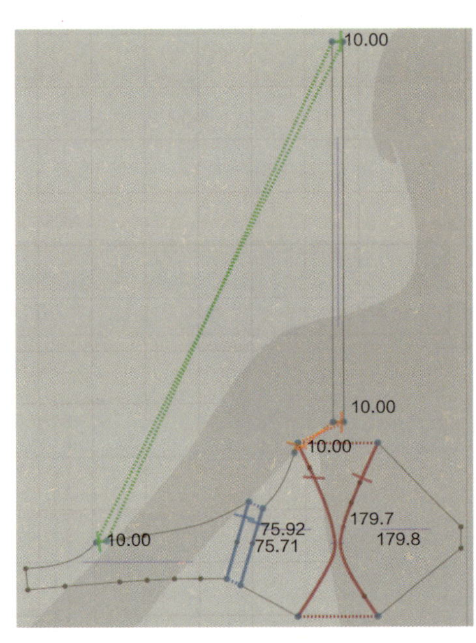

图4-62　缝合各部位

（二）复制板片

选择【传输板片】工具，框选全部板片，按【Ctrl】+【C】键复制，按【Ctrl】+【R】对选中板片进行对称粘贴，然后按住【Shift】键将复制出的板片水平移动放置至原板片右侧（图4-63）。

（三）缝合剩余板片

选择【线缝纫】工具，分别缝合左右板片、左右后拉片（图4-64）。

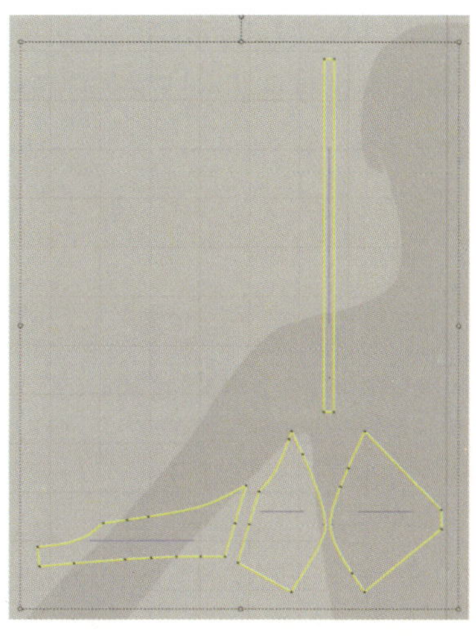
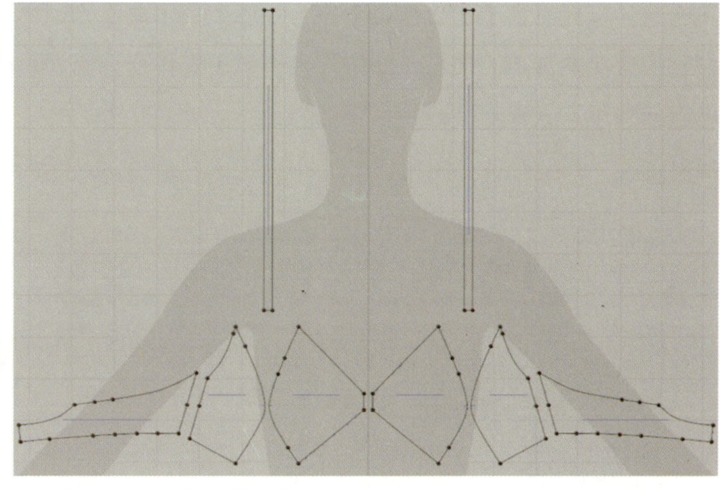

图4-63 复制对称板片

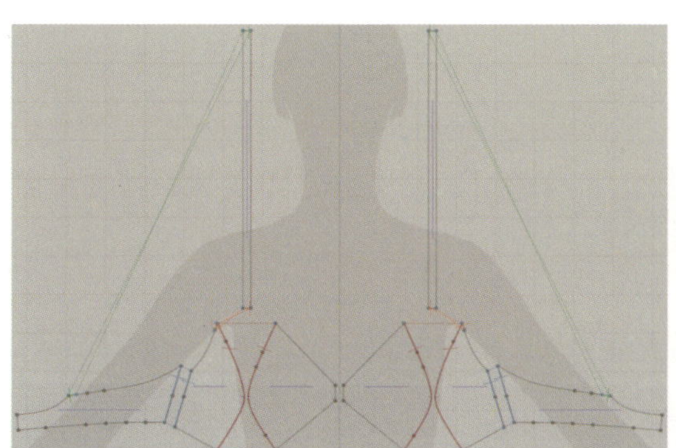
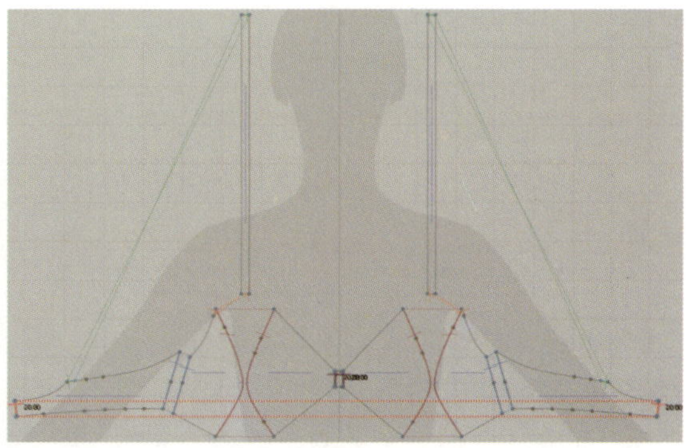

图4-64 缝合剩余板片

三、虚拟试衣

（一）同步显示

单击【同步】工具，【板片窗口】中的板片将同步显示到【虚拟化身窗口】（图4-65）。

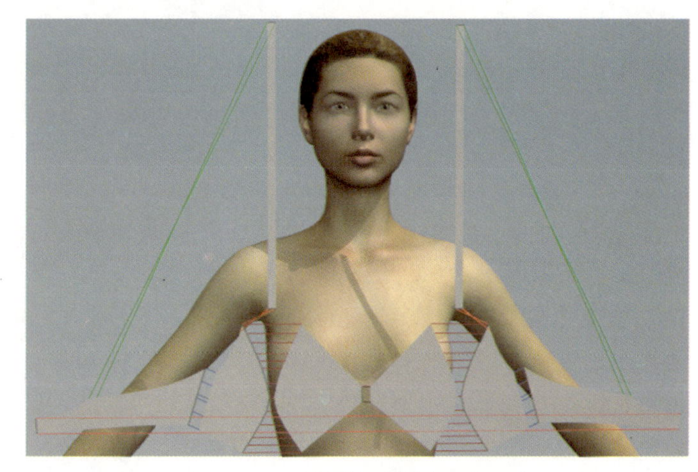

图4-65 同步到【虚拟化身窗口】

（二）安排板片

单击【显示安排点】工具，在【虚拟化身窗口】中显示出安排点。如果安排点不合适，可以单击【物体窗口】→【安排】→【穿】功能按钮，安排点会自动调整到适合虚拟化身身高的位置。单击左后拉片，再单击安排点，将左后拉片安排在身体周边，并用同样的方法安排右后拉片（图4-66）。

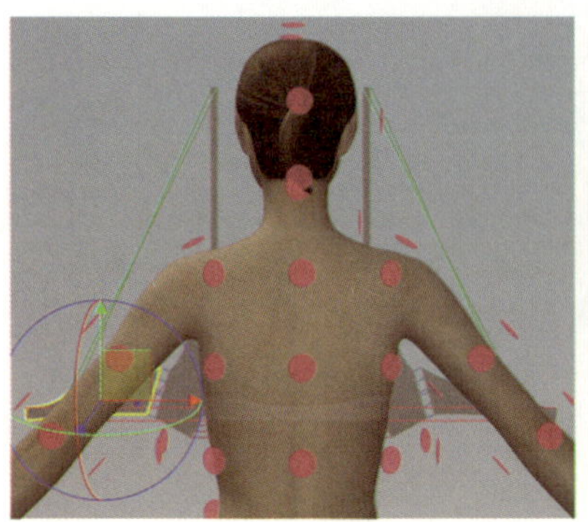
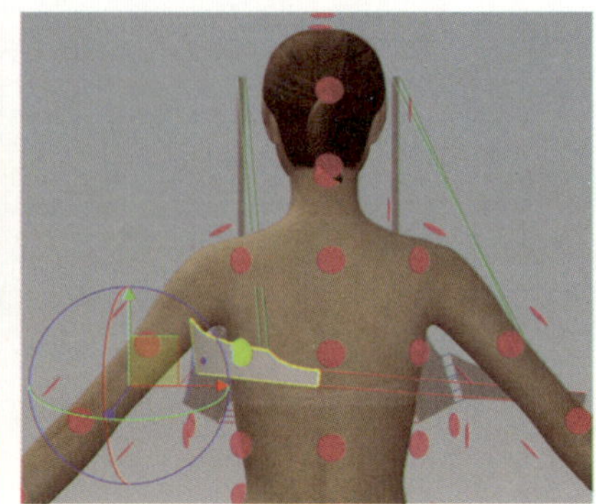
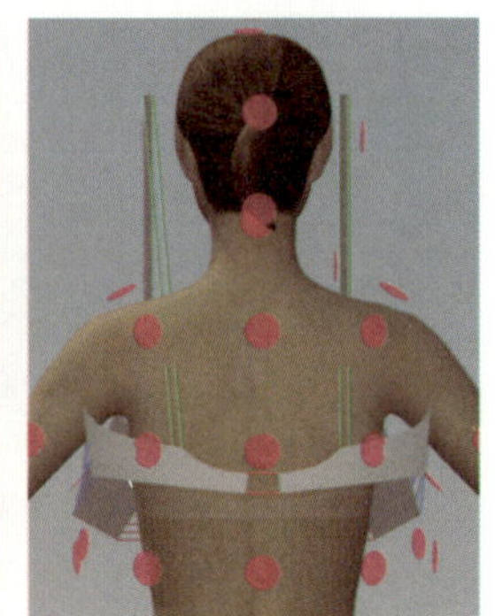

图4-66　安排左右拉片

单击肩带和安排点，将肩带安排在身体周边。再单击【显示安排点】工具隐藏安排点（图4-67）。

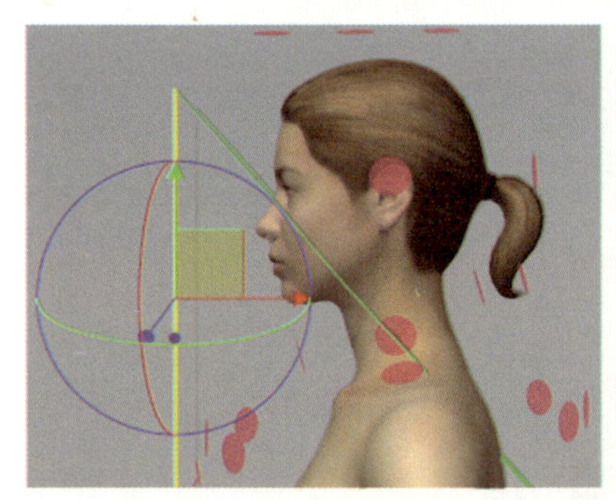
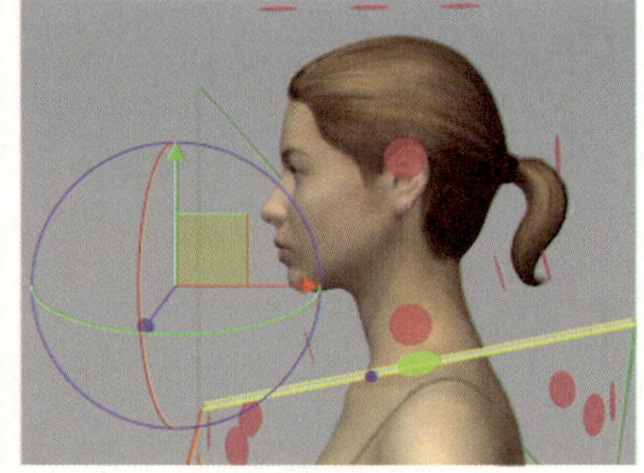
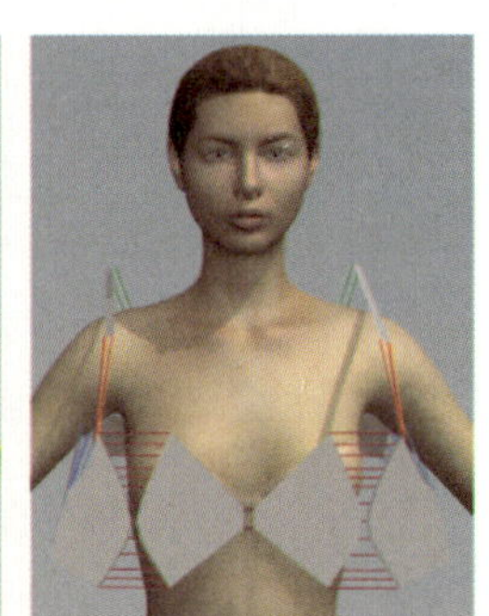

图4-67　安排肩带并隐藏安排点

（三）模拟

单击【模拟】工具，模拟完成后再次单击【模拟】工具，结束模拟即得到虚拟试衣效果（图4-68）。

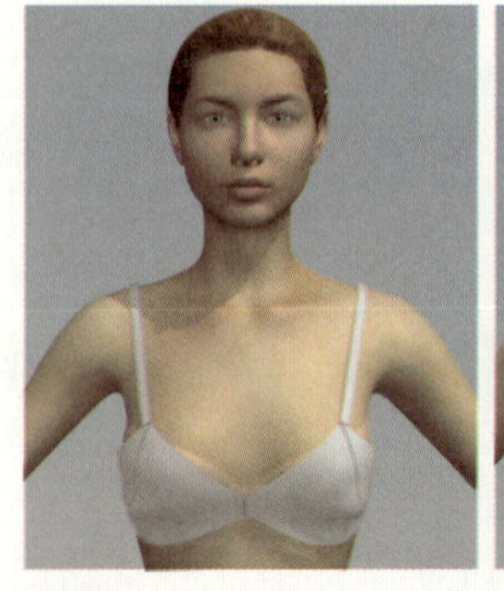
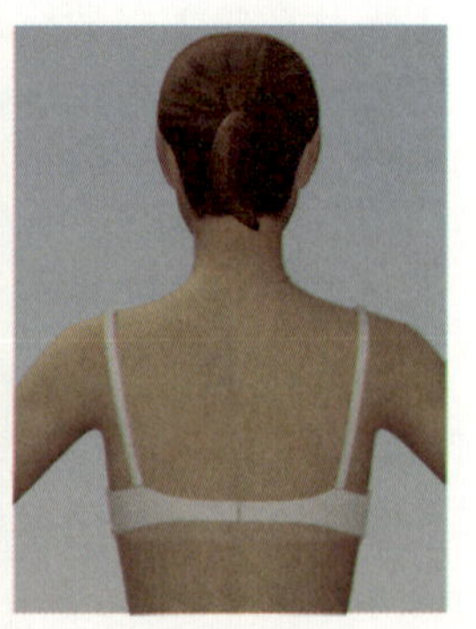

图4-68　虚拟试衣效果

四、添加面料

在【板片窗口】按【Ctrl】+【A】键，选择所有板片，在【属性窗口】→【织物】→【纹理】栏里单击选择要打开的面料即图4-69（a）。添加面料后，【板片窗口】效果及【虚拟化身窗口】效果即图4-69（b）画面。

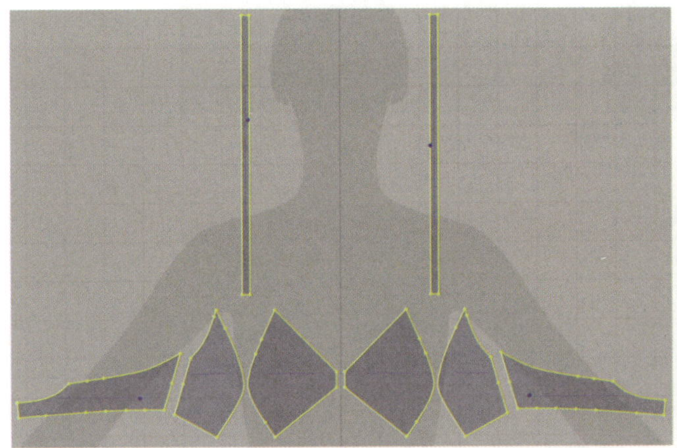

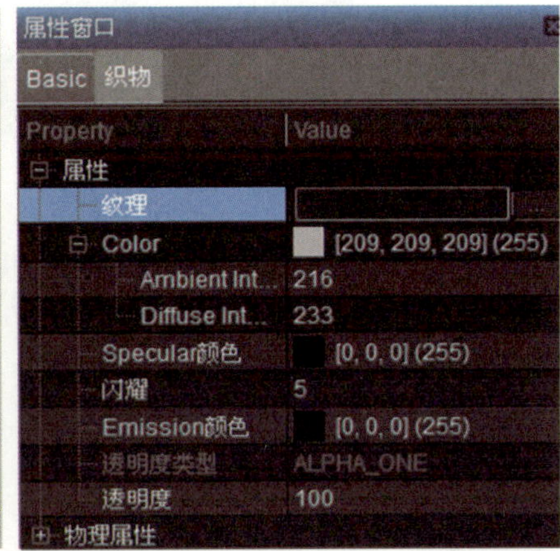

（a）添加面料

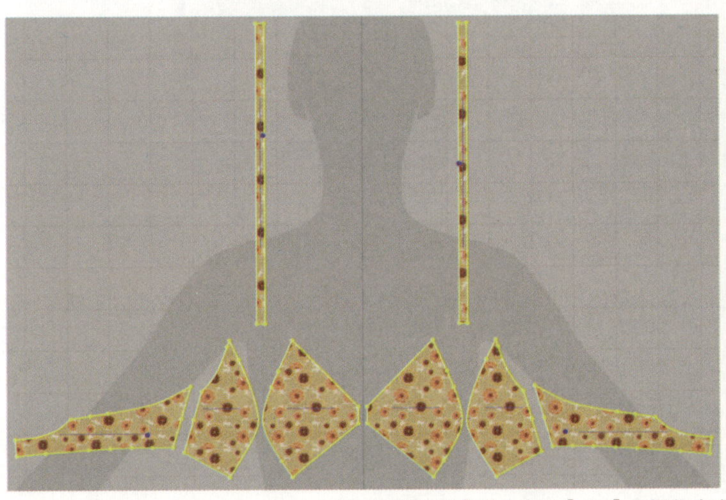

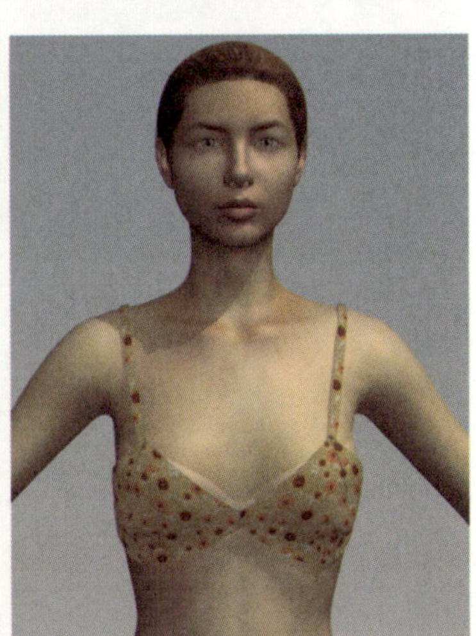

（b） 添加面料后【板片窗口】及【虚拟化身窗口】效果

图4-69

五、调整属性

在【板片窗口】，按【Ctrl】+【A】键选择所有板片，在【属性窗口】→【织物】→【物理属性】→【预设】栏里，选择“R_Jersey_20’s_Single_CLO_V1”。使用【传输板片】工具，选择肩带板片，在【属性窗口】→【织物】→【物理属性】→【细节】→【强度曲线】栏里，将其改为“60”，收紧肩带（图4-70）。

最后虚拟试衣效果见图4-71。同样也可以调整粒子距离之后再观看模拟效果。

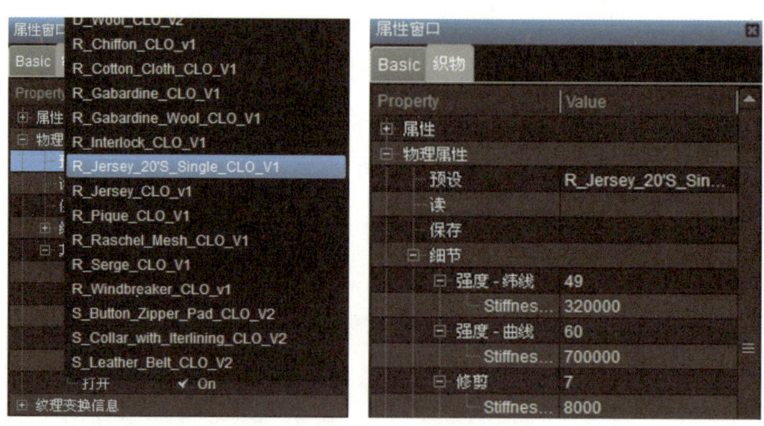

图4-70　调整板片及肩带属性

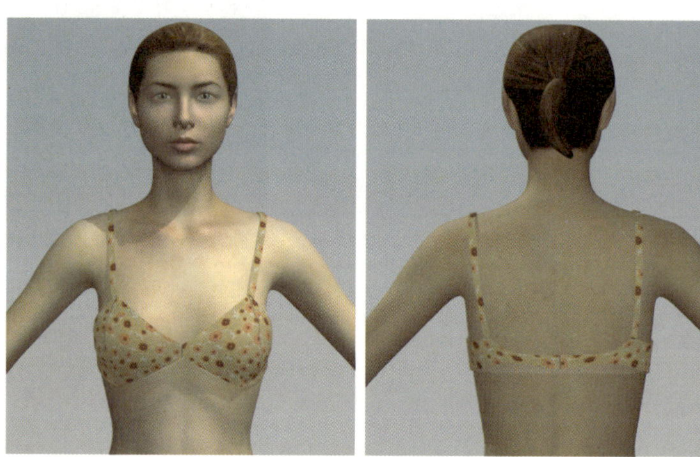

图4-71　最终虚拟试衣效果

第四节　男士T恤

T恤是男士必备的夏季服装，具有款式简单、宽松舒服的特点。本节介绍的男士T恤为常见的圆领短袖款式，成衣尺寸为表4-4，结构图为图4-72，最终三维效果为图4-73。

一、准备工作

CLO系统默认加载的虚拟化身为女性，而本例需要的是图4-73中的男性模特。用户可以选择菜单【文件】→【打开】→【虚拟化身】，在弹出的对话框中选择“man_east_V0_1_8”文件，单击【打开】即可。

表4-4　男士T恤成品尺寸　（单位：cm）

号型	胸围	肩宽	袖长	后衣长
180/100A	114	46.5	25	74

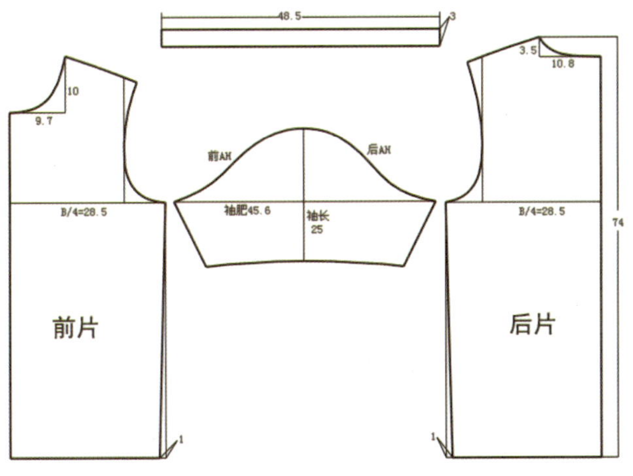

图4-72 结构图

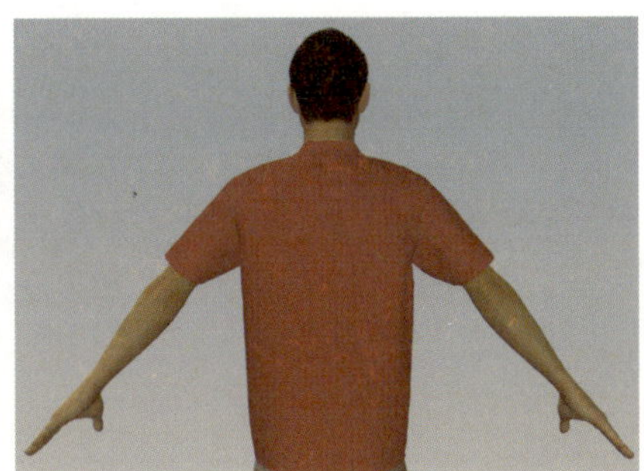

图4-73 三维效果图

在主菜单中选择【文件】→【导入】→【打开】，打开男圆领短袖T恤的DXF文件。同前面的例子一样，如果打开的板片是水平放置，用户可以通过右键菜单，选择【逆时针旋转】或【顺时针旋转】功能，将板片竖直放置，再选择【传输板片】工具排列板片（图4-74）。

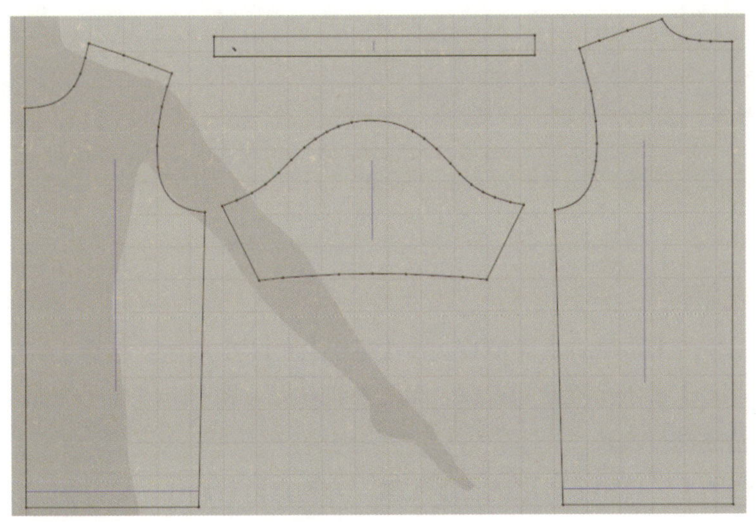

图4-74 导入板片

二、缝合板片

（一）缝合当前板片

选择【线缝纫】工具和【自由缝纫】工具，分别将前后肩线、前后侧缝、袖侧缝、袖子与前后袖窿、领侧缝缝合（图4-75）。

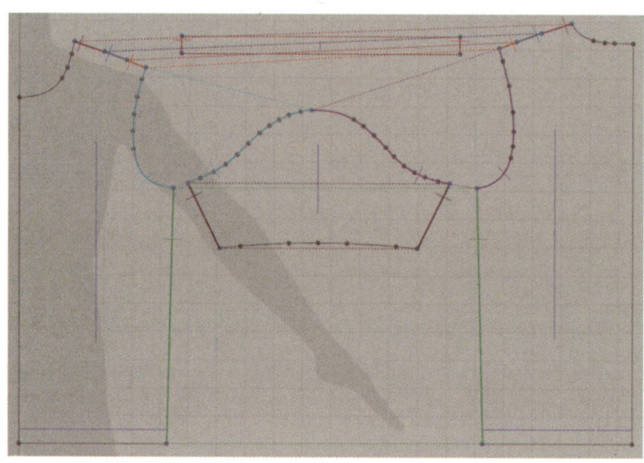

图4-75 缝合板片

（二）展开板片

选择【编辑板片】工具，单击选中前中线，在线上单击右键选择【展开】，并用同样的方法展开后片（图4-76）。

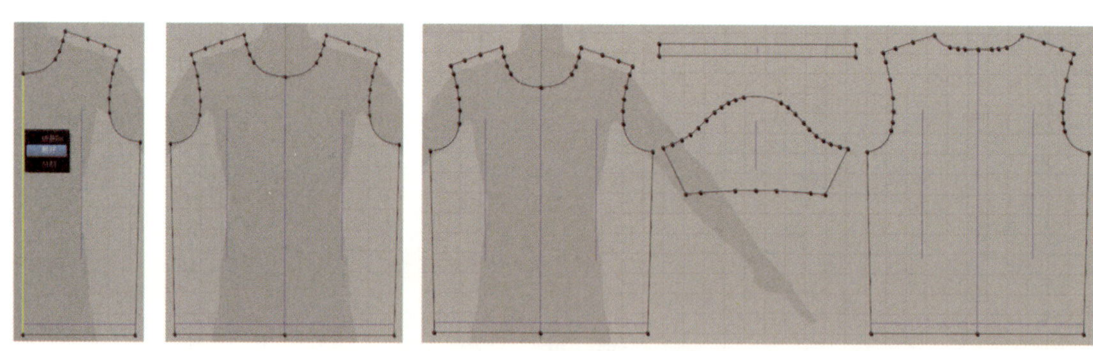

图4-76 展开板片

（三）复制袖片

选择【传输板片】工具，选择袖片，按【Ctrl】+【C】复制，再按【Ctrl】+【R】对称粘贴，按住【Shift】键水平移动到左侧，单击左键粘贴（图4-77）。

（四）缝合未缝合板片

选择【线缝纫】工具和【自由缝纫】工具，分别将前后肩线、前后侧缝、袖子与前后袖窿、领子与前后领弧缝合（图4-78）。

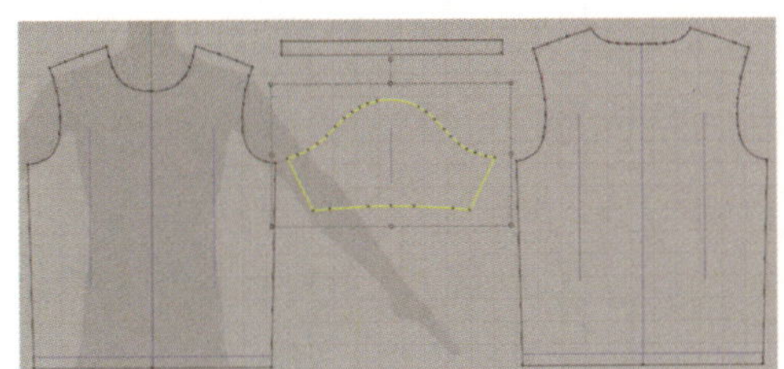
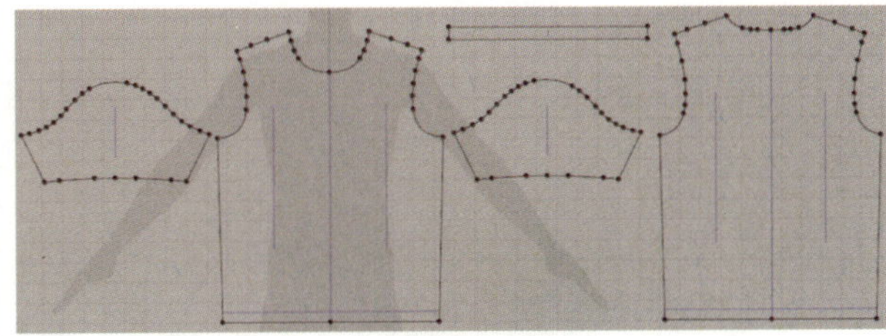
图4-77 复制对称板片

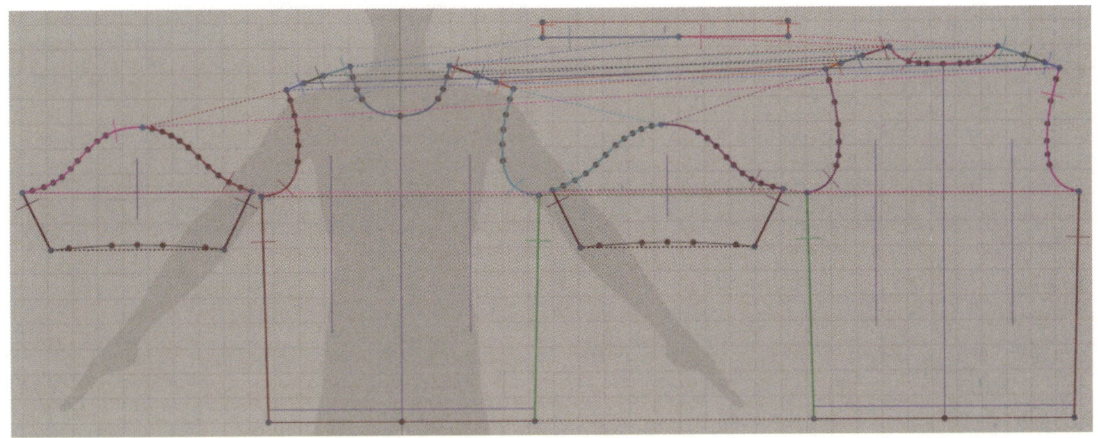
图4-78 缝合剩余板片

三、虚拟试衣

（一）同步显示

单击【同步】工具，【板片窗口】的板片将同步显示到【虚拟化身窗口】中（图4-79）。

（二）安排板片

拖拽后片，将其安排到虚拟化身身后，单击右键，在弹出的菜单中选择【水平反】，翻转后片。然后单击【显示安排点】工具，将袖片及领片安排在身体周边（图4-80）。

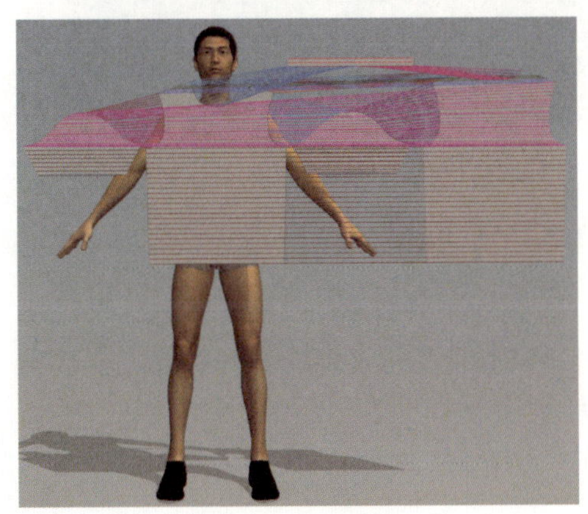
图4-79 同步显示

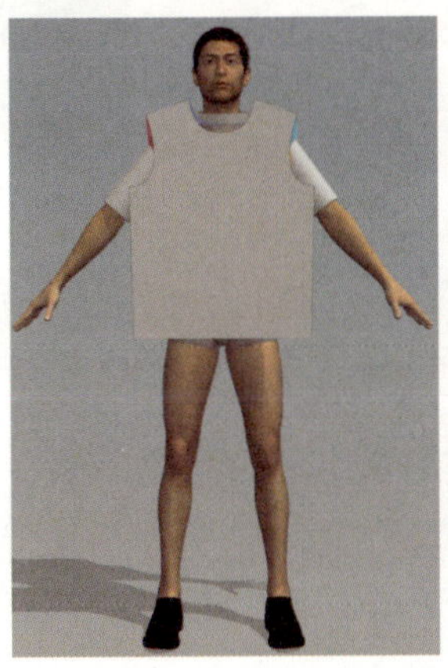
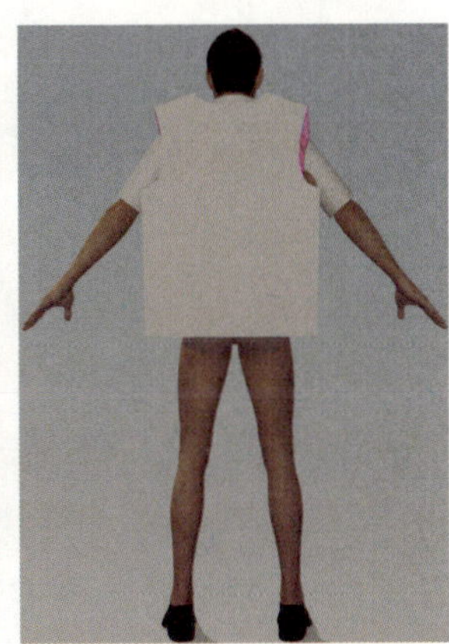
图4-80 安排板片

（三）模拟

单击【模拟】工具，进行虚拟试衣。模拟完毕后，单击【模拟】工具结束（图4-81）。

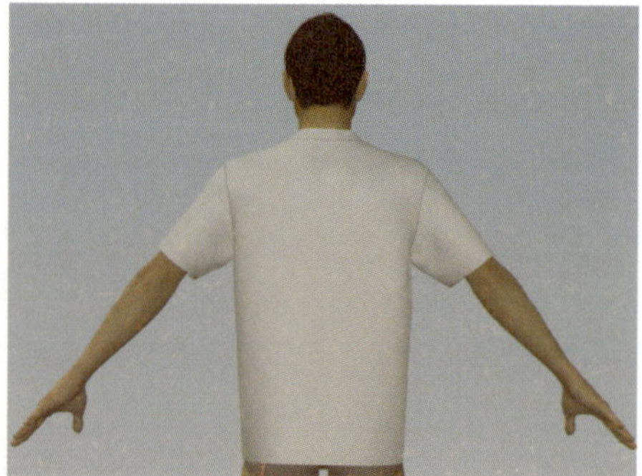

图4-81　虚拟试衣效果图

四、添加面料

（一）添加面料

在【板片窗口】按【Ctrl】+【A】，选中全部板片，单击【属性窗口】→【织物】→【属性】→【纹理】栏右侧按钮，在【打开文件】对话窗中单击要打开的面料，单击【打开】，添加面料。然后在【属性窗口】→【织物】→【物理属性】→【预设】栏里，选择“R_Cotton_Cloth_CLO_V1”（图4-82）。

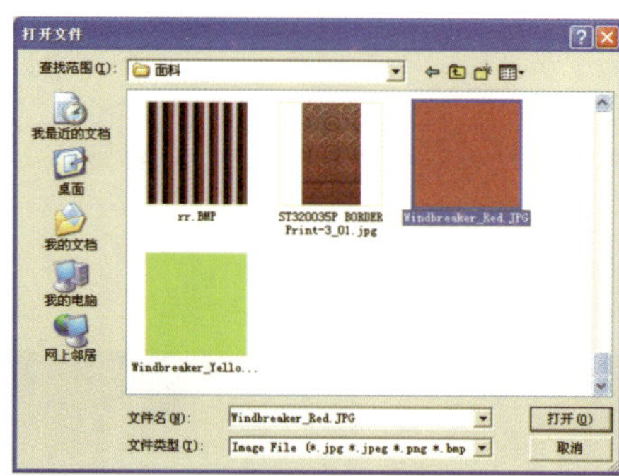

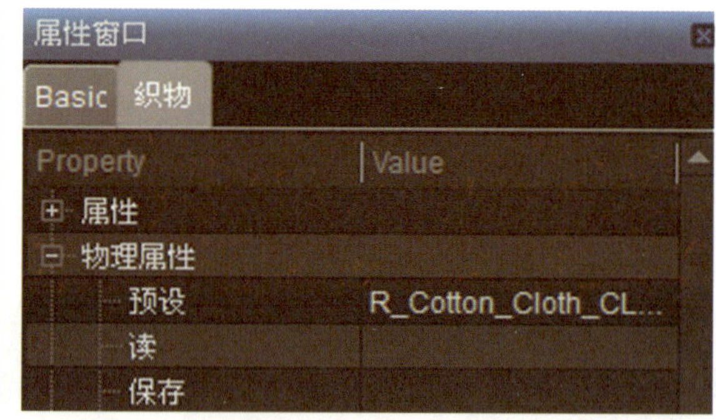

图4-82　添加面料并调整属性

（二）添加图案

选择【制作打印覆盖图】工具，弹出对话框（图4-83（a）），选择要打开的图案，单击【打开】，然后在前片上单击，出现【创造打印纹理】对话框，同时前片出现一个矩形（图4-83（b））。在对话框中输入数值调整矩形大小，矩形的大小决定了图案的大小。输入完成后单击【OK】，图案就会出现在前片上。

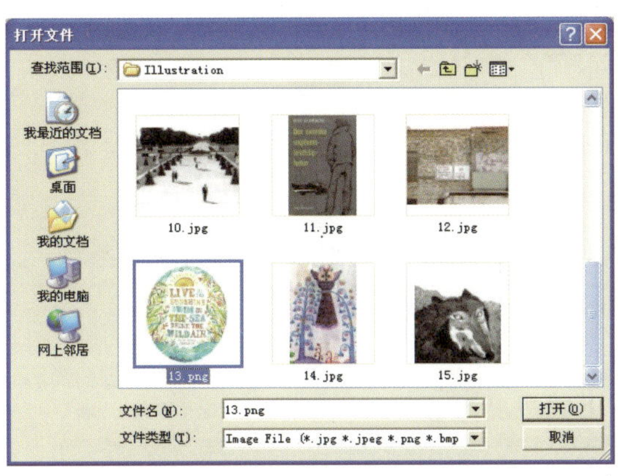

(a)

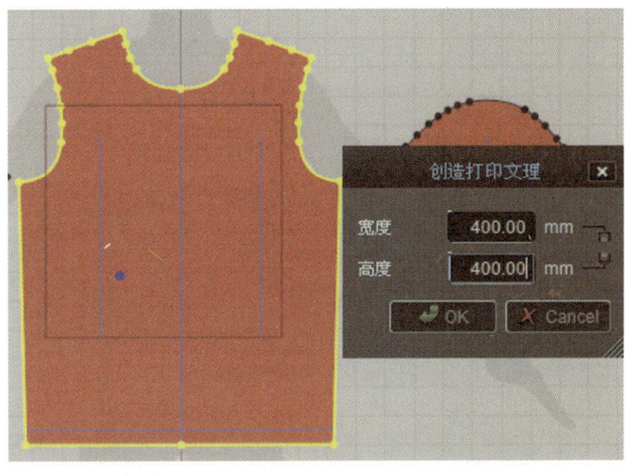

(b)

图4-83 添加图案

选择【编辑板片】工具，选择图案所在矩形，将它调整到合适的位置（图4-84）。

（三）模拟

添加完面料及图案后，将【粒子距离】调整为“5”，观看模拟效果（图4-85）。

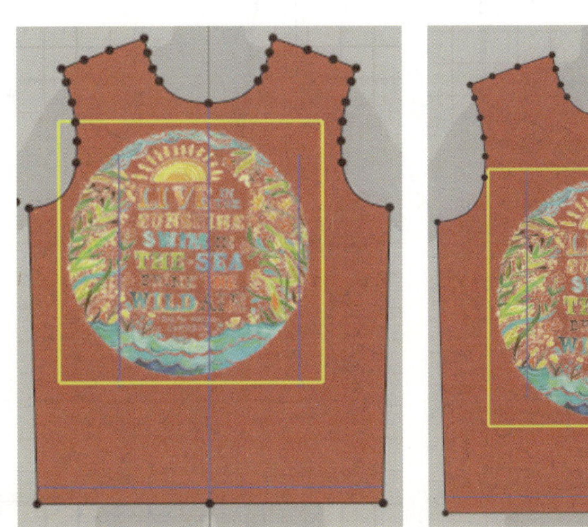

图4-84 调整图案位置

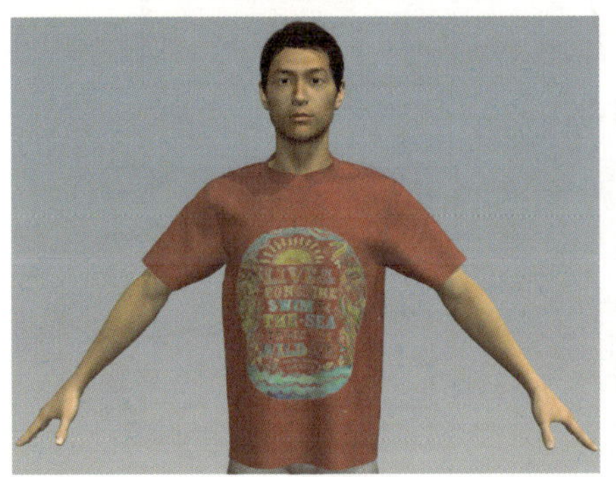

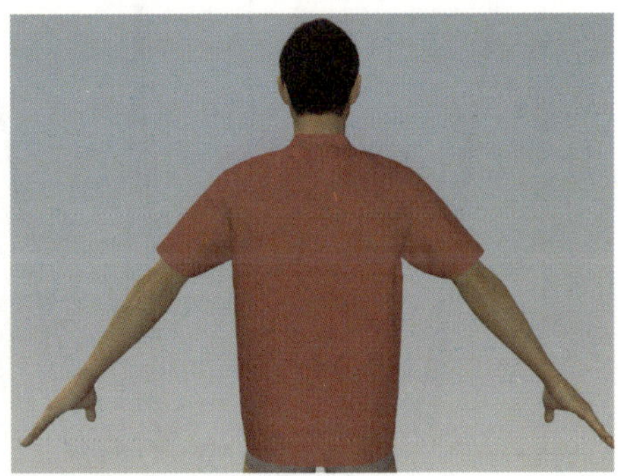

图4-85 最终虚拟试衣效果图

第五节　男士夹克

衣长较短、胸围宽松、紧袖口、紧下摆式样的上衣是现代生活中最常见的一种服装。由于它造型轻便、活泼、富有朝气，所以为广大男女青少年所喜爱。

本节夹克上衣衣身分割合理，风格干练洒脱，是男士工作、休闲场合的首选着装之一。成衣尺寸为表4-5中的号型，结构图为4-86，三维效果为图4-87。

表4-5　男夹克上衣成品尺寸　（单位：cm）

号型	后衣长	胸围	肩宽	领围	袖长	袖克夫长
170/88A	66	110	47	49.5	62	27

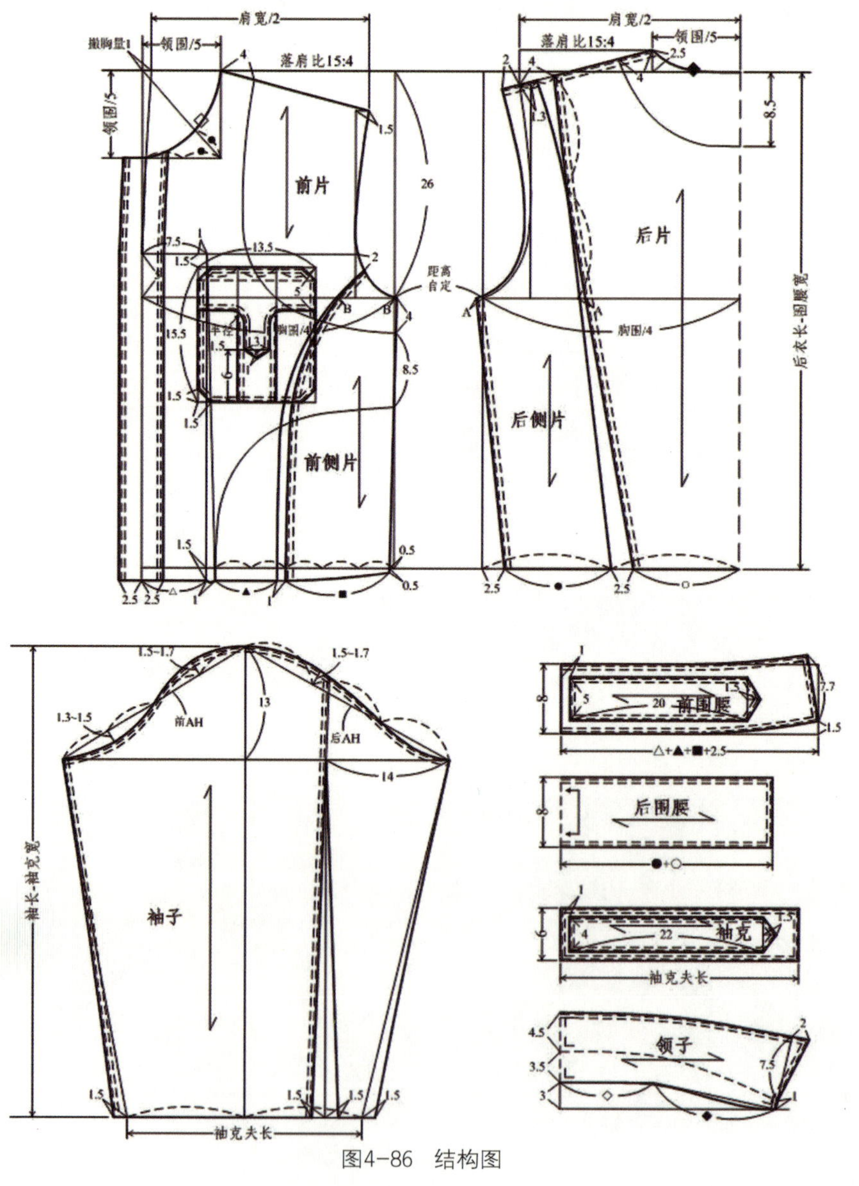

图4-86　结构图

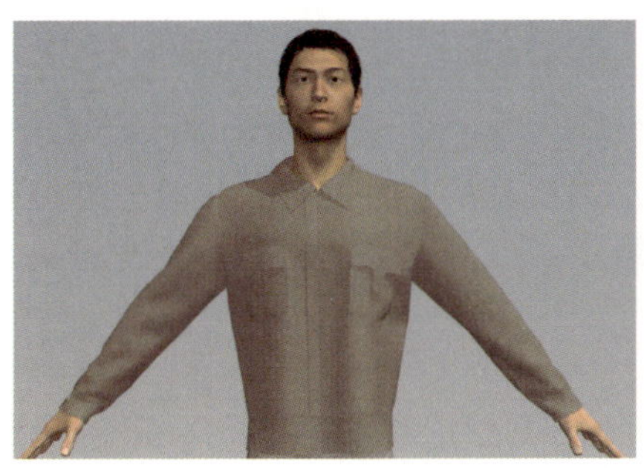
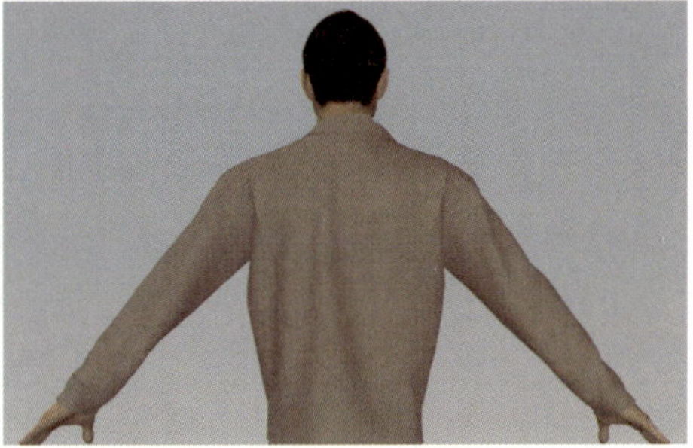

图4-87 三维效果图

一、准备工作

参照第四节中的准备工作，将虚拟化身设置为图4-87的男性模特。

导入夹克的DXF文件，同前面的例子一样，如果板片水平放置，可以通过右键菜单，选择【逆时针旋转】或【顺时针旋转】功能使之竖直放置，再选择【传输板片】工具排列板片（图4-88）。

选择菜单【窗口】→【虚拟化身大小控制器】，在弹出的对话框中，将虚拟化身的【Height】（身高）设置为“170”，【Chest】（胸围）设置为“88”。

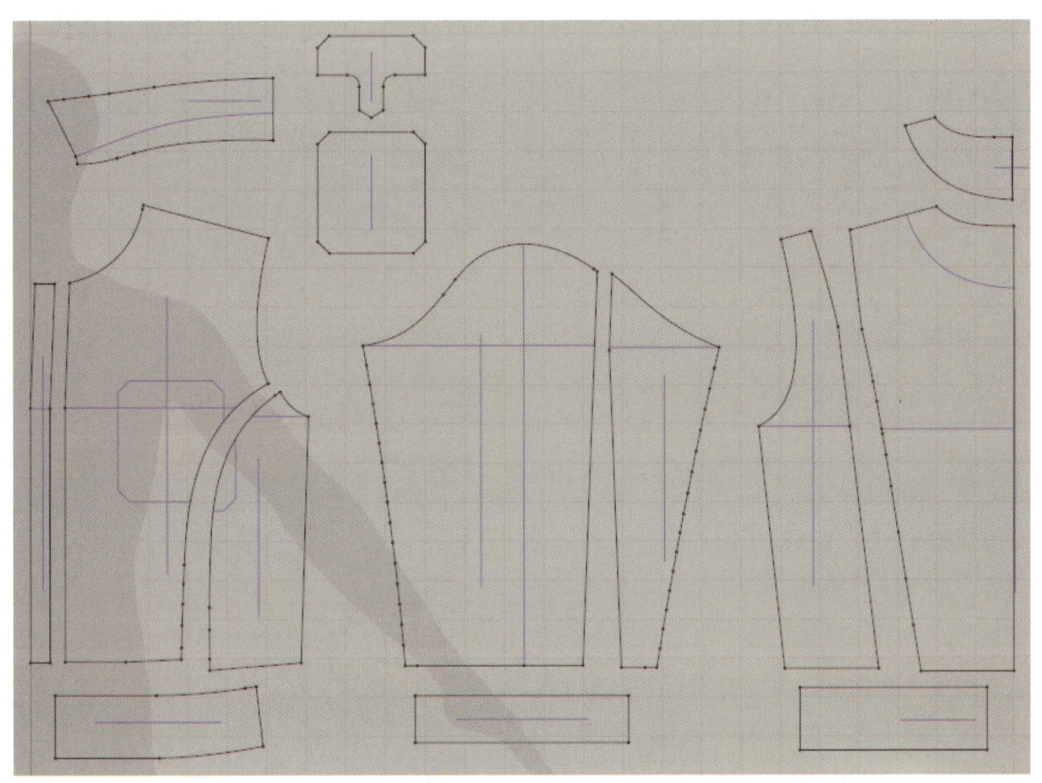

图4-88 导入文件

二、提取内部线

选择【勾勒轮廓】工具，将后片内部线、领片翻折线及前身兜的内部线提取出来（图4-89），并将领片翻折线的折叠角度设为"360度"。

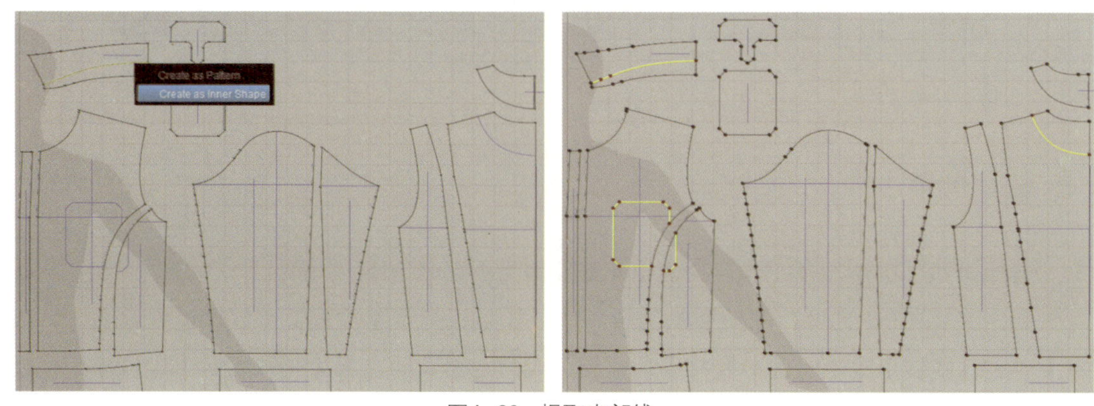

图4-89 提取内部线

三、缝合板片

（一）缝合前片

使用【自由缝纫】工具，将前片门襟、前侧片和前围腰分别缝合到与前片对应的缝合线上（图4-90）。

（二）缝合口袋

继续使用【自由缝纫】工具，先缝合兜面与前片内部线，再缝合兜面与前侧片内部线，最后缝合兜盖与兜面（图4-91）。

（三）缝合后片

继续使用【自由缝纫】工具，先将后侧片、后围腰分别缝合到与后片对应的缝合线上，然后缝合领托片和后片领弧线，再用【线缝纫】工具缝合领托片与后片内部线（在不影响效果的情况下，领托片可以不缝）（图4-92）。

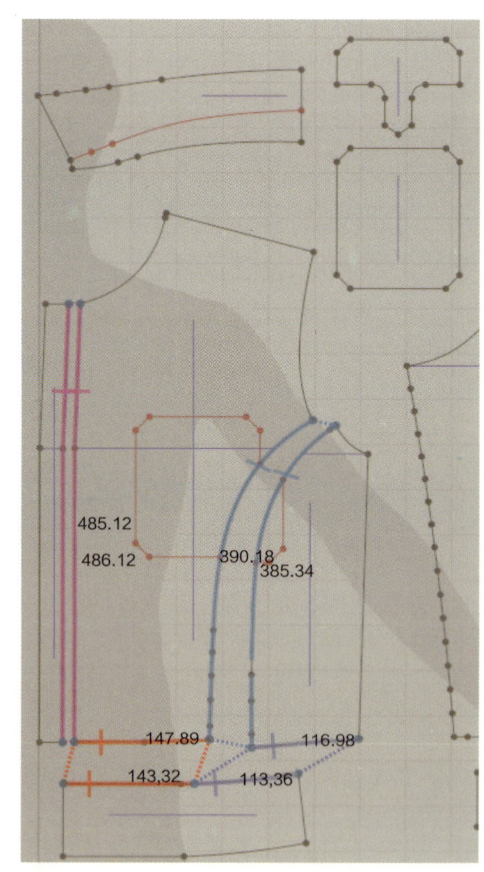

图4-90 缝合前片

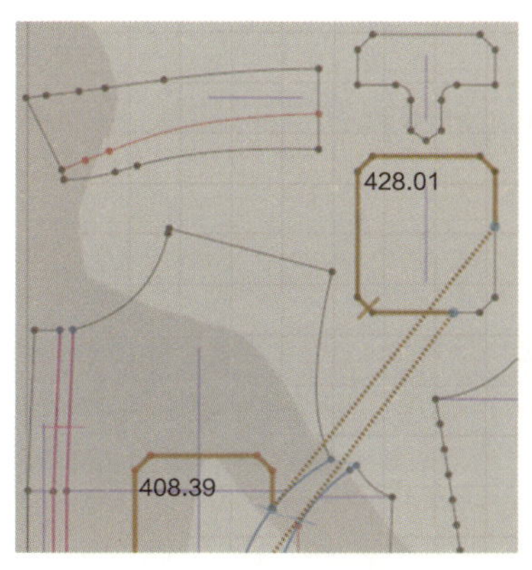

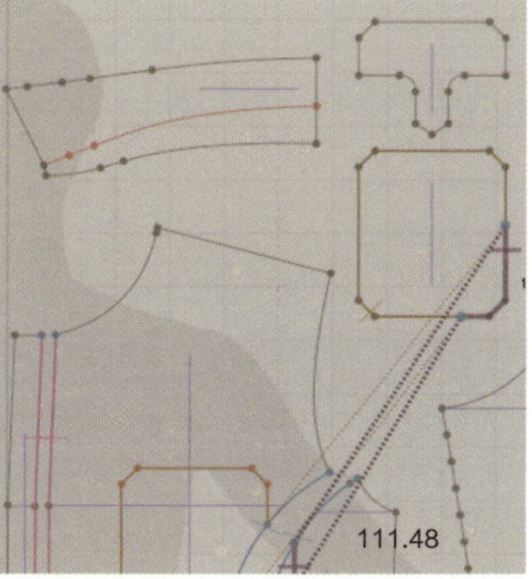

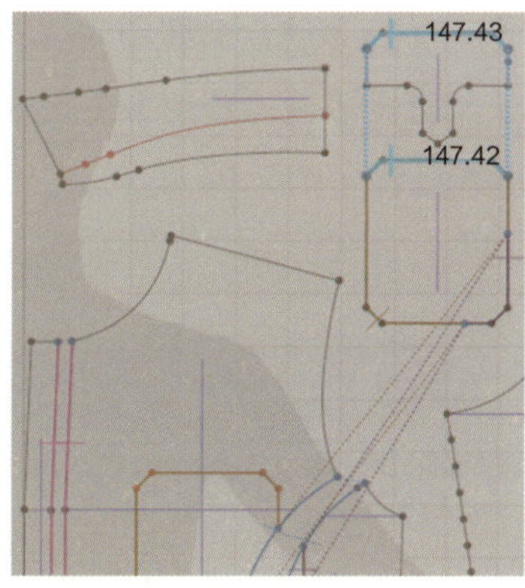

图4-91 缝合口袋

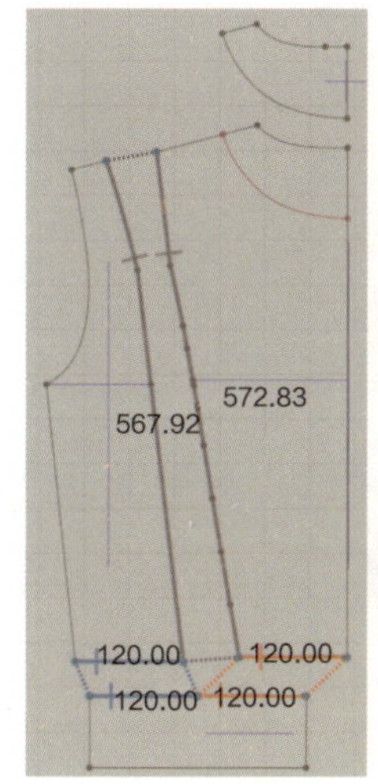

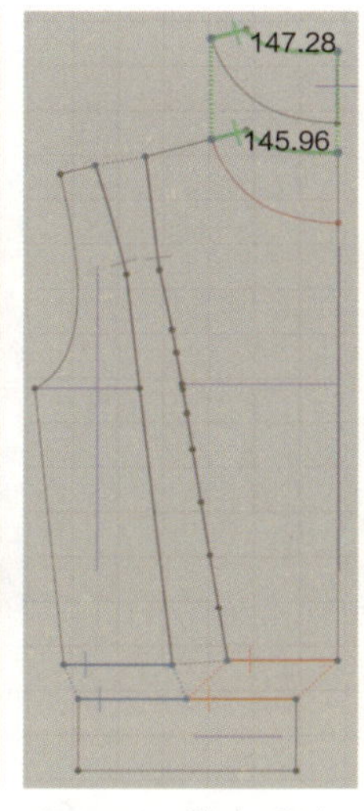

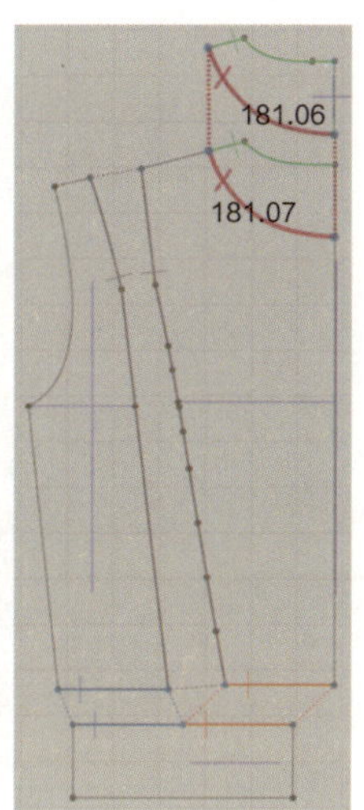

图4-92 缝合后片

（四）缝合袖片

选择【自由缝纫】工具缝合大袖和小袖、大小袖侧缝线，再缝合大小袖与袖克夫，最后用【线缝纫】工具缝合袖克夫侧缝线（图4-93）。

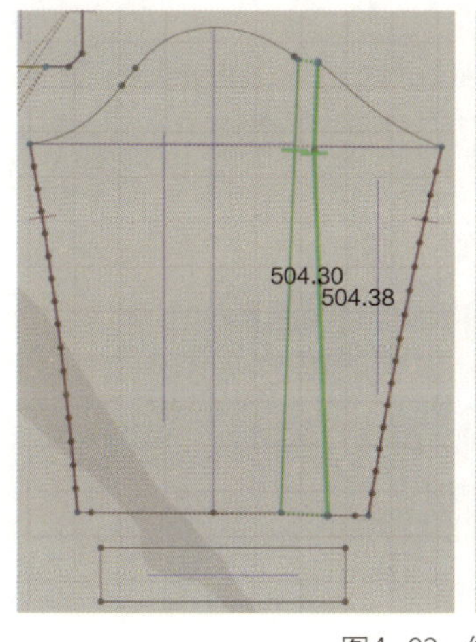

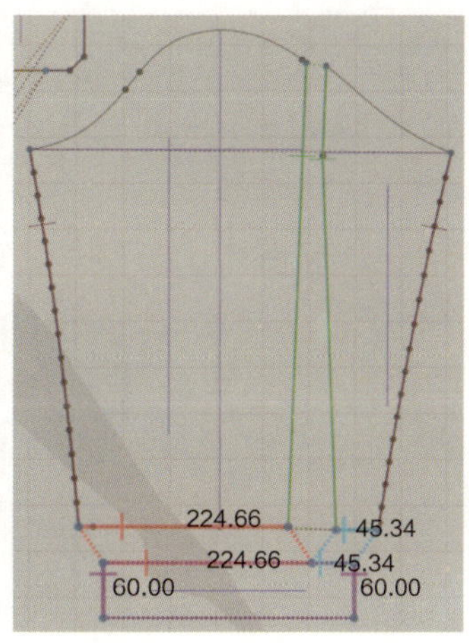

图4-93 缝合袖片

（五）缝合侧缝和肩线

选择【自由缝纫】工具缝合前后肩线，再选择【线缝纫】工具缝合前后片侧缝、前后围腰侧缝线（图4-94）。

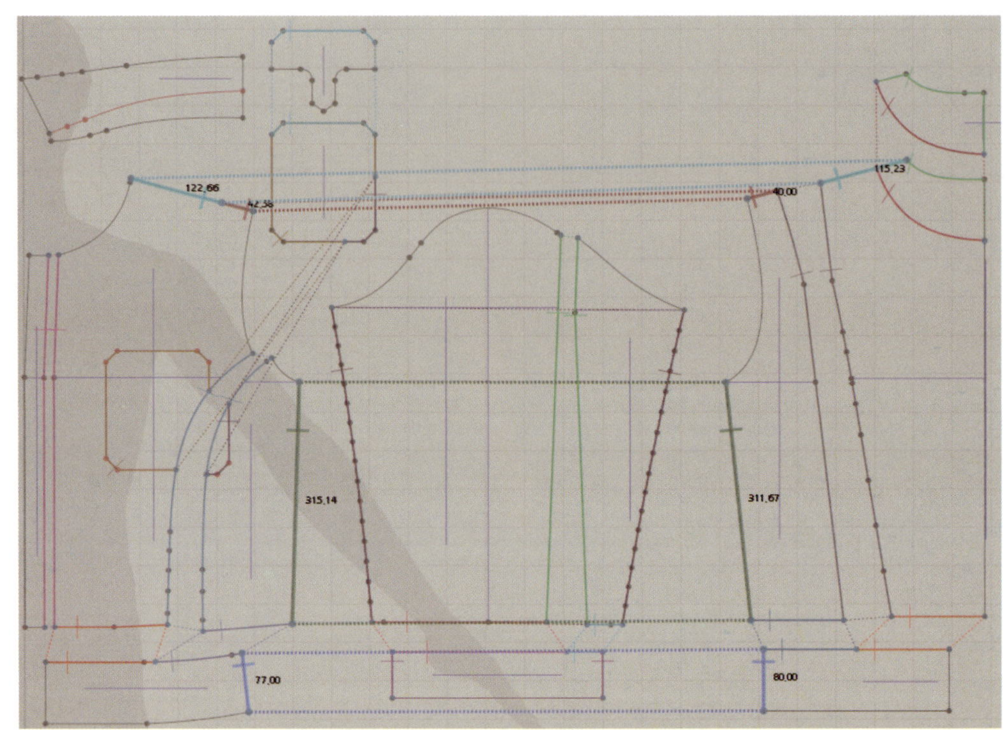

图4-94 缝合侧缝和肩线

（六）缝合袖窿

选择【自由缝纫】工具缝合袖片与前后袖窿（图4-95）。

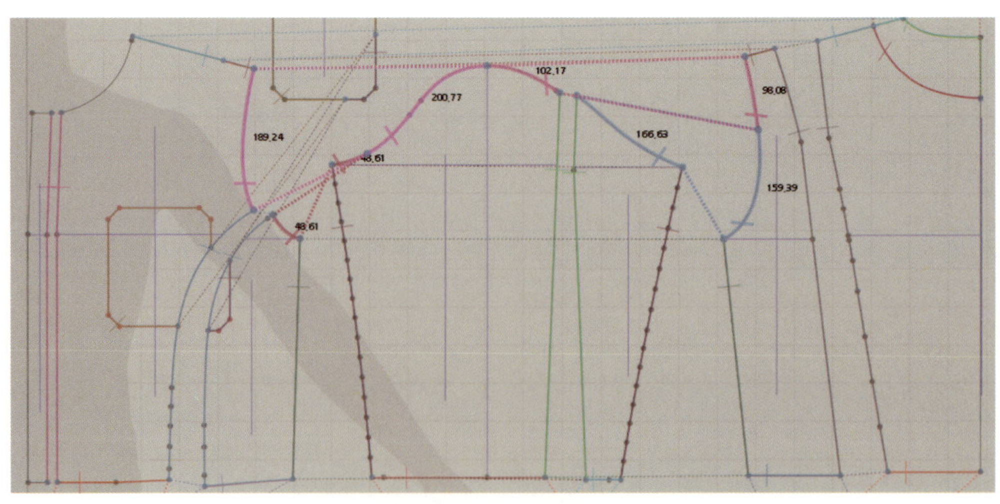

图4-95 缝合袖窿

（七）缝合领片

继续使用【自由缝纫】工具，缝合领片与前领弧及后领弧（图4-96）。

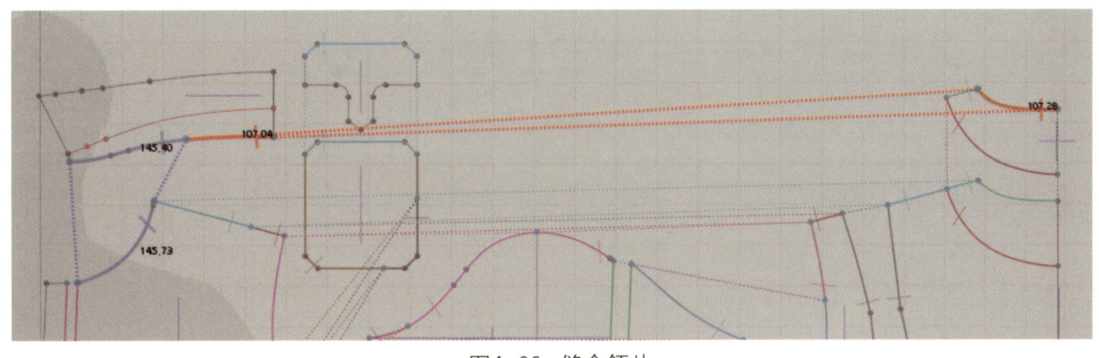

图4-96 缝合领片

（八）展开板片

选择【编辑板片】工具，单击选中后片中线，在线上单击右键，选择【展开】，并用同样的方法展开领托、围腰及领片（图4-97）。

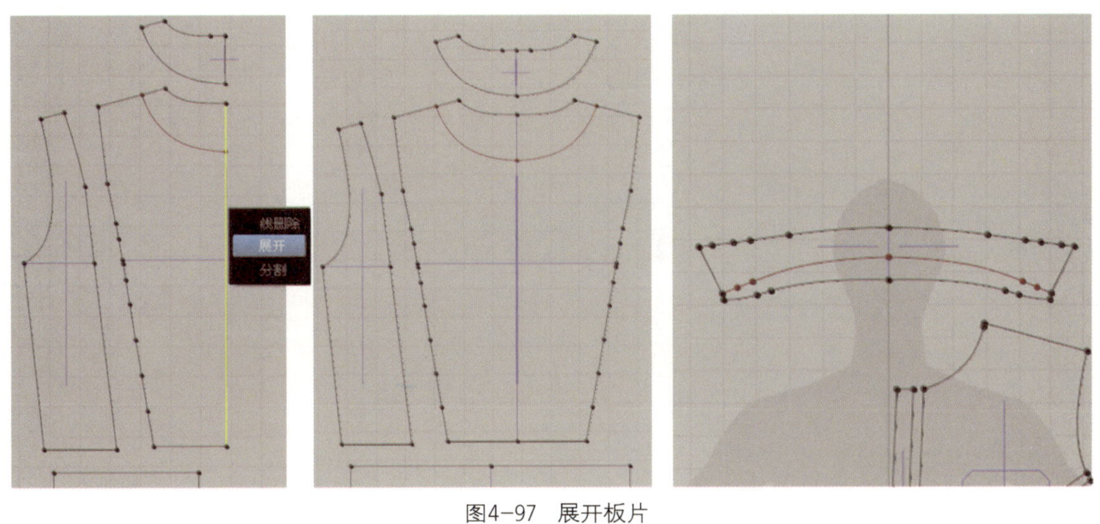

图4-97 展开板片

（九）复制板片

选择【传输板片】工具，将前片、领片、兜片、前围腰、袖片及后侧片选中，按【Ctrl】+【C】复制，然后按【Ctrl】+【R】对称粘贴，同时按住【Shift】键，拖动鼠标左键将板片粘贴到窗口右侧（图4-98）。

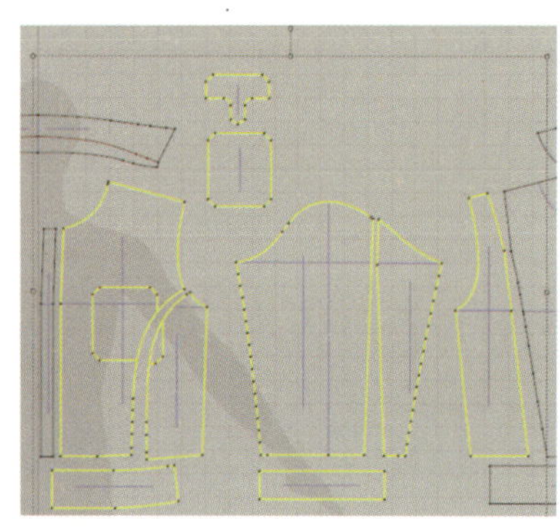
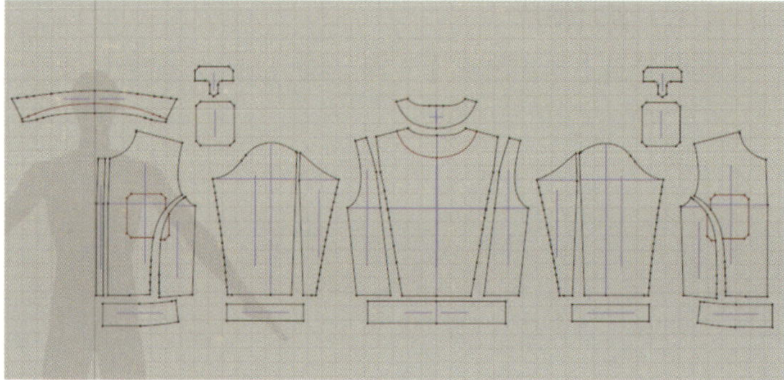

图4-98 复制对称板片

（十）缝合剩余板片

选择【编辑缝合线】工具，用户可以看到已经缝合的缝纫线迹。选择【自由缝合】工具将后片进行缝合，做法同前，再缝合前后肩线、领片和后片内部线及前后围腰侧缝，最后缝合前片门襟、腰头及领片（图4-99）。

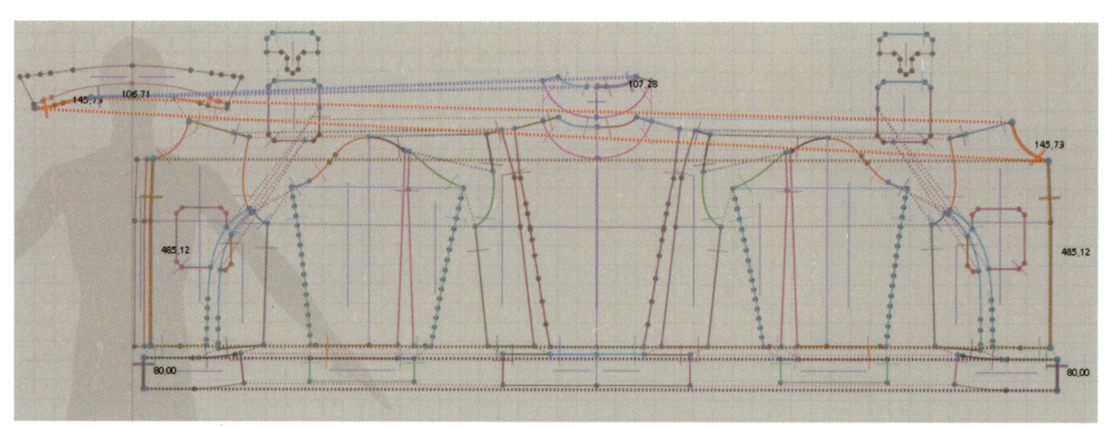

图4-99 缝合剩余板片

四、虚拟试衣

（一）移动板片

使用【传输板片】工具，选择右边的袖片和衣身，将其移动到最左边（图4-100）。

（二）同步显示

单击【同步】按钮，将【板片窗口】的板片显示到【虚拟化身窗口】中（图4-101）。

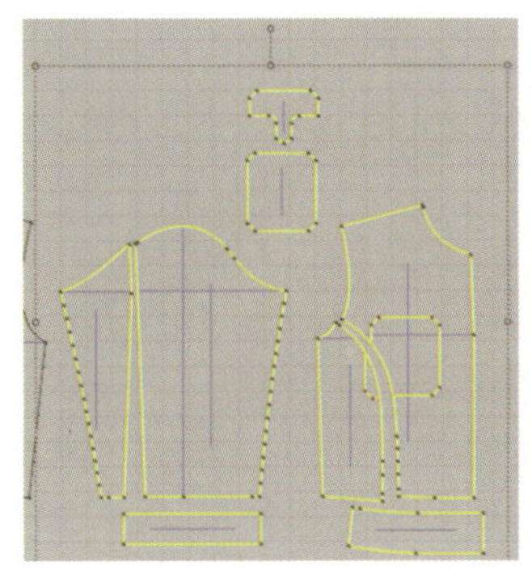
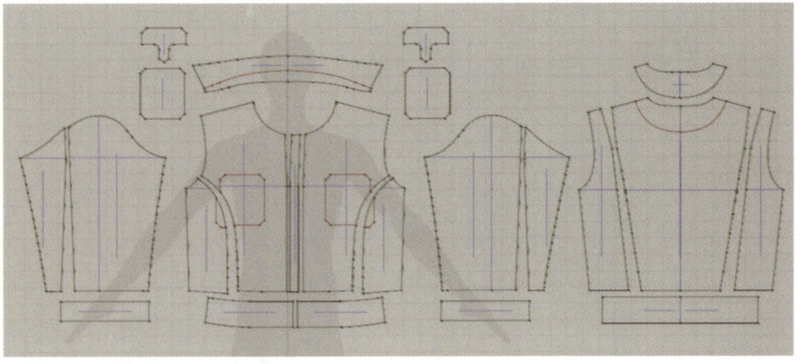

图4-100 移动板片

（三）安排后片

用【传输板片】工具在【板片窗口】框选后片，将后片移动到虚拟化身后背周边并水平翻转。单击领托，按住鼠标左键，将其拖动到比后衣片距离虚拟化身更远一点的位置（图4-102）。

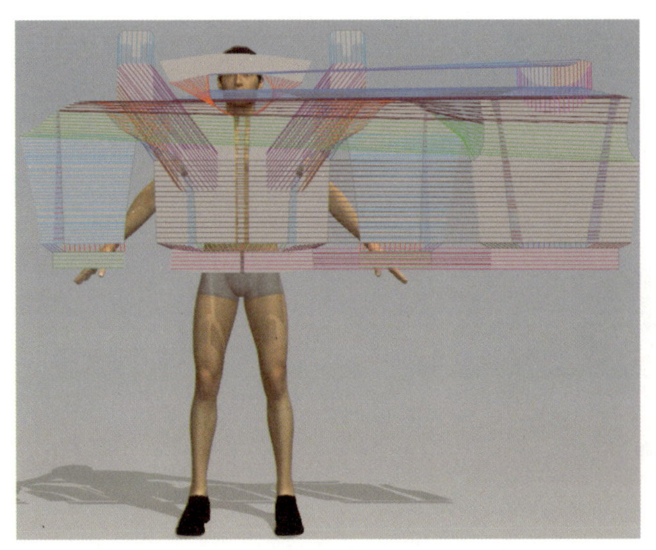

图4-101 同步显示到【虚拟化身窗口】

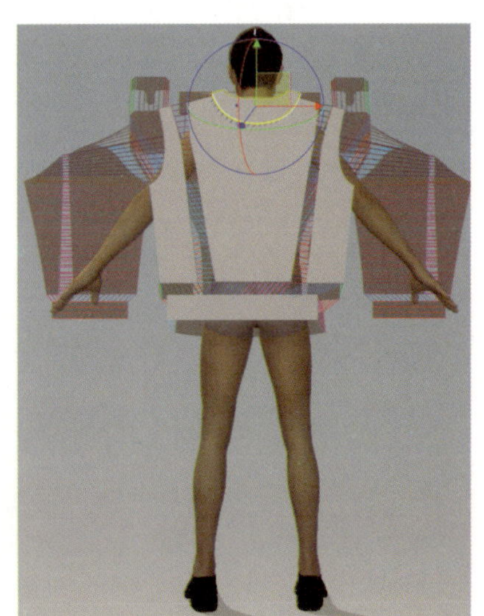

图4-102 安排后片

（四）安排袖片

单击【安排点】工具，显示安排点，安排袖片。先单击袖片再单击安排点，袖片即被安排在虚拟化身的手臂周围。小袖的位置可以在【属性窗口】→【安排】→【X的位置】调整，使得小袖围绕手臂旋转并与大袖对合（也可以在选择小袖后，直接单击胳膊下方的安排点）（图4-103）。右侧袖片做法同上。

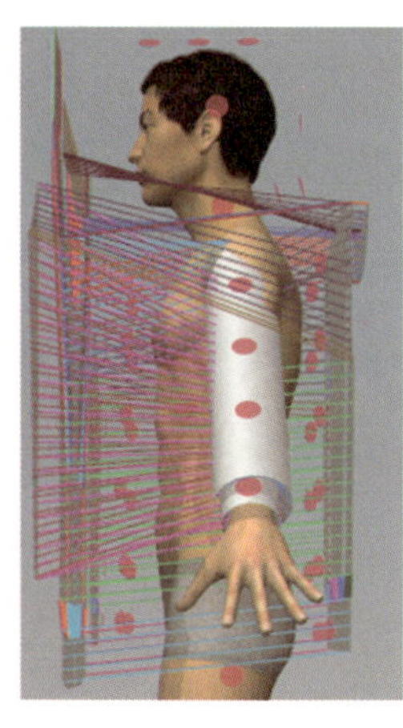
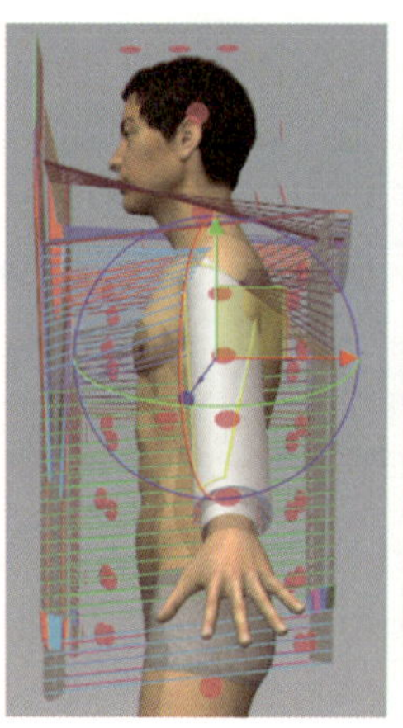
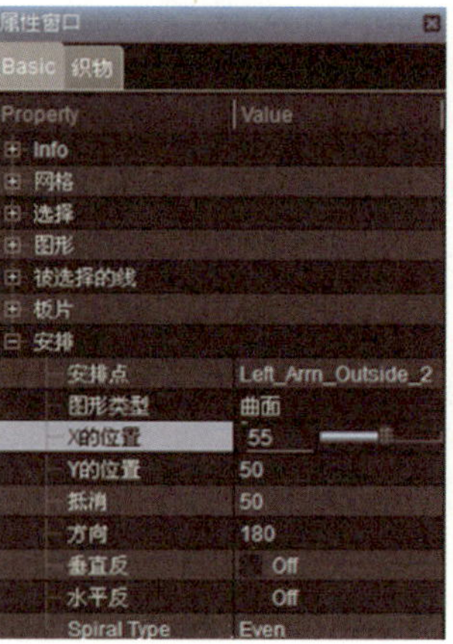

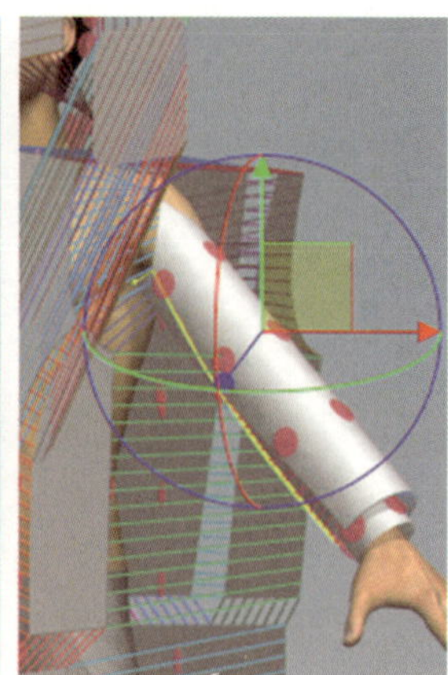

图4-103 安排袖片

（五）调整板片及安排领片

在【虚拟化身窗口】中单击兜和兜盖，并将其移动到合适位置。在【虚拟化身窗口】空白处单击右键，选择【左】，单击领片，再单击颈上安排点，将领片安排在颈部周围（图4-104）。

（六）虚拟试衣

单击【安排点】工具，隐藏安排点。单击【模拟】工具，进行虚拟试衣。在模拟状态下按住鼠标左键不放拖动领片，将领子整理好。展示效果见图4-105。另外如果兜面和兜盖的位置不合适，那么模拟时可能会出问题，用户可以继续操作下面的步骤来解决。

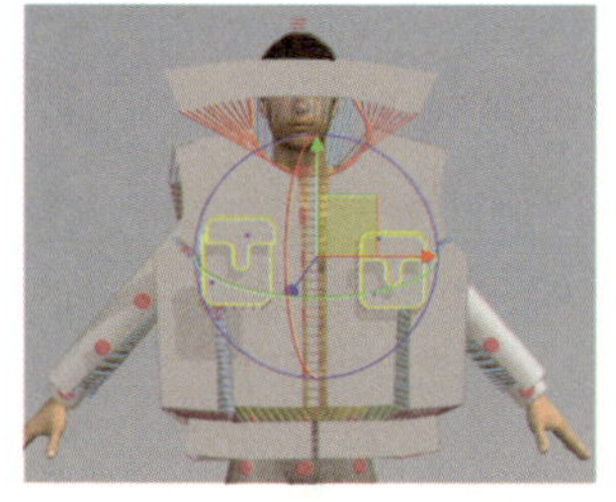
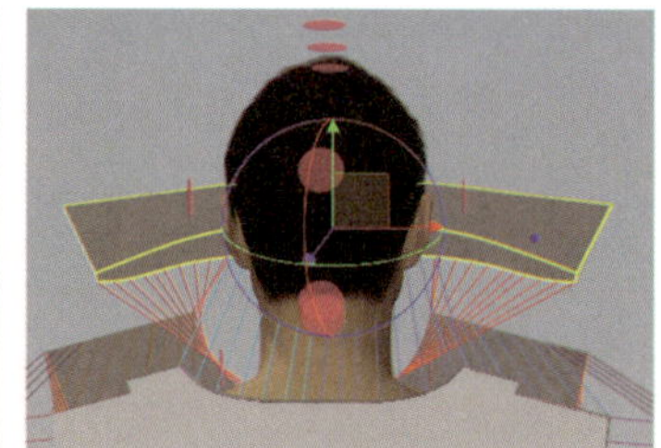
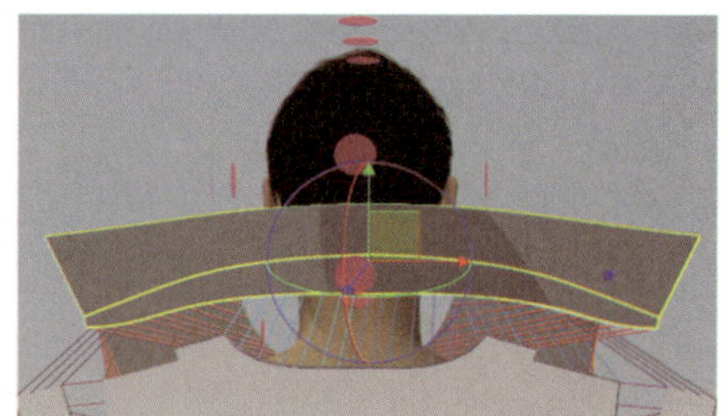

图4-104 调整板片及安排领片

图4-105 虚拟试衣效果图

五、属性调整

（一）调整兜面层设置

选择【传输板片】工具，按住【Shift】键分别单击两个兜面板片，在【属性窗口】→【物理属性】→【其他属性】→【层】栏中将数值改为“1”（图4-106）。

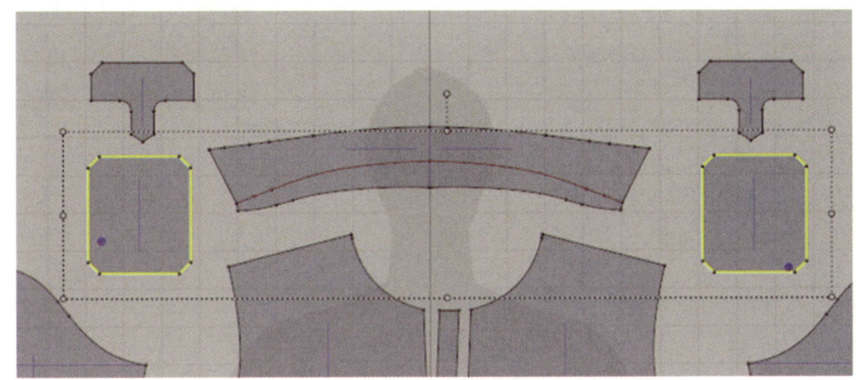

图4-106 调整兜面层设置

（二）调整兜盖层设置

选择【传输板片】工具，按住【Shift】键，鼠标分别单击两个兜盖板片，在【属性窗口】→【物理属性】→【其他属性】→【层】栏中将数值改为“2”（图4-107）。

单击【模拟】工具，进行虚拟试衣。

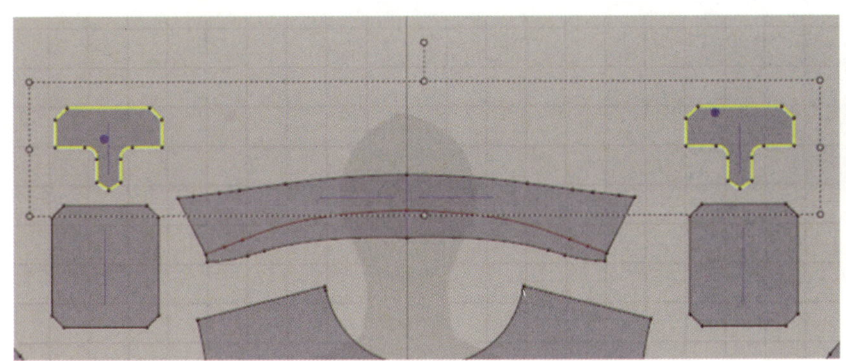

图4-107 调整兜盖层设置

（三）恢复层设置

在【板片窗口】按【Ctrl】+【A】键，全选【板片窗口】板片，在【属性窗口】→【物理属性】→【其他属性】→【层】栏中将数值改回为“0”（图4-108）。

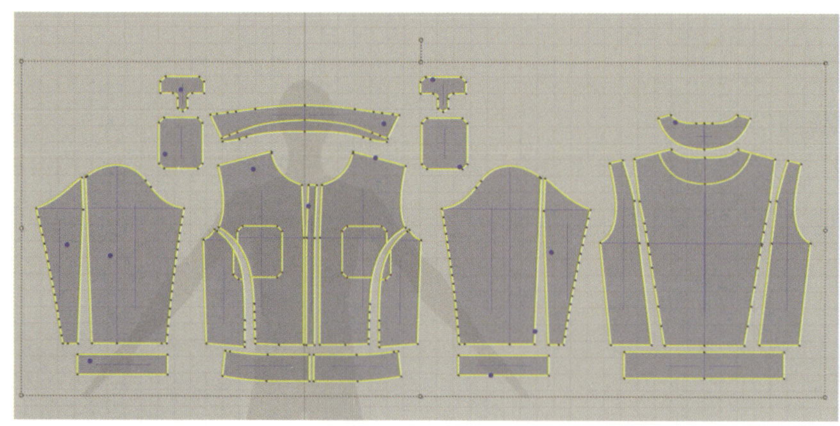
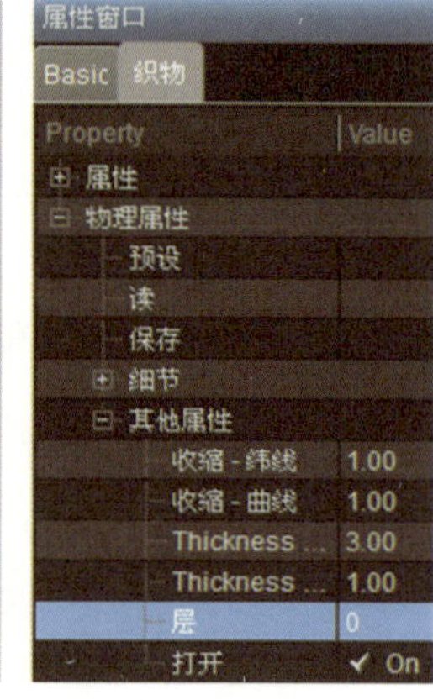

图4-108　恢复层设置

六、添加面料

（一）调整渲染风格

在【虚拟化身窗口】中，单击工具栏【显示服装】工具旁边的小三角，选择【渲染风格】→【浓密纹理表面】，领子将发生变化（图4-109）。

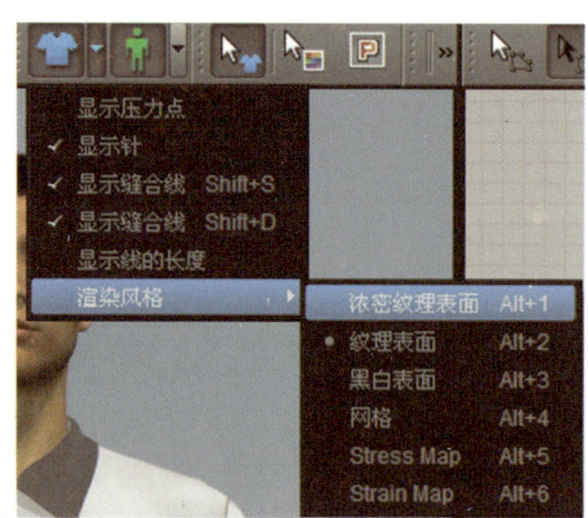

图4-109　调整渲染风格

（二）打开面料

在【板片窗口】按【Ctrl】+【A】键，选中【板片窗口】中的所有板片，单击【属性窗口】→【织物】→【属性】→【纹理】栏右侧按钮，在弹出的【打开文件】对话框中单击要打开的面料图案（图4-110），单击【打开】，所有板片被填充面料。

（三）虚拟试衣

设置合适的织物物理属性后，单击【模拟】，观看虚拟试衣效果（图4-111）。

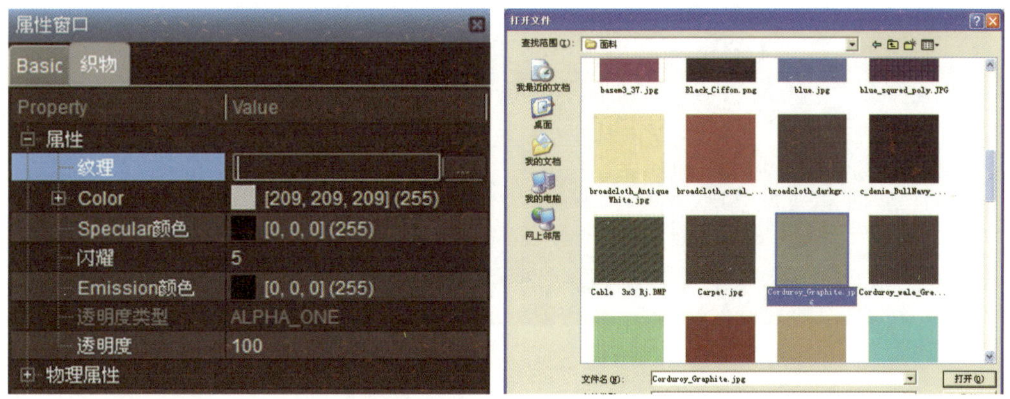

图4-110 打开并填充面料

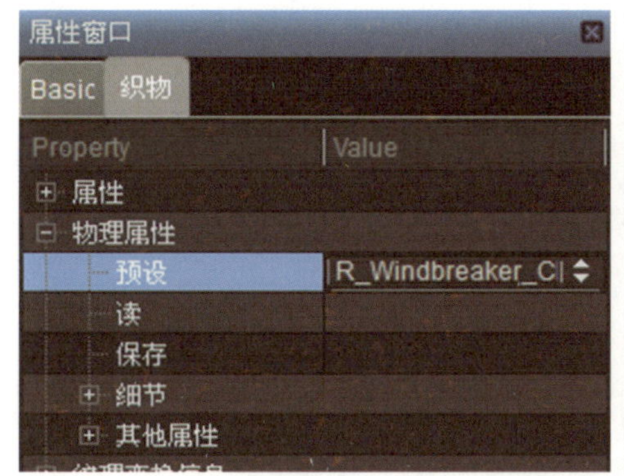

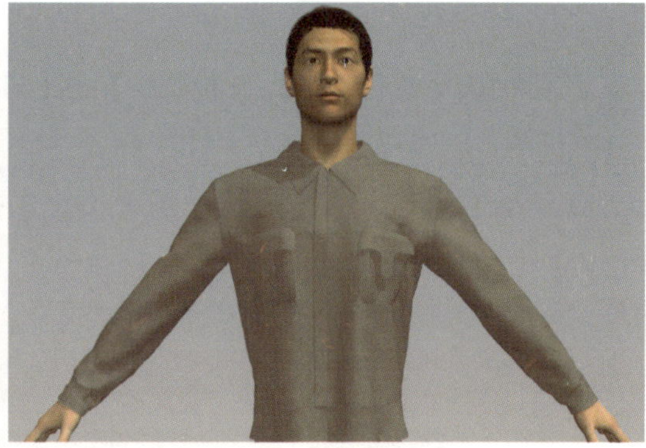

图4-111 虚拟试衣效果图

第六节 带帽卫衣

“卫衣”诞生于20世纪30年代的美国纽约，由于其兼顾了时尚性与功能性，融合了舒适与时尚的优点，所以逐渐成为了年轻人运动服装中的必备单品。本节介绍的卫衣是带有拉链的插肩袖款式，面料采用棉质布料制成。带帽卫衣的尺寸见表4-6，三维效果为图4-112。

表4-6 带帽卫衣的成品尺寸 （单位：cm）

号型	后衣长	胸围	腰围	领围	帽宽	帽高	袖长	袖肥	袖口
165/88A	53	96	86	47	29	36	68	39	24

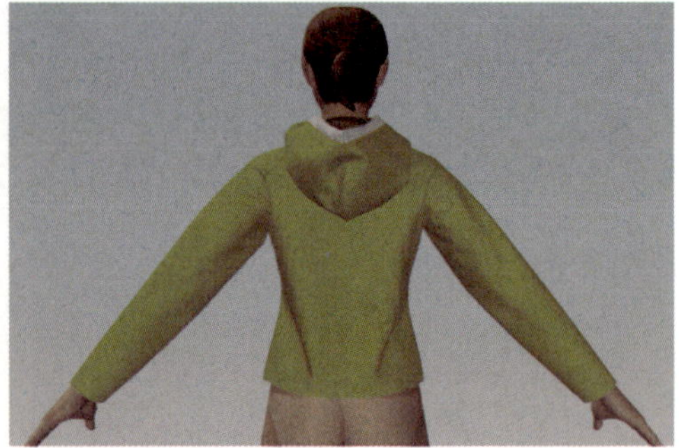

图4-112　三维效果图

一、准备工作

在主菜单中选择【文件】→【导入】→【打开】，打开带帽卫衣的DXF文件。如果板片是横向排列的，则选择【传输板片】工具，将衣片重新排列（图4-113）。

选择菜单【窗口】→【虚拟化身大小控制器】，在弹出的对话框中，将虚拟化身的【Height】（身高）设置为“165”，【Chest】（胸围）设置为“88”。

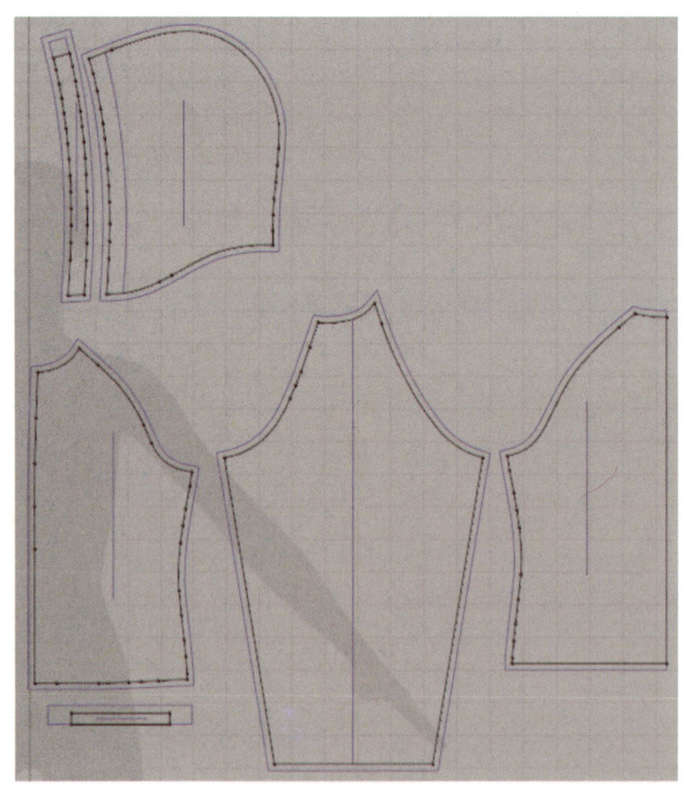

图4-113　导入板片

二、绘制内部线

（一）绘制内部线

选择【传输板片】工具，单击选择袋眉，在袋眉上单击右键，选择【复制为内部模型】，再在前片上单击右键选择粘贴。选择【传输板片】工具，移动并旋转内部线，直至完成（图4-114）。

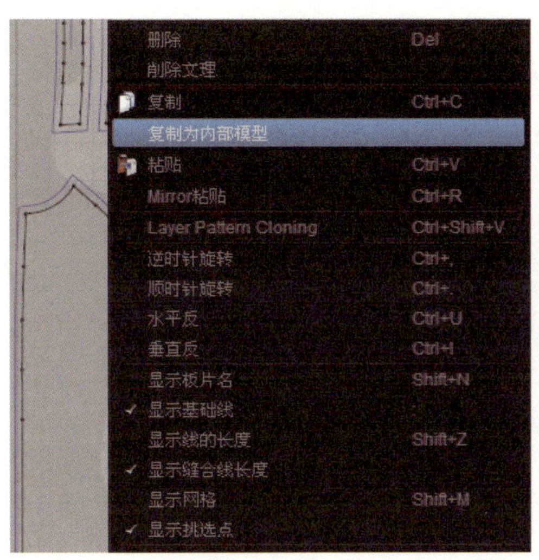

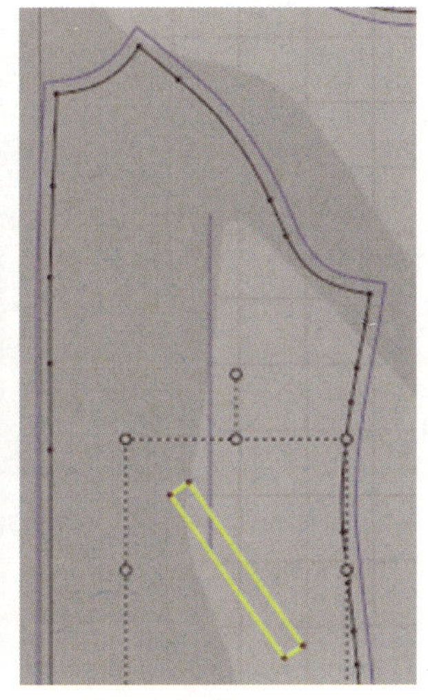
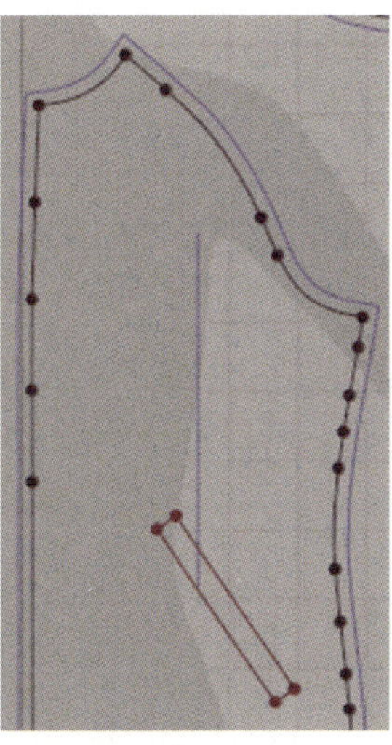

图4-114 绘制内部线

（二）提取内部线

选择【勾勒轮廓】工具，按住【shift】键依次单击选择帽子内部的线，在线上单击右键选择【Create as Inner Shape】，提取内部线（图4-115）。

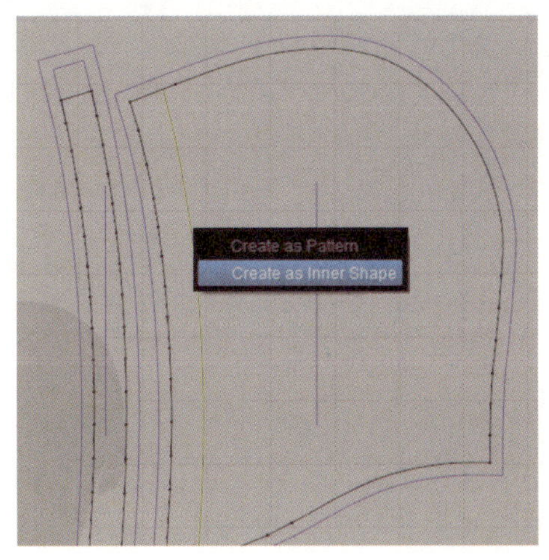

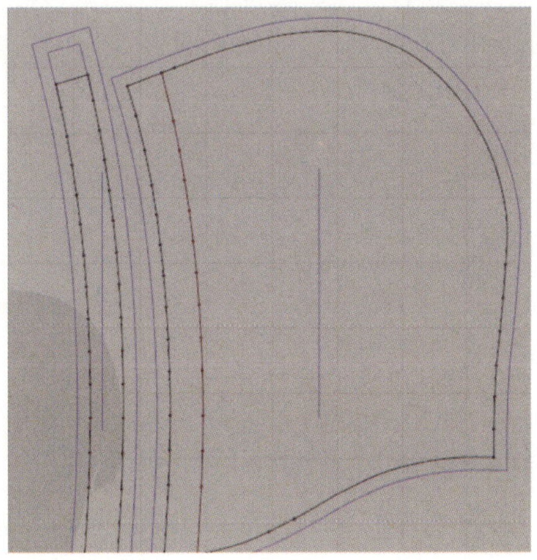

图4-115 提取帽子内部线

三、缝合板片

（一）缝合插肩袖

选择【自由缝纫】工具，先缝合插肩袖与前片袖窿，再缝合插肩袖与后片袖窿（图4-116）。

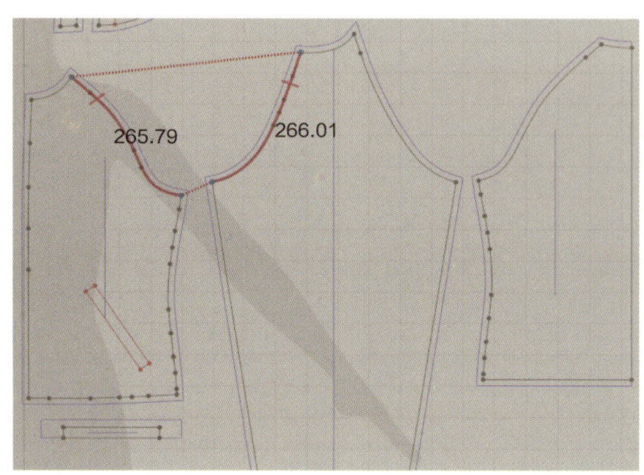

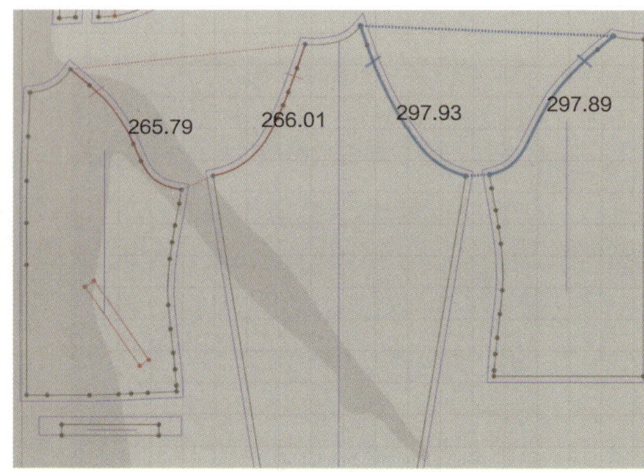

图4-116 缝合插肩袖

（二）缝合袖侧缝

选择【自由缝纫】工具，缝合前后侧缝。再选择【线缝纫】工具，缝合袖侧缝（图4-117）。

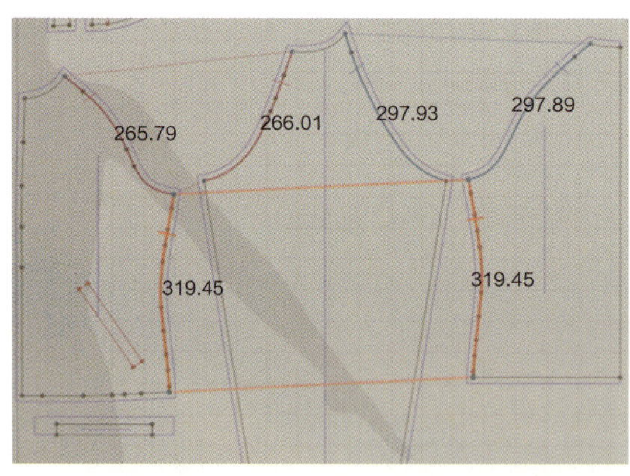

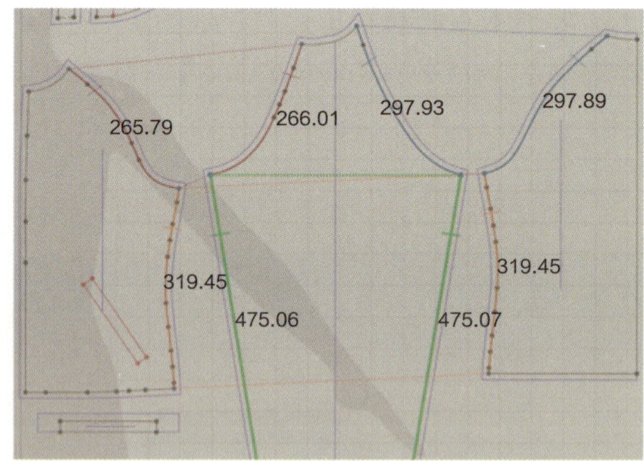

图4-117 缝合侧缝

（三）缝合前兜及帽子

选择【自由缝纫】工具，将前兜内部线与兜面进行缝合，再将帽沿与帽子缝合（图4-118）。

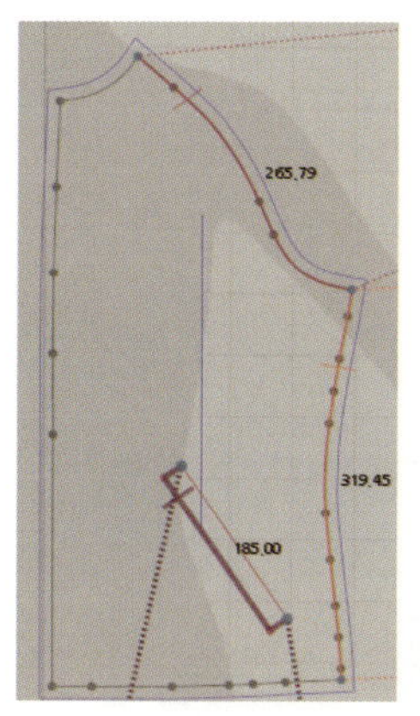

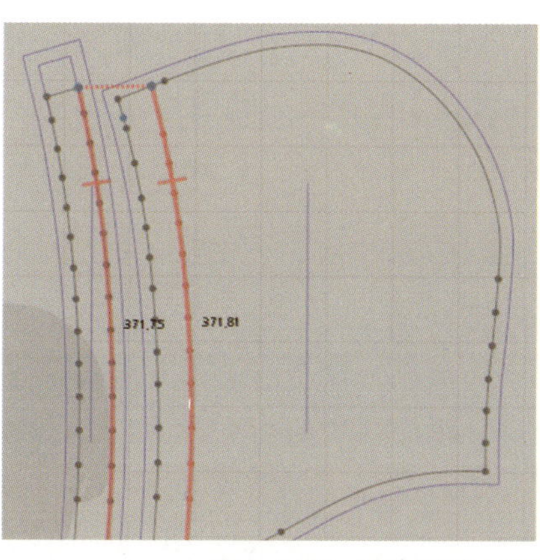

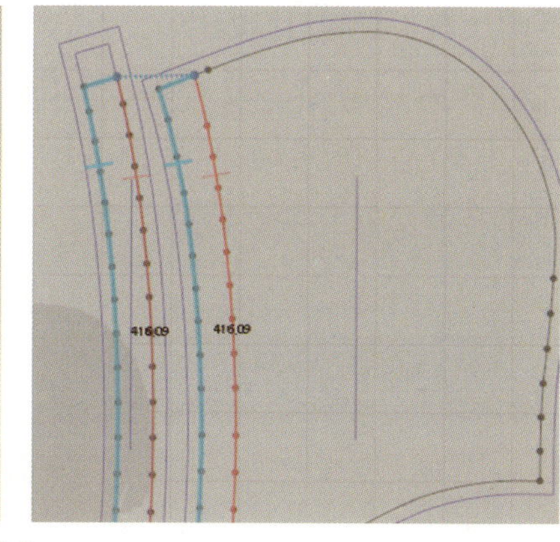

图4-118 缝合前兜及帽子

（四）缝合帽子与领弧线

选择【自由缝纫】工具，先将前领弧与帽子缝合，再将插肩袖上领弧线与帽子缝合，然后将后领弧与帽子缝合（图4-119）。

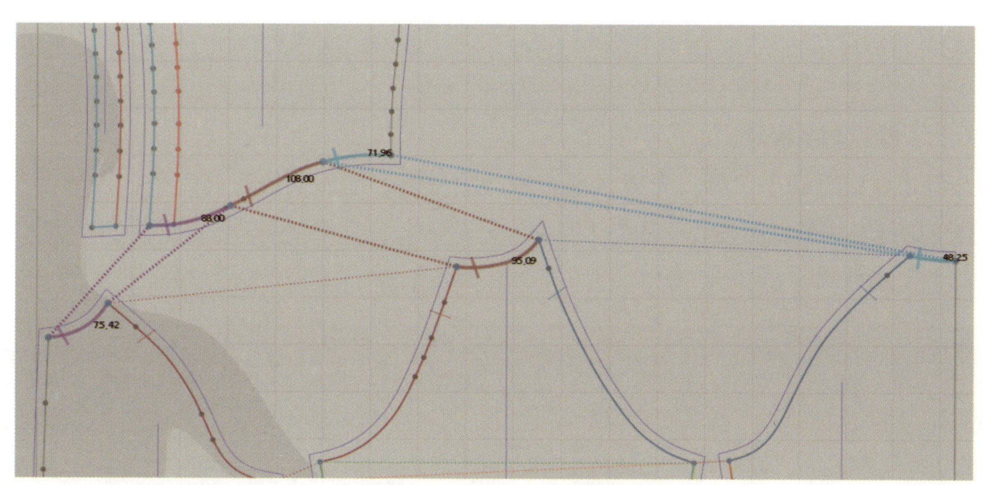

图4-119 缝合帽子与领弧线

（五）展开后片

选择【板片编辑】工具，左键单击选中后中线，再在后中线上单击右键，选择【展开】（图4-120）。

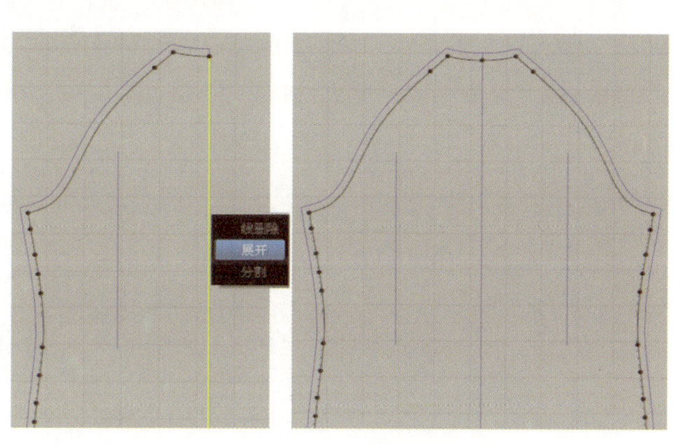

图4-120 展开后片

（六）复制对称板片

选择【板片变换】工具，在【板片窗口】拖拽选中除后片之外的所有板片，按【Ctrl】+【C】复制，再按【Ctrl】+【R】对称粘贴，然后按住【Shift】键水平移动，将其放置于当前板片的左边（图4-121）。

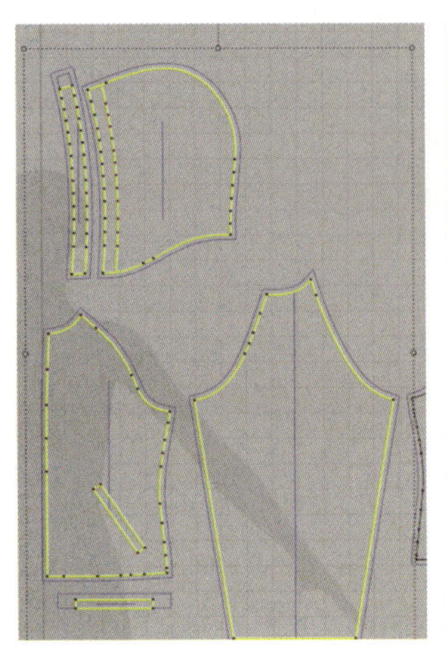

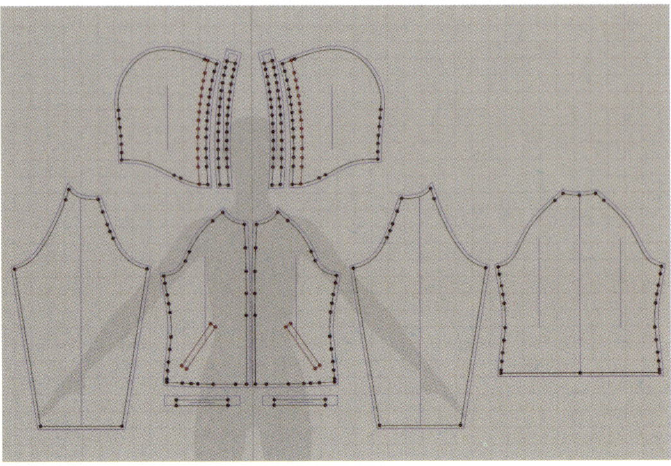

图4-121 复制对称板片

（七）缝合剩余板片

选择【自由缝纫】工具，先缝合插肩袖与后袖窿、前后侧缝及前门襟，再缝合左右帽沿、帽子中缝及帽子和后领弧（图4-122）。

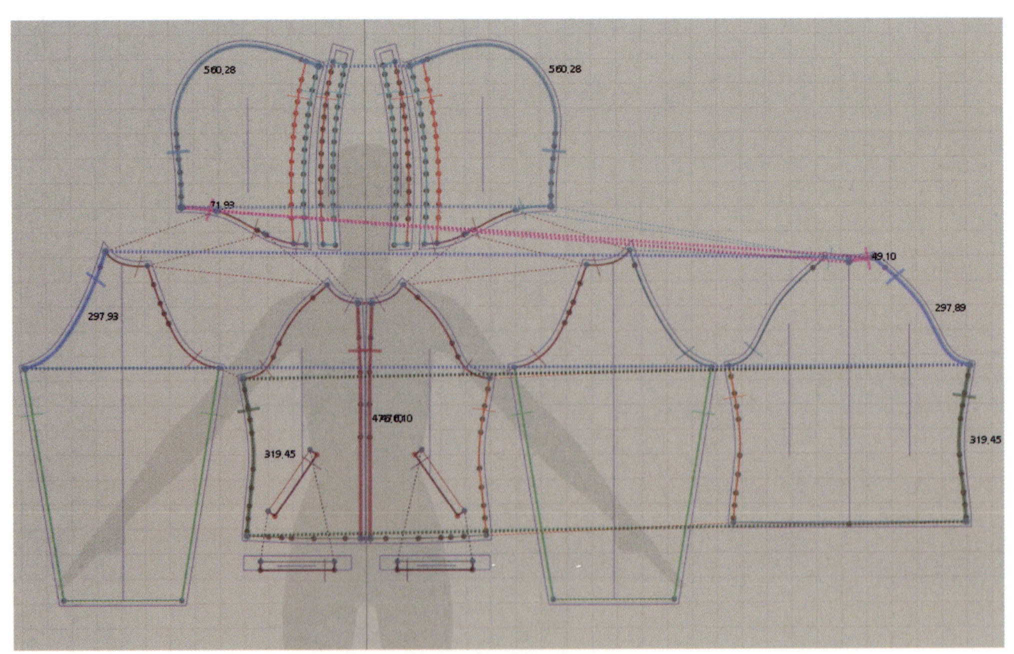

图4-122 缝合剩余板片

四、虚拟试衣

（一）同步显示

单击【同步】工具，将【板片窗口】中的板片同步显示到【虚拟化身窗口】中（图4-123）。

图4-123 同步显示

（二）安排后片及袖片

单击后片，将其拖动到虚拟化身身后，并在后片上单击右键选择【水平反】。单击【显示安排点】工具，显示安排点，先安排袖片再安排兜面（图4-124）。

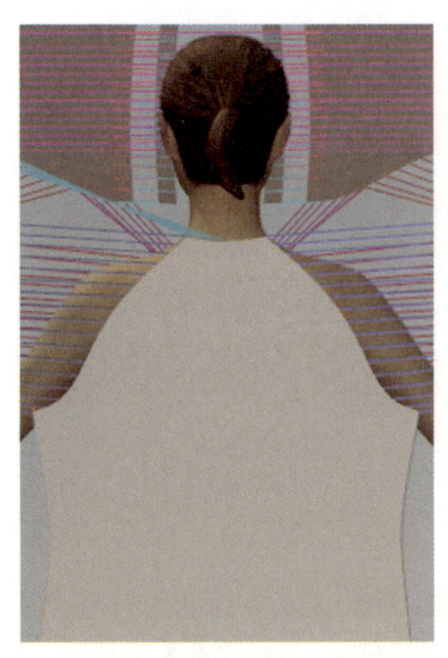

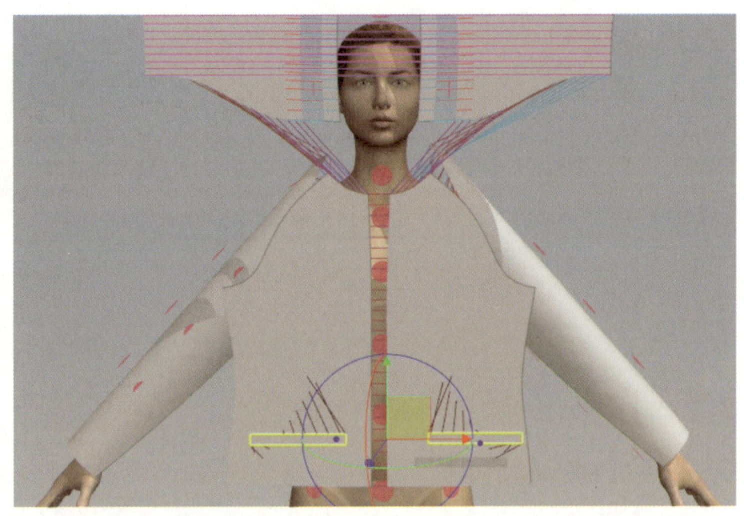

图4-124 安排后片及袖片

（三）安排帽子

单击右帽片，再单击安排点，以安排右帽片。用同样的方法可以安排左帽片及帽沿（图4-125）。

（四）虚拟试衣

单击【模拟】按钮进行虚拟试衣（图4-126）。

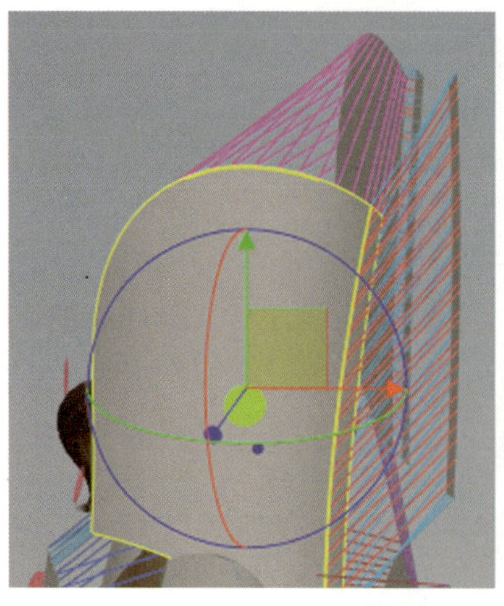
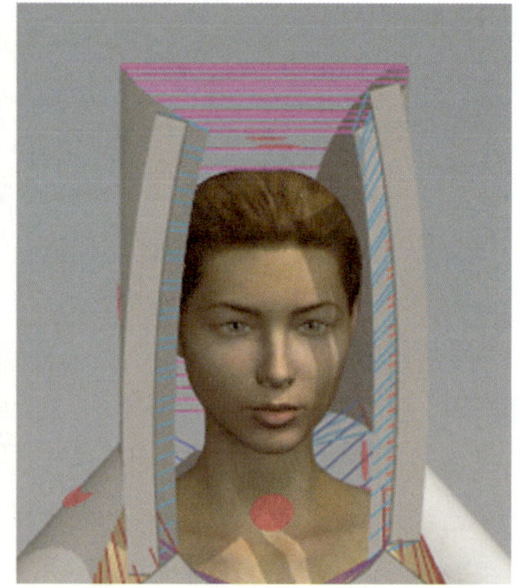

图4-125 安排帽子

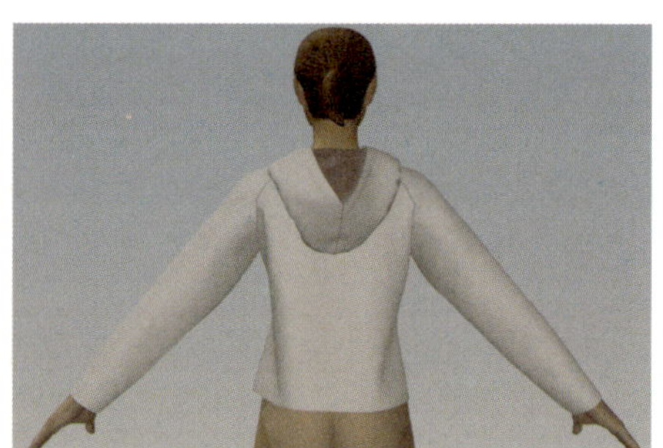

图4-126 试衣效果

五、修改属性

（一）修改面料属性

在【板片窗口】按【Ctrl】+【A】选择全部板片，在【属性窗口】→【织物】→【物理属性】→【预设】栏里选择“R_Cotton_Cloth_CLO_V1”。再在【板片窗口】选择除帽沿与兜面的所有板片，在【属性窗口】→【织物】→【属性】→【Color】栏里单击，在弹出的【Select Color】对话框中，选择颜色并进行调整，再调整【属性窗口】→【织物】→【属性】→【Color】下的【Ambient Intensity】与【Diffuse Intensity】的值（图4-127）。

（二）虚拟试衣

将【粒子距离】调整为“5”后，最终再进行一次模拟（图4-128）。

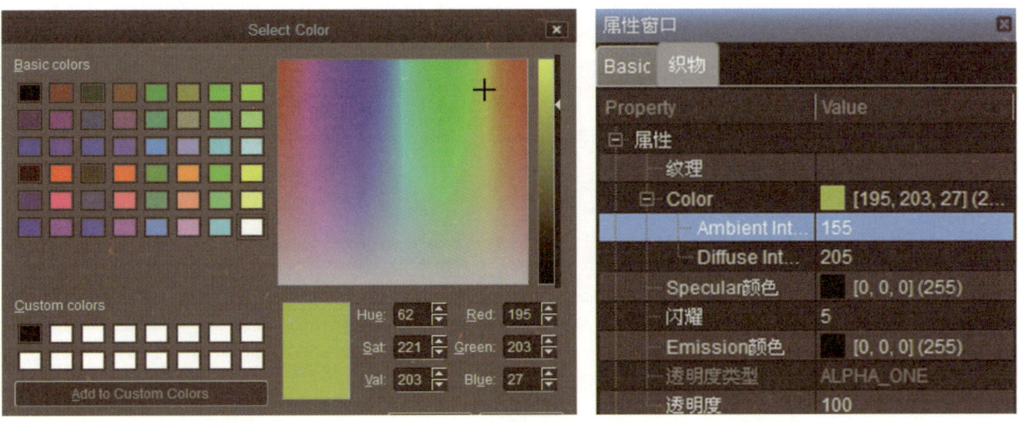

图4-127 修改面料属性

图4-128 最终模拟效果

第七节 羽绒服

羽绒服是内充羽绒填料的上衣，防风御寒的作用非常明显，是人们常穿的冬季服装。羽绒服分为内外两层，中间有填充物，并使用绗缝线固定。本节例子所要制作的是一款男士羽绒服，成品尺寸见表4-7，三维效果为图4-129。

表4-7 男士羽绒服的成品尺寸 （单位：cm）

号型	后衣长	胸围	肩宽	领围	袖长	袖口
170/88A	73	112	47	53	62	32.5

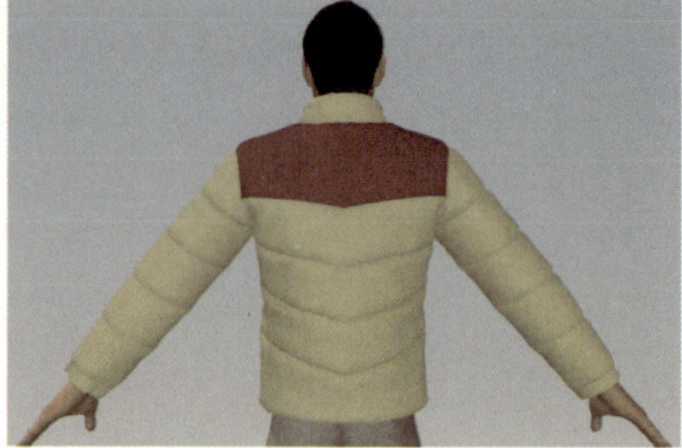

图4-129　三维效果图

一、准备工作

在主菜单中选择【文件】→【导入】→【DXF】→【打开】，打开羽绒服的DXF文件（图4-130）。

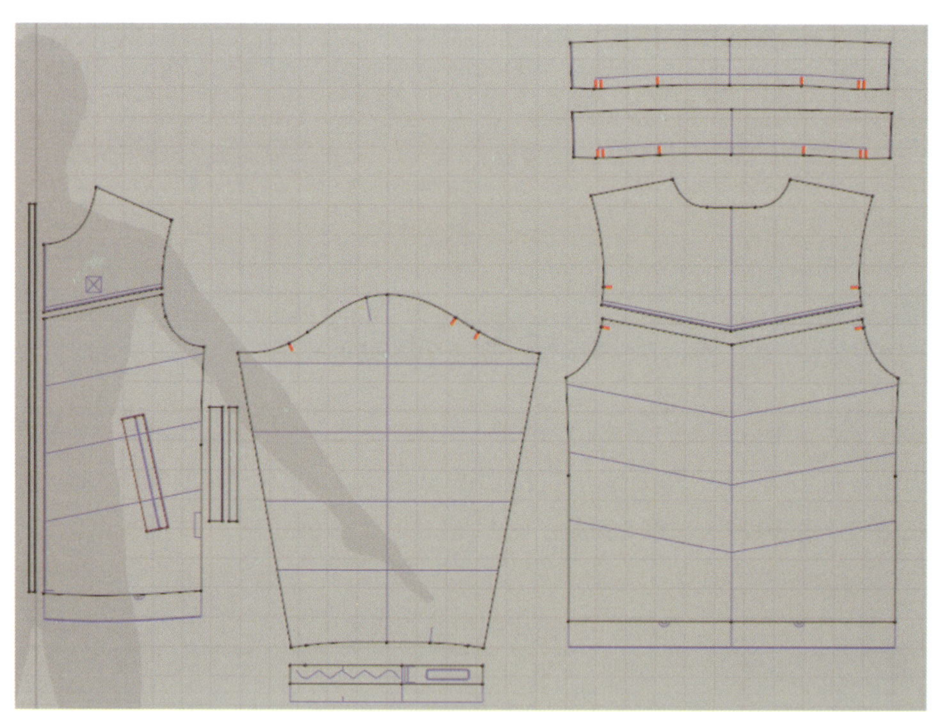

图4-130　导入文件

将虚拟化身更换为图4-129中男模特，并将【Height】（身高）设置为“170”，【Chest】（胸围）设置为“88”。

二、提取内部线

（一）提取后片与袖片内部线

选择【勾勒轮廓】工具，提取内部省线。按住【Shift】键，左键依次单击后片内部线，然后在内部线上单击右键，选择【Create as Inner Shape】。袖片的内部线处理与后片相同（图4-131）。

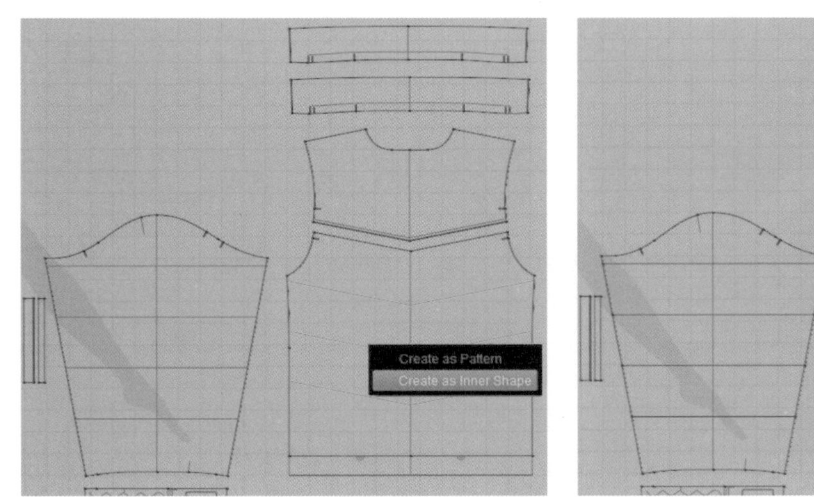

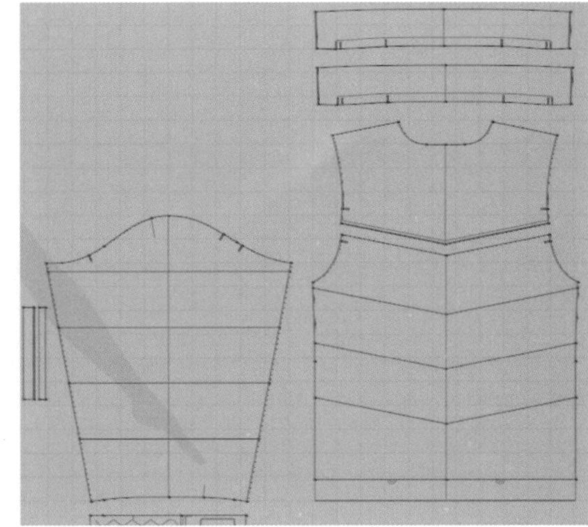

图4-131　提取后片与袖片内部线

（二）绘制前片内部线

将前片板片放大，选择【创造内部图形线】工具，按照前片内部线绘制。先在线的一端单击左键，确定线的起点，再在线的另一端双击左键确定终点，则该内部线绘制完成。随后完成其它内部线的绘制，并且用【勾勒轮廓】工具将第一条内部线勾勒出来（图4-132）。

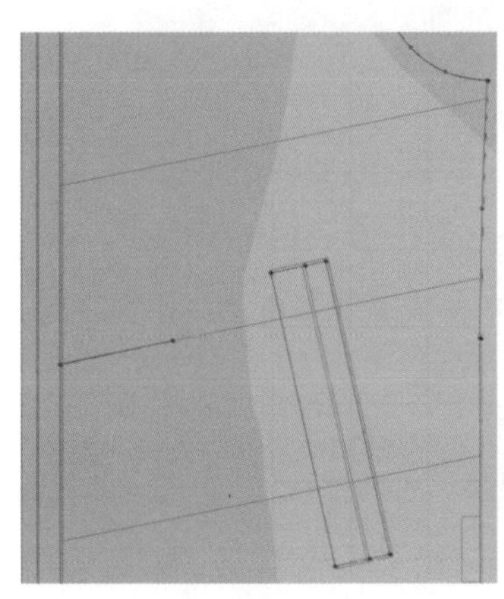
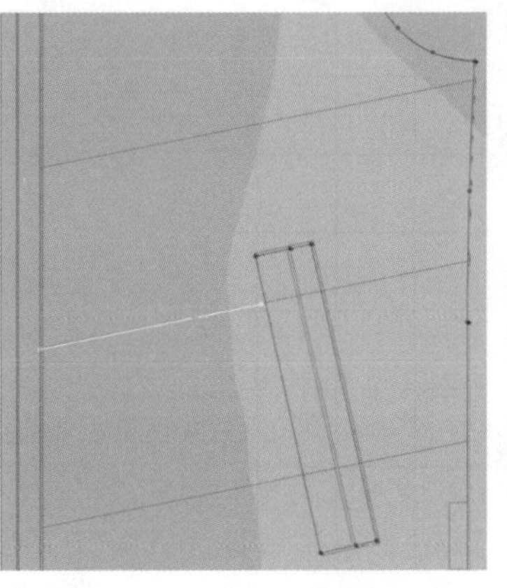
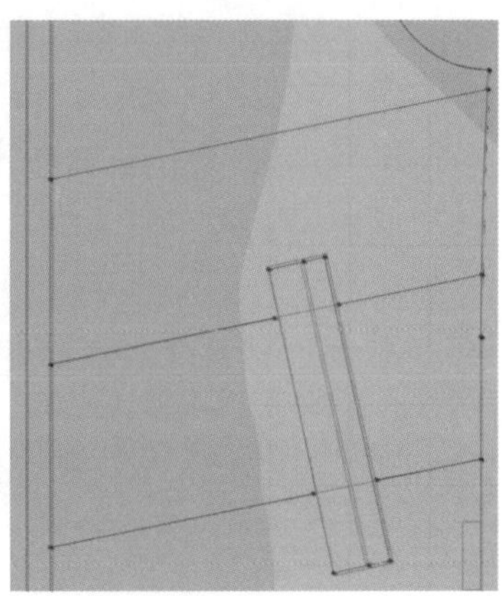

图4-132　绘制前片内部线

三、缝合板片

（一）缝合前片

选择【线缝纫】工具，先将两个前片缝合，再将两个兜面缝合。再选择【自由缝纫】工具，按住【Shift】键，缝合前片内部线和兜面周边线（图4-133）。

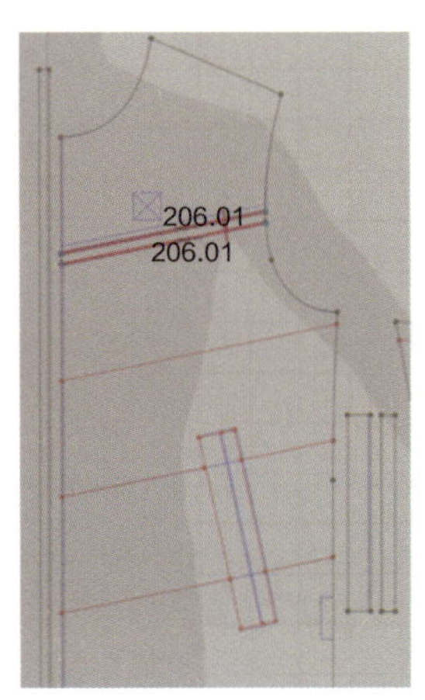

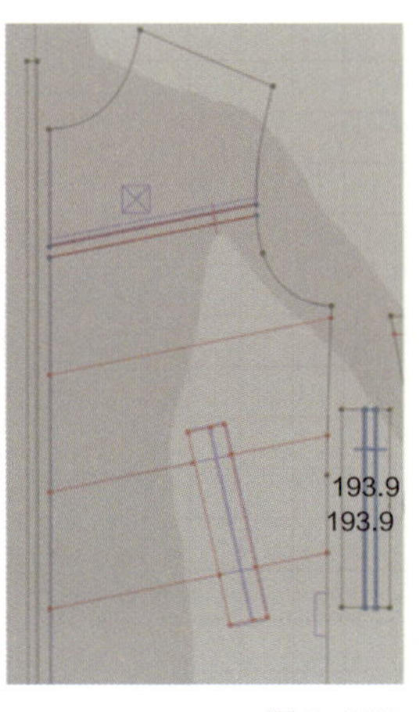

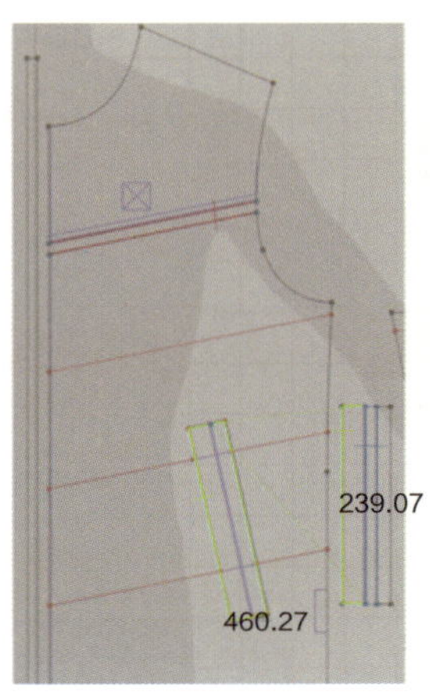

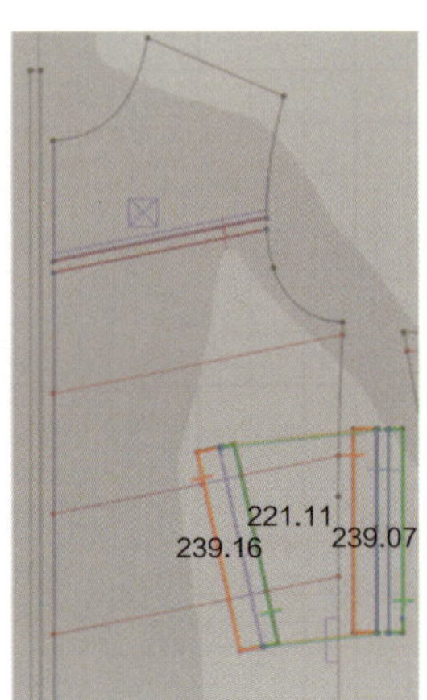

图4-133 缝合前片

（二）缝合后片

选择【自由缝纫】工具，将后片的上下部分缝合起来（图4-134）。

（三）缝合袖侧缝

选择【线缝纫】工具，先缝合袖侧缝，再缝合袖克夫侧缝（图4-135）。

（四）缝合袖克夫

选择【自由缝纫】工具，依次缝合袖克夫（图4-136）。

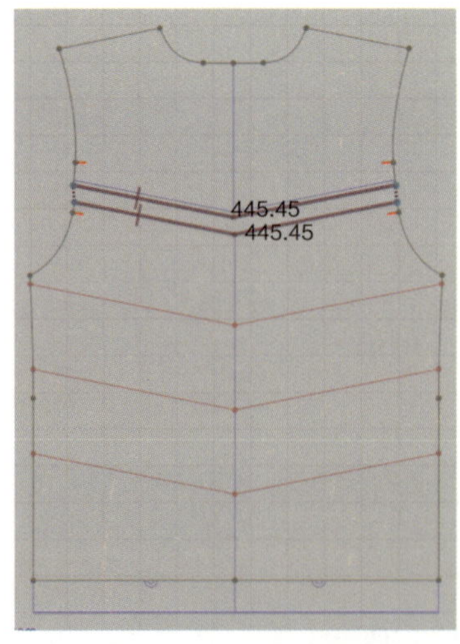

图4-134 缝合后片

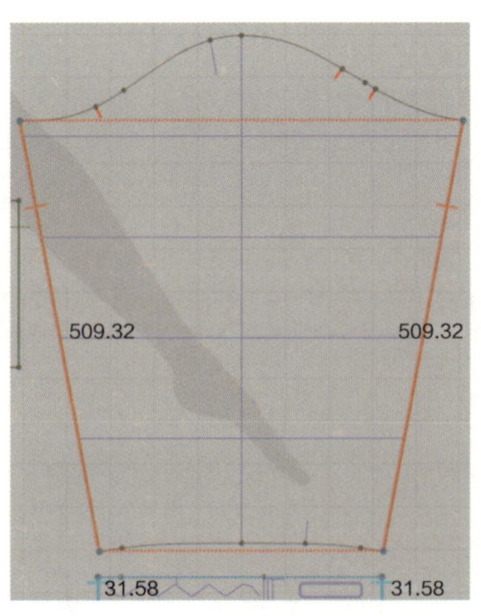

图4-135 缝合袖片

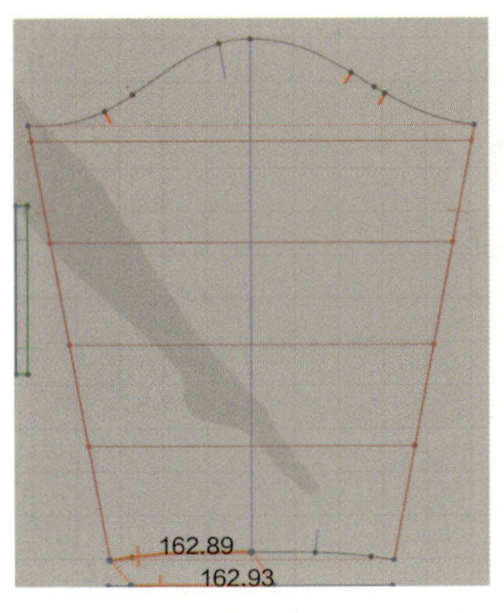

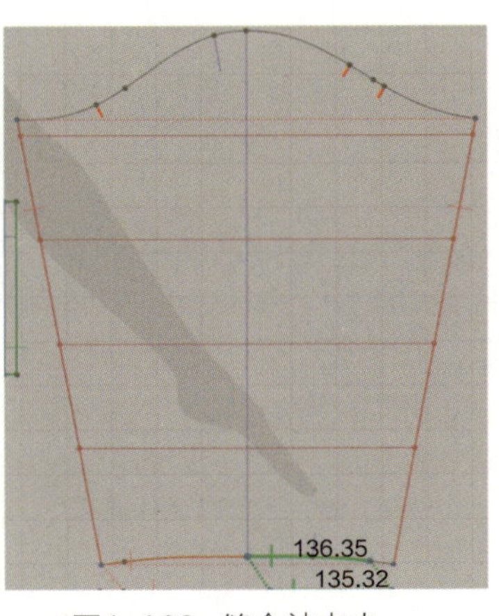

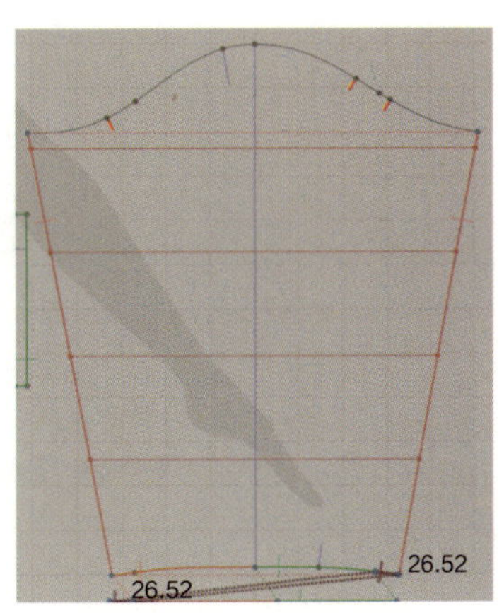

图4-136 缝合袖克夫

（五）缝合袖窿

选择【自由缝纫】工具，先缝合前片袖窿和袖子，再缝合后片袖窿和袖子（图4-137）。

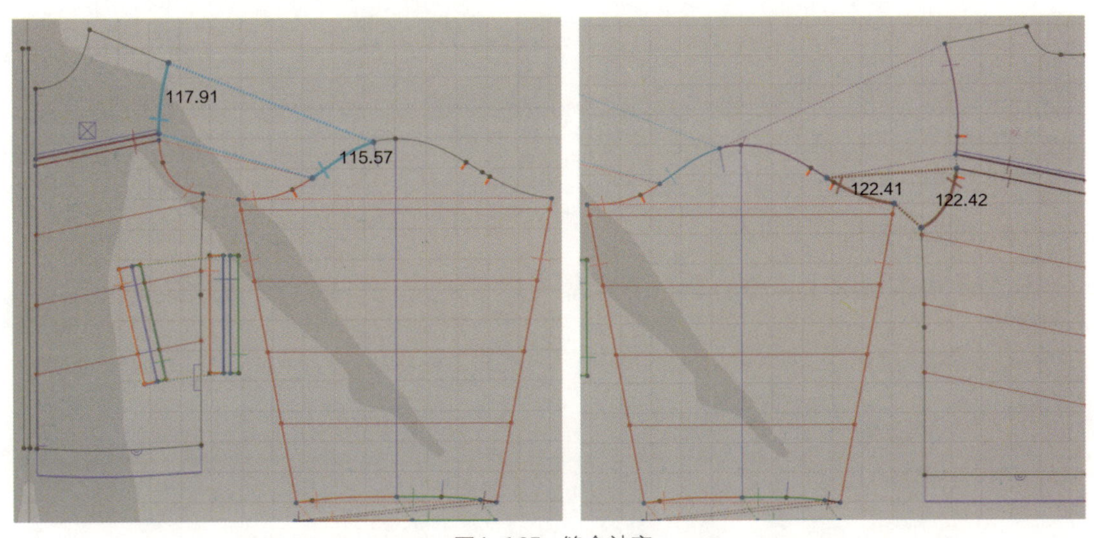

图4-137 缝合袖窿

（六）缝合侧缝和肩线

选择【自由缝纫】工具，缝合前后片侧缝。再选择【线缝纫】工具，缝合前后肩线（图4-138）。

（七）缝合门襟

选择【自由缝纫】工具，按住【Shift】键，将前片、领片的边线与门襟的边线进行缝合（图4-139）。

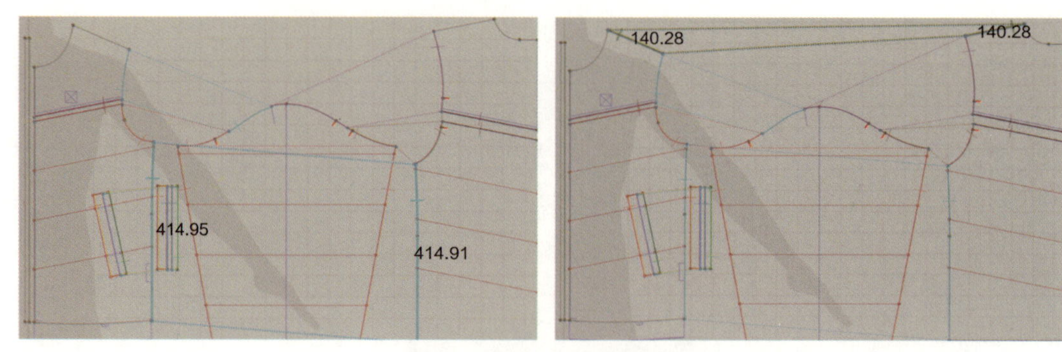

图4-138　缝合侧缝和肩线

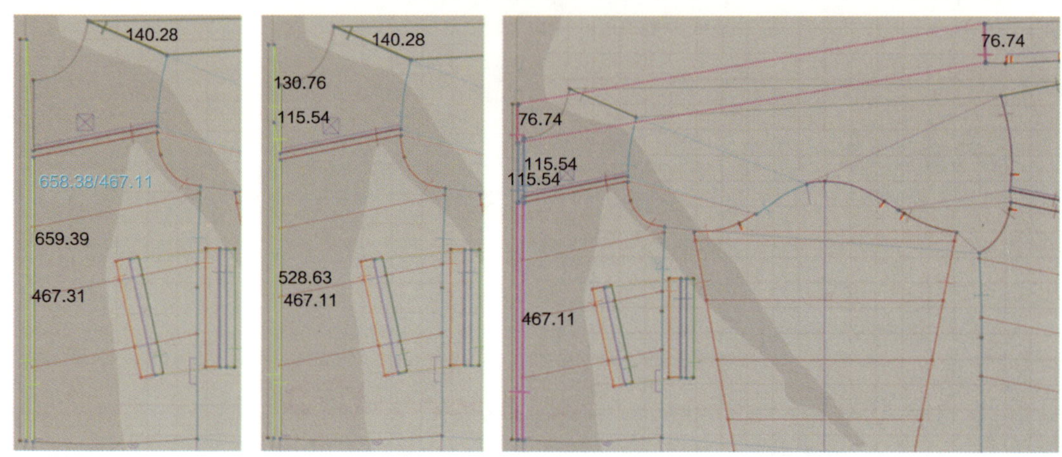

图4-139　缝合门襟

（八）缝合领片

选择【自由缝纫】工具，先缝合后领弧线与领片，再缝合前领弧线与领片（图4-140）。

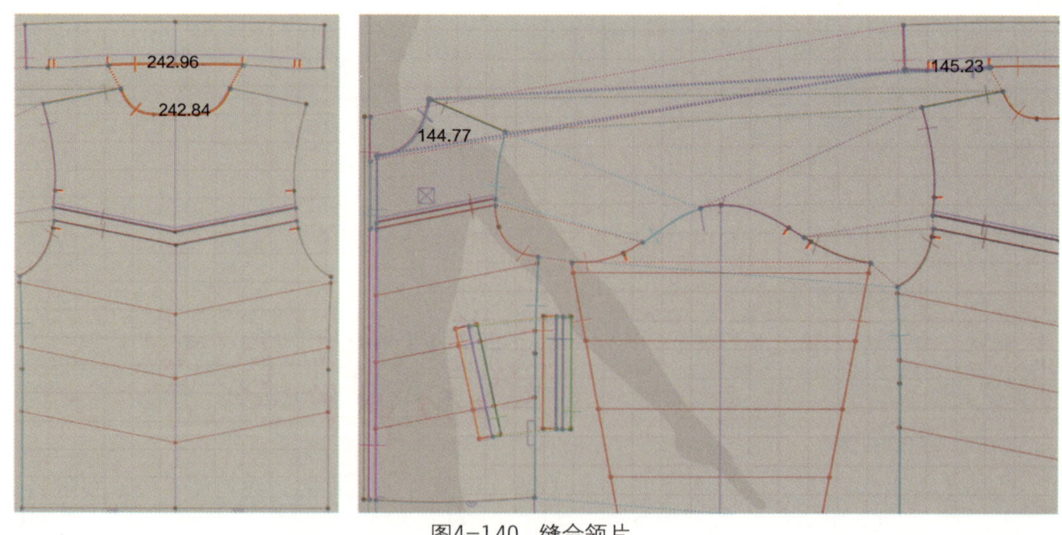

图4-140　缝合领片

（九）对称复制板片

用【传输板片】工具选择前片、兜片及袖片，按【Ctrl】+【C】复制，再按【Ctrl】+【R】对称粘贴，按住【Shift】键水平移动，单击放置板片至合适的位置（图4-141）。

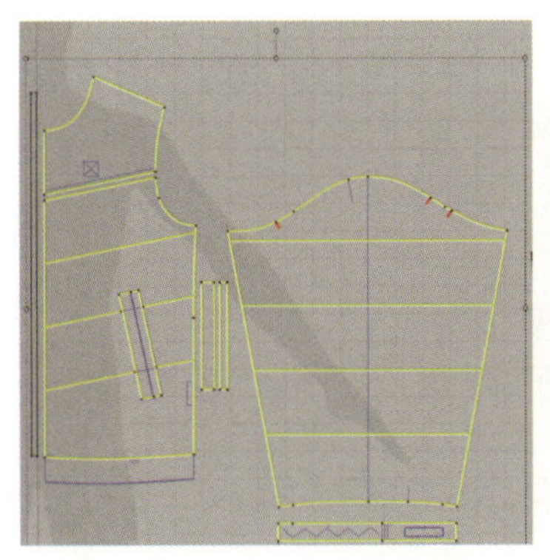

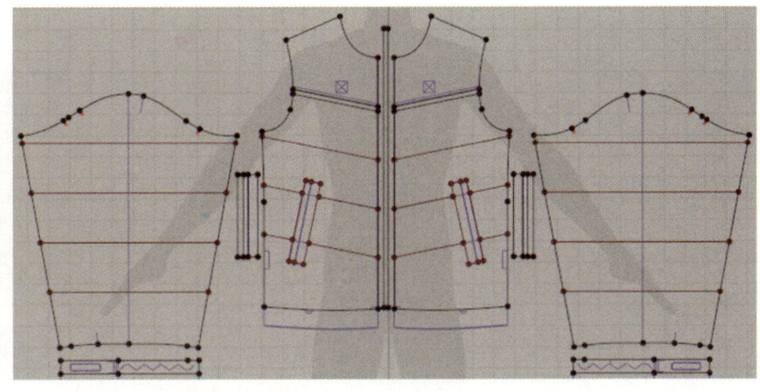

图4-141　复制对称板片

（十）缝合剩余板片

分别将前片与门襟、前后片侧缝、前后肩线、后袖窿与袖片、前领弧线与领片进行缝合（图4-142）。

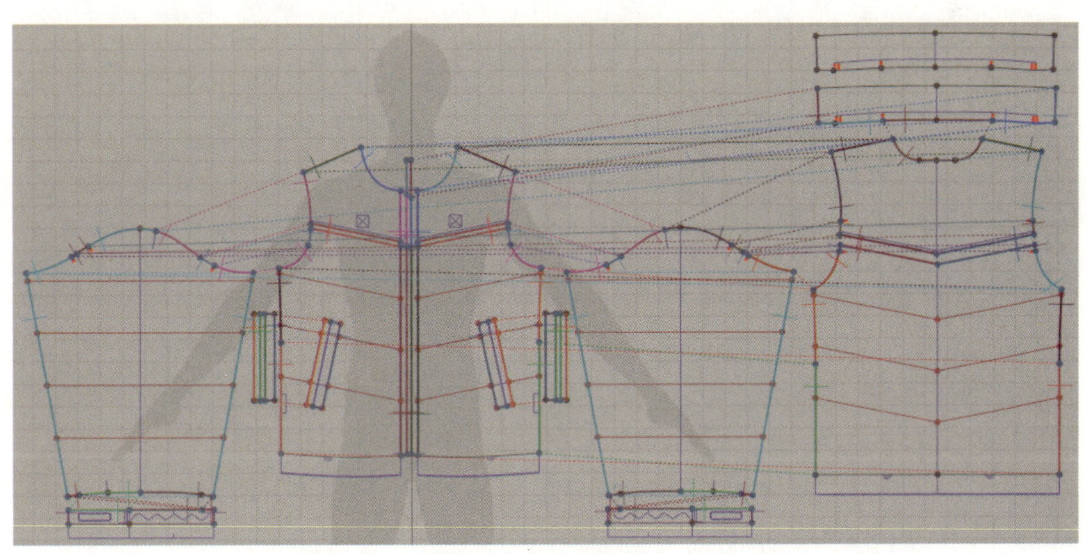

图4-142　缝合剩余板片

（十一）复制板片为里子片

选择【传输板片】工具，选中两个前片、两个袖片及后片，按【Ctrl】+【C】复制，【Ctrl】+【V】粘贴，按住【Shift】键竖直移动，在现有衣片的上方单击左键，确定摆放位置（图4-143）。

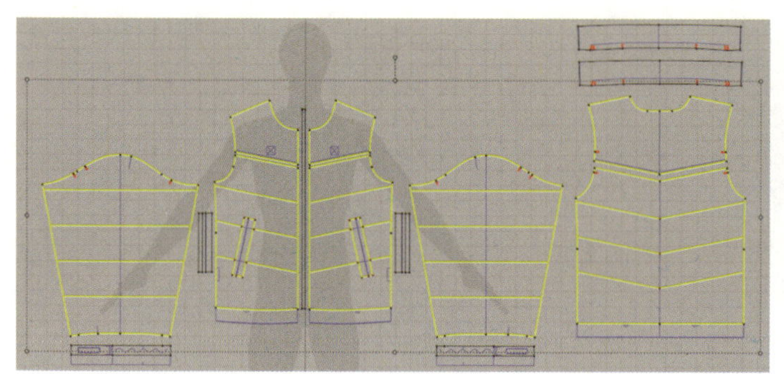
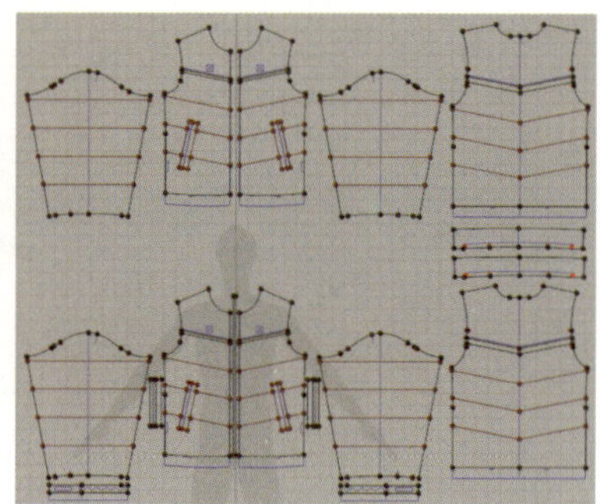

图4-143　复制板片为里子板片

（十二）删除缝合线

选择【编辑缝合线】工具，框选刚刚复制的里子板片，按【Delete】键删除缝合线（图4-144）。

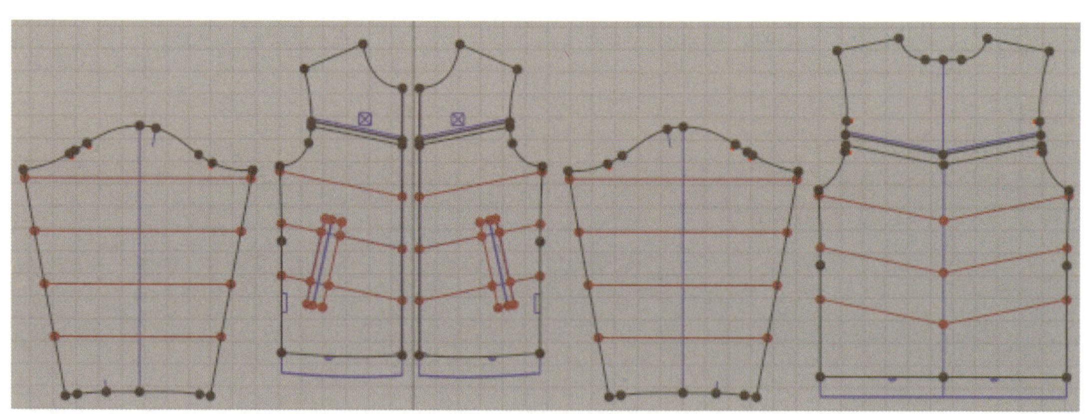

图4-144　删除缝合线

（十三）缝合里子与面的内部线

选择【线缝纫】工具，将里子与面的内部线全部缝合（图4-145）。

（十四）缝合里子与面周边线

选择【自由缝纫】工具，先在里子袖片上一点双击，将该袖片周边线全部选中；再在面袖片的同一位置处双击，则里子与面的周边线缝合完毕。用同样的方法分别缝合前片、后片及领子（图4-146）。

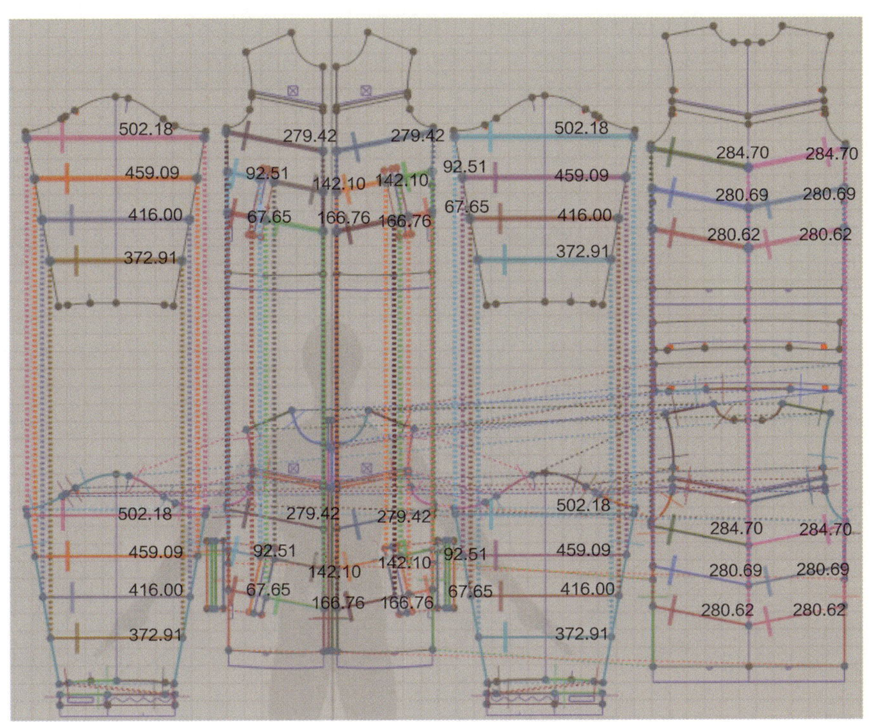

图4-145 缝合里子与面的内部线

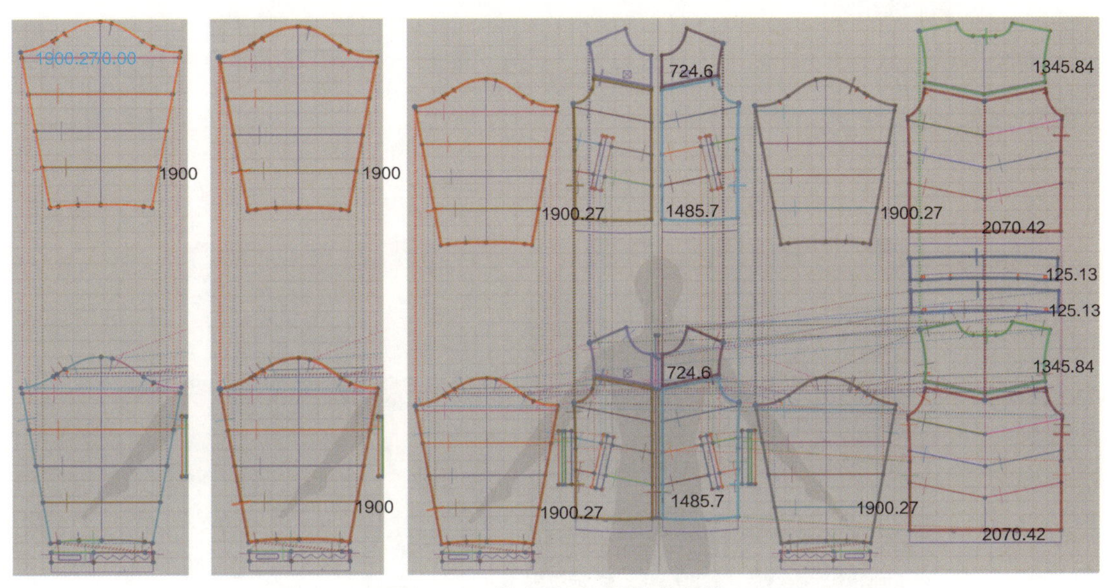

图4-146 缝合里子与面的外部线

四、虚拟试衣

（一）同步显示

在【虚拟化身窗口】中单击【同步】工具，【板片窗口】中的板片将同步显示在【虚拟化身窗口】中（图4-147）。

图4-147 同步显示

（二）隐藏缝纫线

单击菜单栏中【显示服装】工具旁边的小三角，选择下方的【显示缝合线】，将缝合线隐藏（图4-148）。

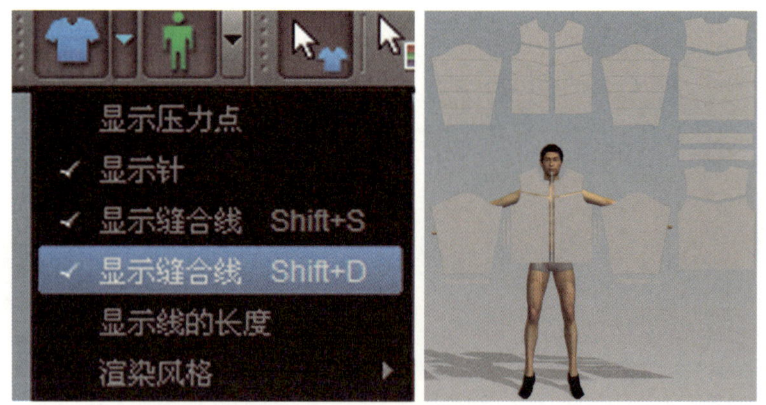

图4-148 隐藏缝纫线

（三）安排前后片板片

在【虚拟化身窗口】中，用鼠标左键拖动前后片，将其安排在身体周围。里子的板片到虚拟化身的距离要比面的板片到虚拟化身的距离近一些。安排完的前后板片显示为图4-149。

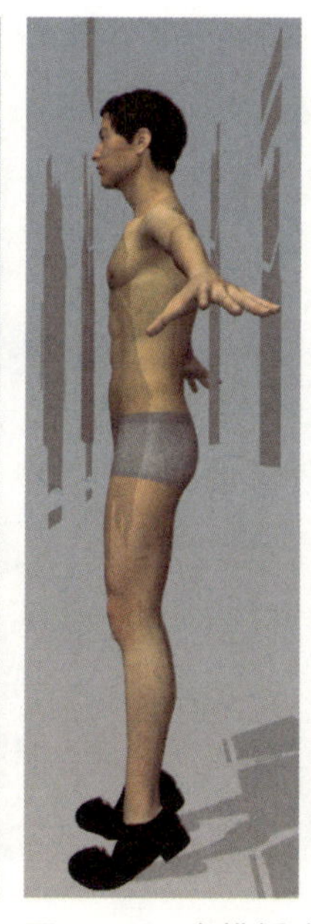
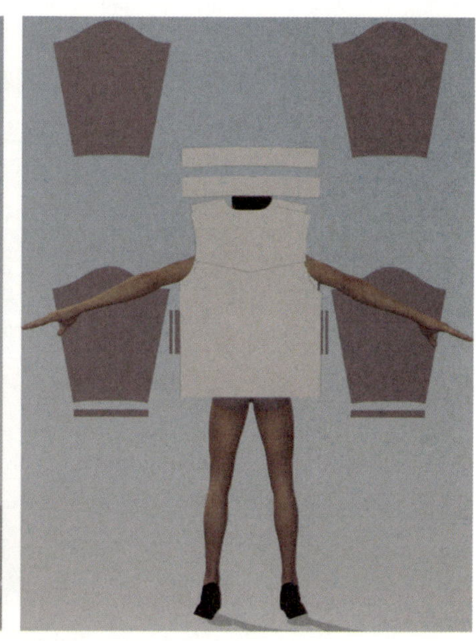

图4-149 安排板片

（四）安排袖片

单击【显示安排点】工具，先单击袖克夫，再单击安排点，将袖克夫安排在身体周边。单击袖里子，再单击安排点，将袖里子安排在身体周边。单击袖面，再单击安排点，然后在【属性窗口】→【Basic】→【安排】→【抵消】栏里，将数值改为“56”（图4-150）。右边袖子做法与左边同。

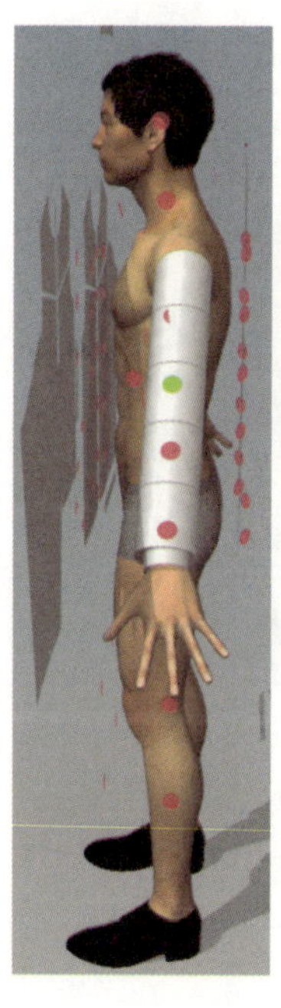
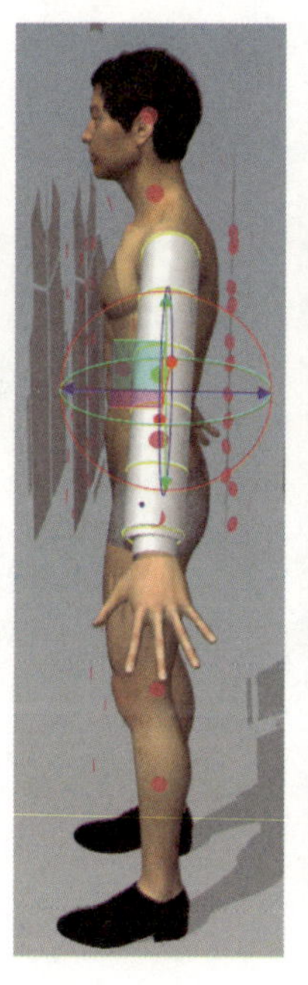
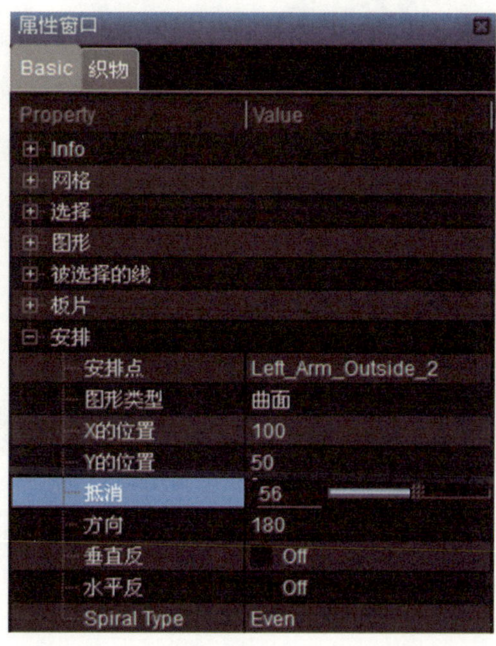

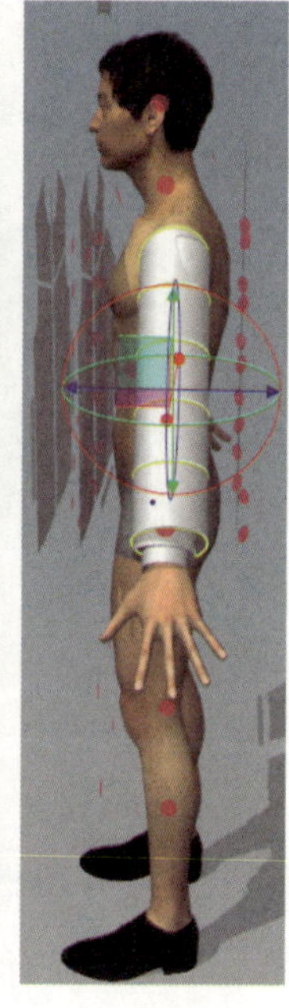

图4-150 安排袖子板片

（五）安排领片

单击领里，然后单击离虚拟化身较近的颈部安排点，将其安排在身体周围。单击领面，再单击离虚拟化身比较远的颈部安排点，将其安排在身体周围（图4-151）。

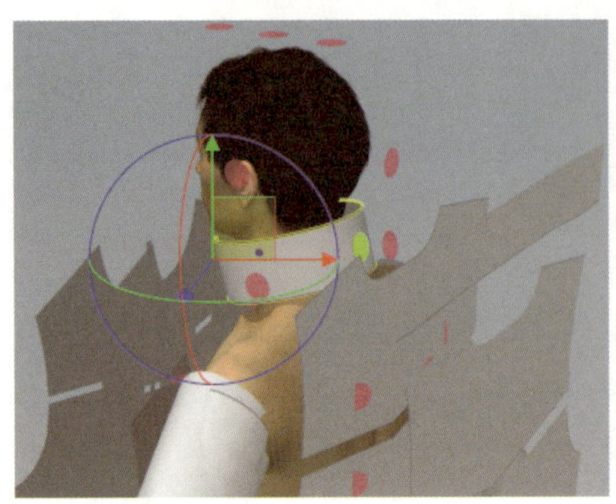
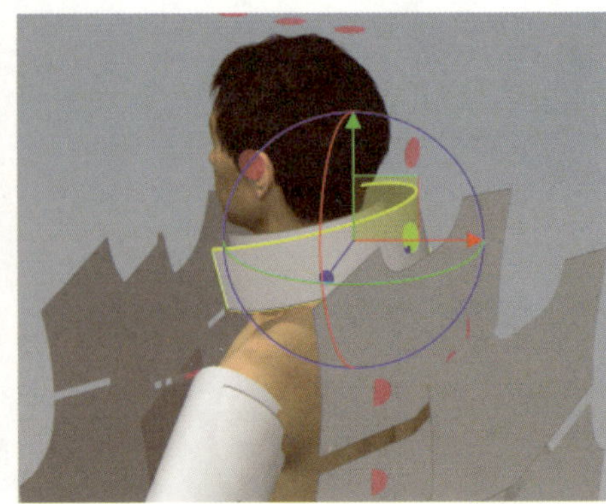

图4-151　安排领子板片

（六）转换为洞

在【板片窗口】按住【Shift】键，选中兜里和兜面的内部线，在内部线上单击右键选择【转换为洞】（图4-152）。

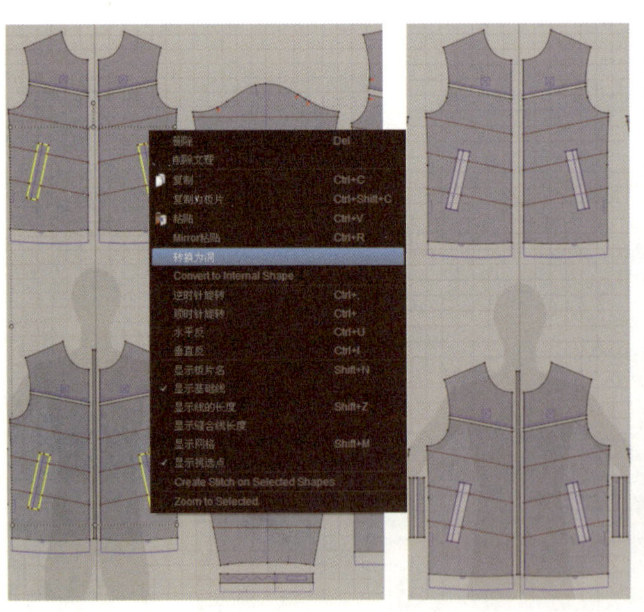

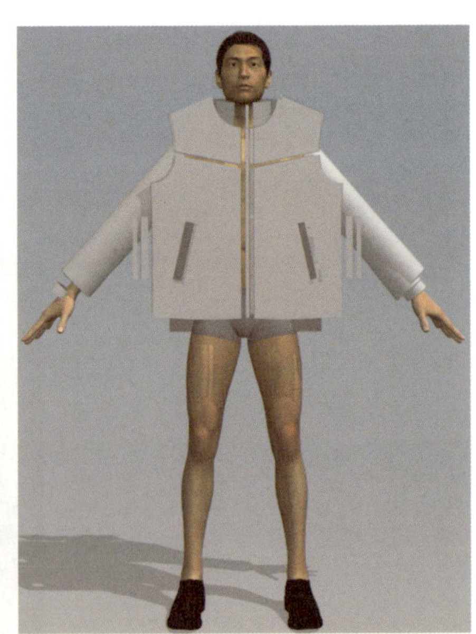

图4-152　【转换为洞】

（七）模拟

单击【模拟】工具，进行虚拟试穿（图4-153）。

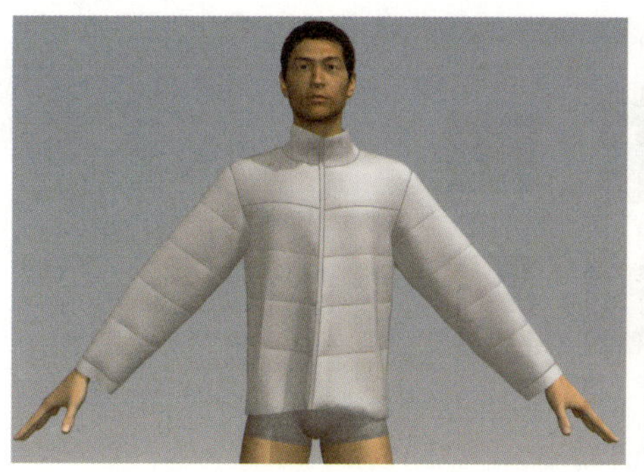

图4-153 模拟效果图

五、添加面料

（一）添加面料

选择【传输板片】工具，将除了门襟拉链和前后片上半部分以外的板片全部选中，单击【属性窗口】→【织物】→【属性】→【纹理】栏右侧按钮，在弹出的对话框中单击选择面料，然后为前后片的上半部分添加面料（图4-154）。

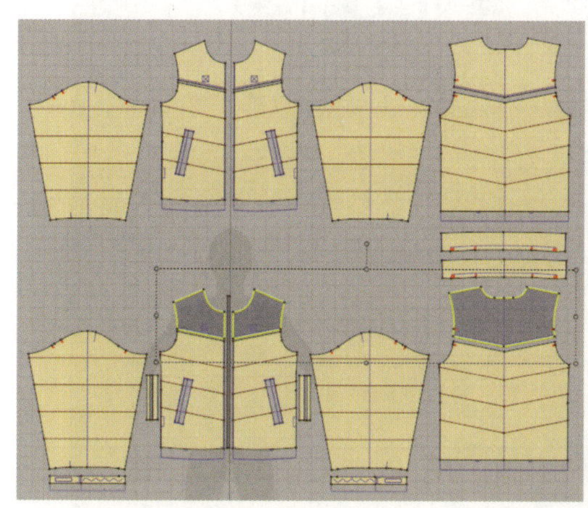
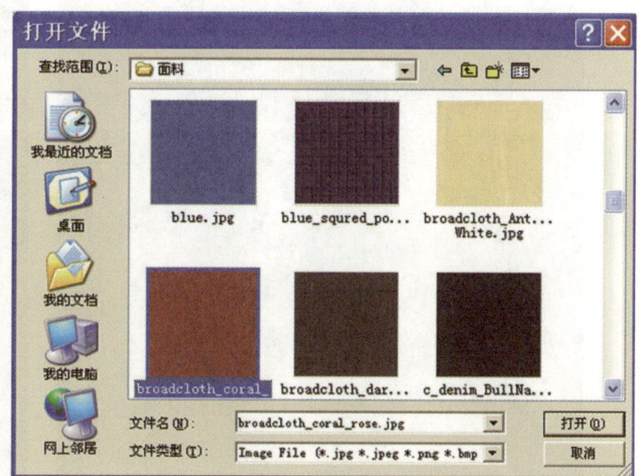

图4-154 添加面料

（二）添加拉链

选中拉链板片，添加拉链面料（图4-155）。

六、调整属性

（一）调整面料属性

选中除拉链以外的全部板片，在【属性窗口】→【织物】→【物理属性】→【预设】

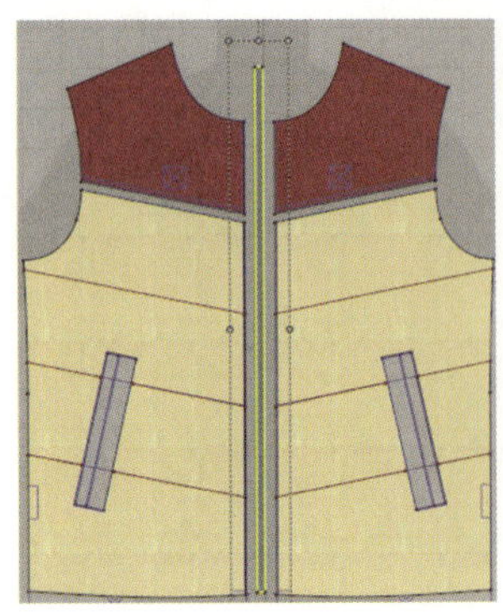

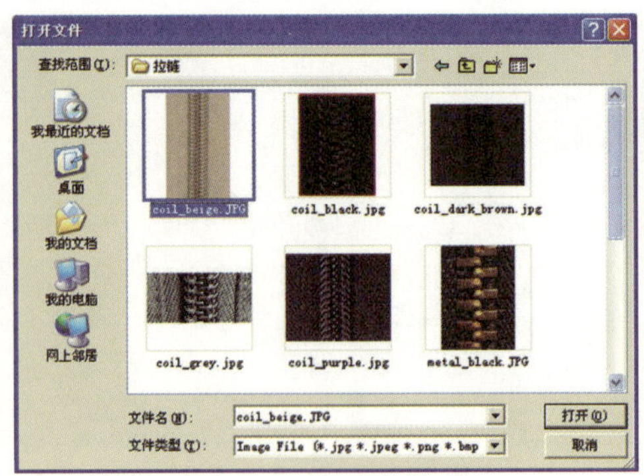

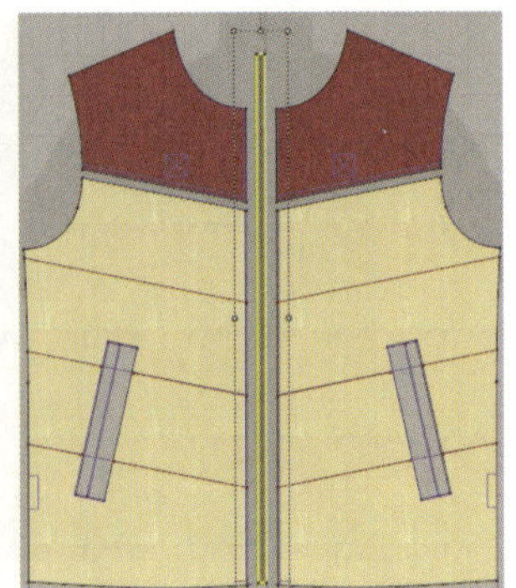

图4-155 添加拉链面料

中选择“R_Windbreaker_CLO_V1”，在【属性窗口】→【织物】→【物理属性】→【细节】下各栏中调整各值如下图，在【属性窗口】→【织物】→【其他属性】→【Thickness（Simulation）（mm）】栏调整值为“17”（图4-156）。

属性窗口

Basic 织物

Property	Value
属性	
物理属性	
预设	R_Windbreaker_CL...
读	
保存	
细节	
强度 - 纬线	49
Stiffnes...	320000
强度 - 曲线	49
Stiffnes...	320000
修剪	49
Stiffnes...	320000
Bending -...	16
	400
Bending -...	16
	400

Property	Value
Buckling R...	20
Length ...	0.20
Buckling St...	80
[0~1]	0.80
内部Dampi...	1
	0.000100
密度	27
(g/mm2)	0.000300
Friction Co...	3
[0~1]	0.03
压力	0
	0.00
其他属性	
收缩 - 纬线	1.00
收缩 - 曲线	1.00
Thickness ...	17.00
Thickness ...	1.00
层	0
打开	✓ On

图4-156 调整面料属性

（二）调整拉链属性

选中拉链所在板片，在【属性窗口】→【织物】→【物理属性】→【预设】中选择“S_Leather_Belt_CLO_V2”（图4-157）。

（三）最终虚拟试衣效果

最终虚拟试衣效果为图4-158。

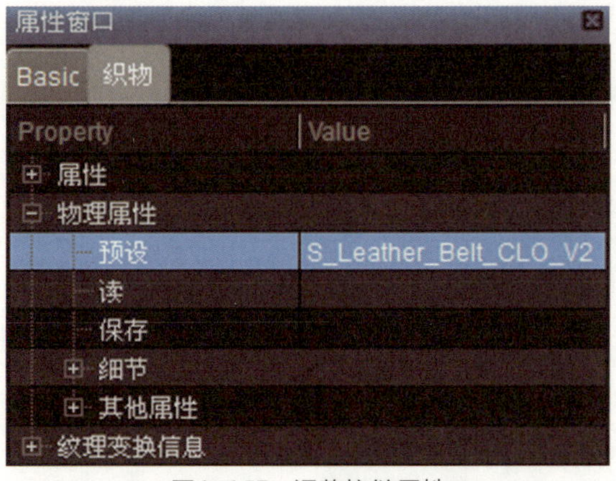

图4-157 调整拉链属性

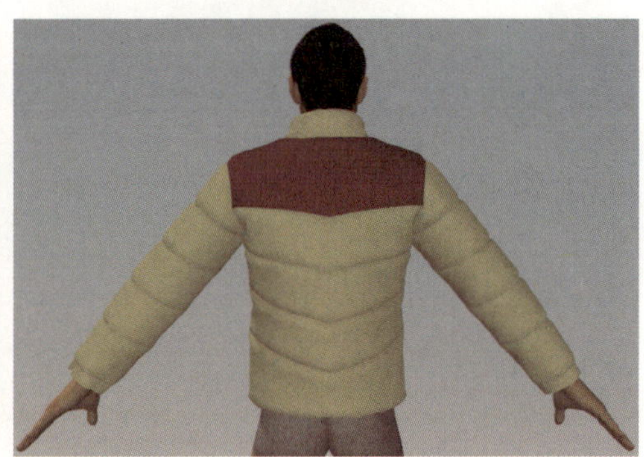

图4-158 最终虚拟试衣效果图

第八节 女西服

西服套装是现代女性在商务场合的重要着装。20世纪初，由外套和裙子组成的套装成为西方女性日常的4-24一般服饰，适合上班和日常穿着。女性套装比男性套装的面料更加轻柔，裁剪更加合身，以突出女性的身体美。1960年代开始出现搭配裤子的女性套装，但经过较长时间才被接受为上班穿着的职业装。目前，女性职业装的主要品类是女西服套装。本节介绍的女西服上衣属于比较流行的短款青果领西服，一粒扣，前片下半部分采取两层设计。其成品尺寸见表4-8，三维效果为图4-159。

表4-8 女西服的成品尺寸 （单位：cm）

号型	后衣长	胸围	肩宽	腰围	袖长
170/84A	51	90	38	72	58

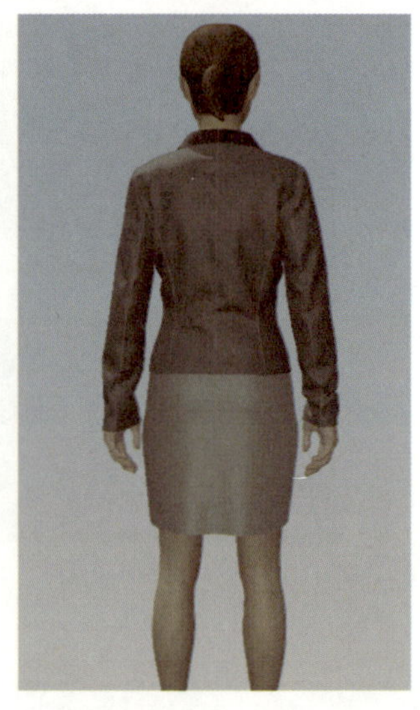

图4-159 三维效果图

一、准备工作

在主菜单中选择【文件】→【导入】→【DXF】→【打开】，导入青果领女西服的DXF文件（图4-160）。

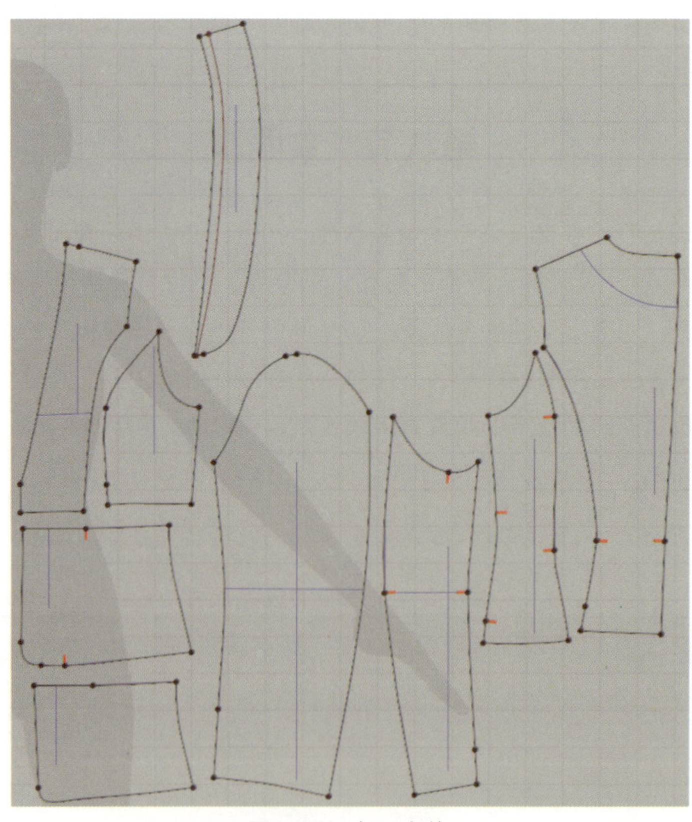

图4-160 打开文件

二、缝合板片

（一）缝合前片

选择【自由缝纫】工具，缝合前片和前侧上片，再按住【Shift】键缝合前侧里片与前片和前侧上片，然后缝合前侧里片和前侧外片（图4-161）。

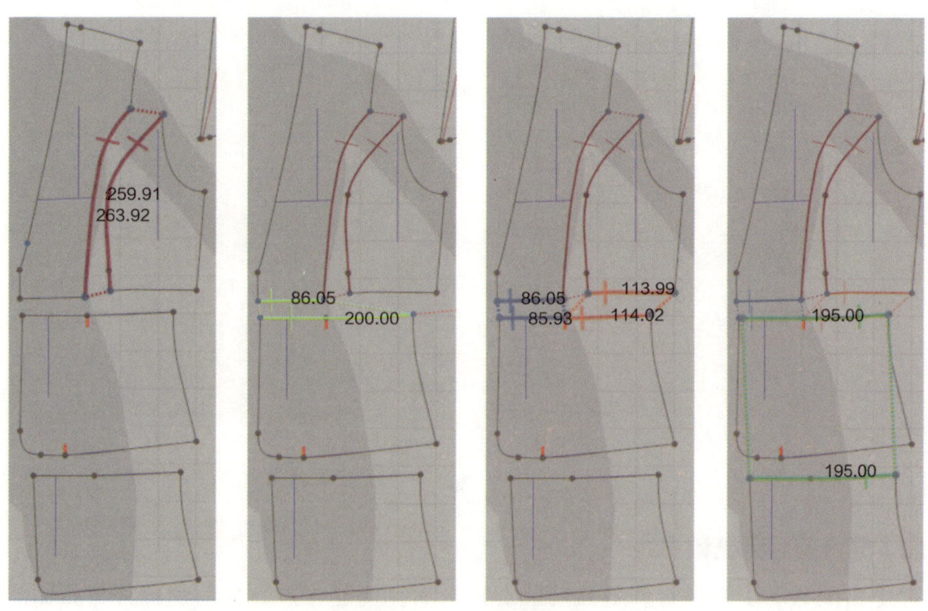

图4-161 缝合前片

（二）缝合后片

选择【自由缝纫】工具，缝合后片与后侧片（图4-162）。

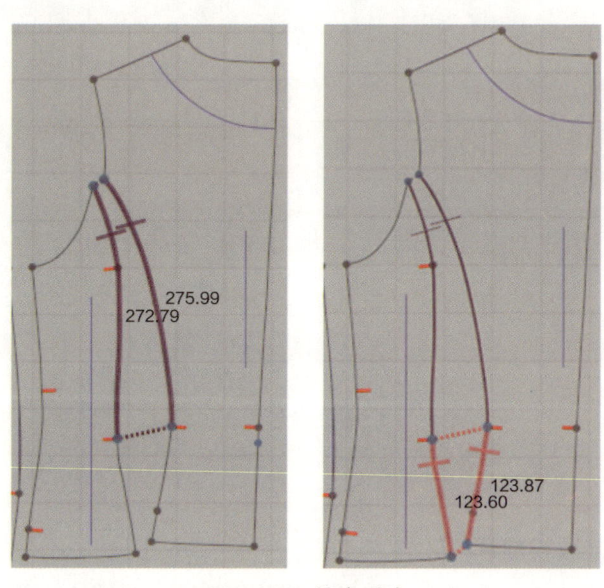

图4-162 缝合后片

（三）缝合袖片

选择【自由缝纫】工具，缝合大袖和小袖的袖侧缝（图4–163）。

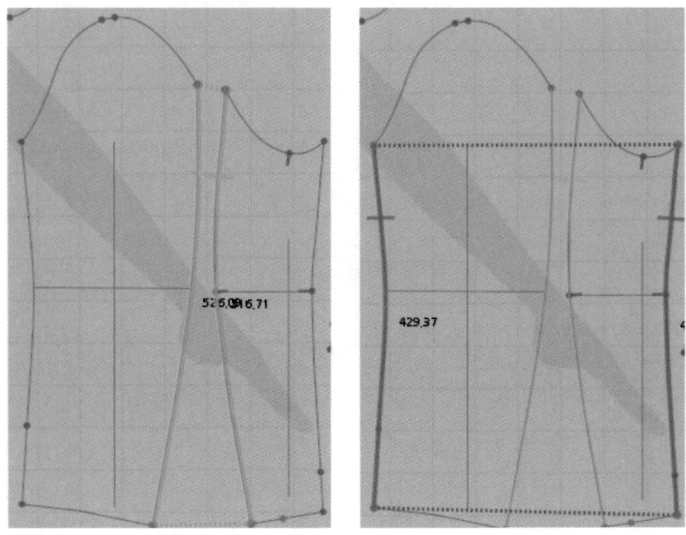

图4–163 缝合袖片

（四）缝合前后侧缝和肩线

选择【自由缝纫】工具，先缝合前侧上片与后侧侧缝，再缝合前侧里片与后侧侧缝（图4–164（a）），然后缝合前侧外片与后侧侧缝，最后缝合前后肩线（图4–164（b））。

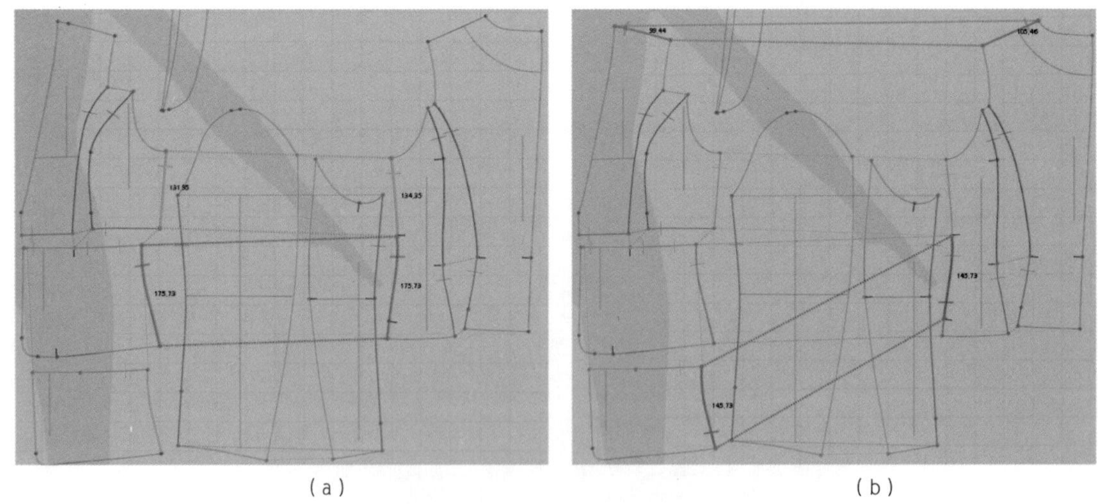

（a） （b）

图4–164 缝合前后侧缝和肩线

（五）缝合前后袖窿与袖片

选择【自由缝纫】工具，先缝合小袖与前侧上片袖窿，再缝合大袖与前侧上片袖窿（图

4-165（a））。继续缝合大袖与前片袖窿，再缝合小袖与后侧片袖窿，然后缝合大袖与后侧袖窿，最后缝合大袖与后片袖窿（图4-165（b））。

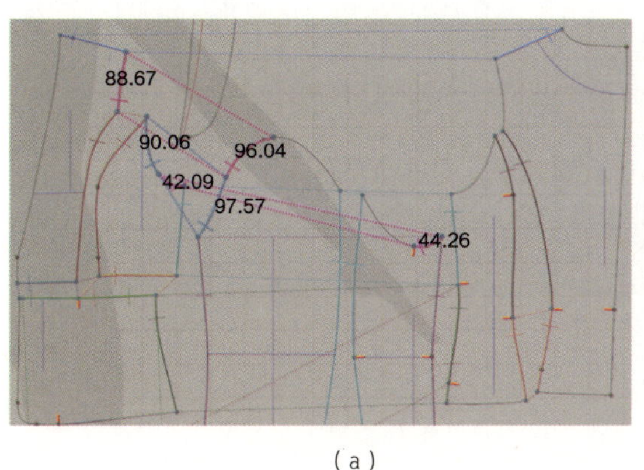

（a）

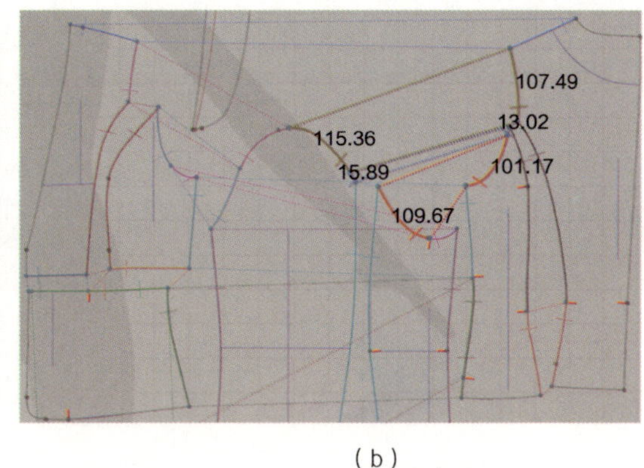

（b）

图4-165 缝合前后袖窿和袖片

（六）缝合青果领

选择【自由缝纫】工具，按住【Shift】键，先缝合青果领和前领弧线，再缝合青果领和后领弧线（图4-166）。

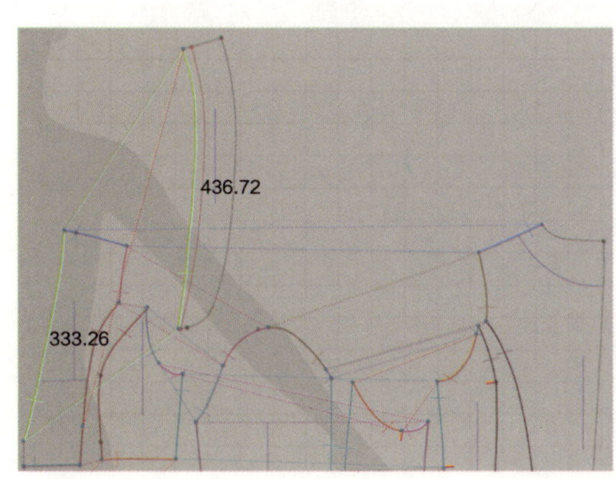

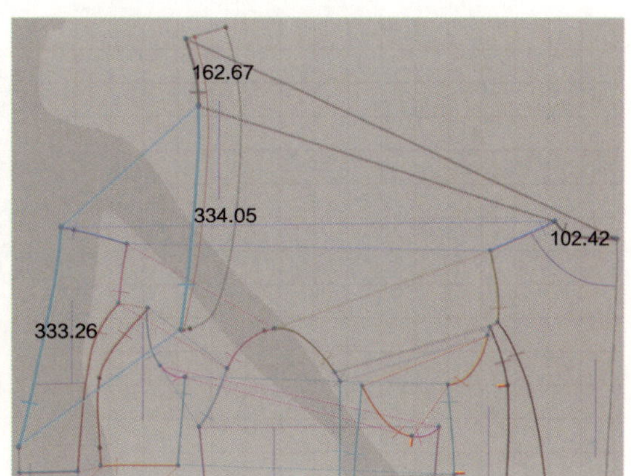

图4-166 缝合青果领

（七）复制对称板片

选择【传输板片】工具，在【板片窗口】按【Ctrl】+【A】选中所有板片，再按【Ctrl】+【C】复制，【Ctrl】+【R】对称粘贴，粘贴时按住【Shift】键水平移动，然后单击鼠标左键放置板片，再将后片与后侧片移动到窗口左边（图4-167）。

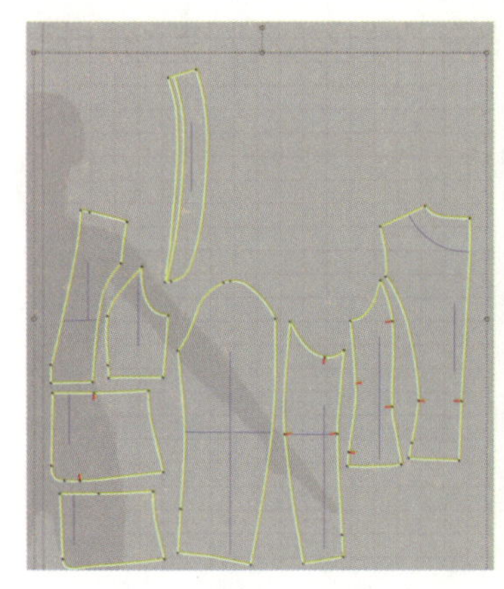
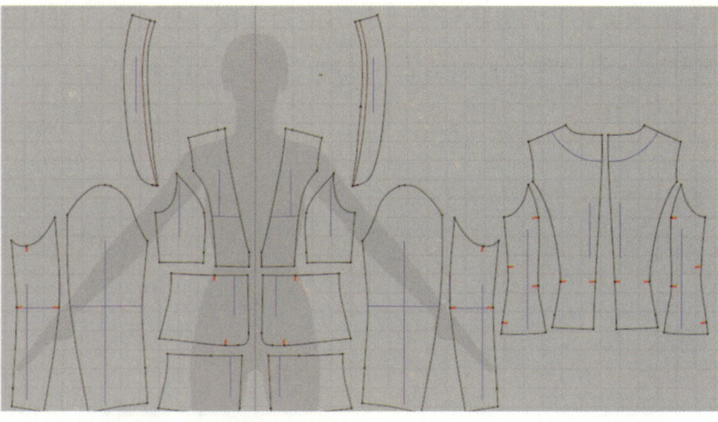

图4-167　复制并粘贴对称板片

（八）缝合剩余板片

选择【自由缝纫】工具，先将两个后片缝合，再将两个前片缝合（图4-168）。

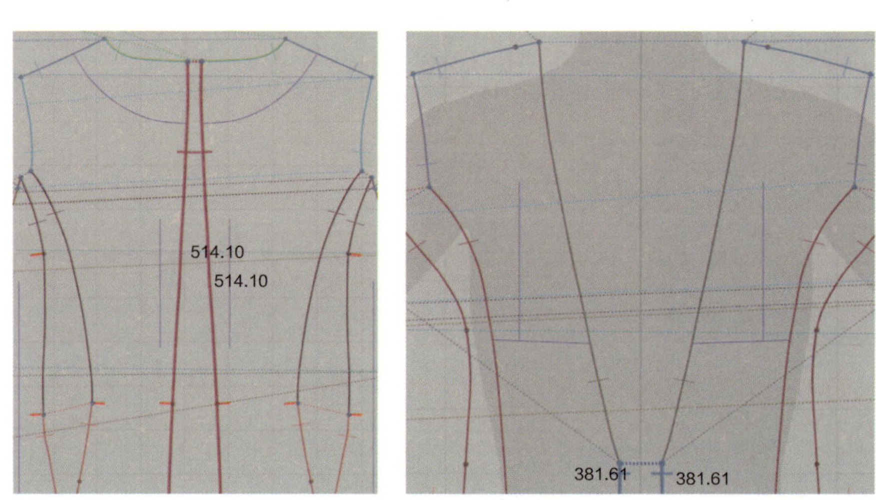

图4-168　缝合剩余板片

三、虚拟试衣

（一）同步显示

单击【同步】工具，【板片窗口】的所有板片都将同步显示到【虚拟化身窗口】中（图4-169）。

（二）调整后片位置

选择【传输板片】工具，在【板片窗口】选择所有后片。在【虚拟化身窗口】中按住黄色方框，将后片移动到虚拟化身前方；再按住蓝色坐标轴向后拖拽，将板片移动到虚拟化身身后。然后在黄色方框上单击右键，选择【水平反】（图4-170）。

图4-169　同步显示

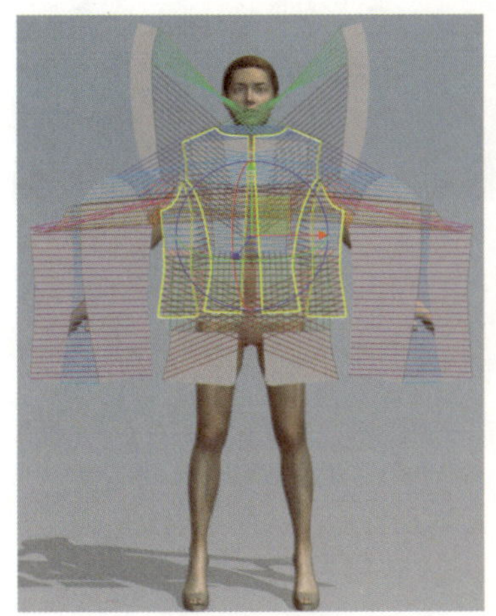
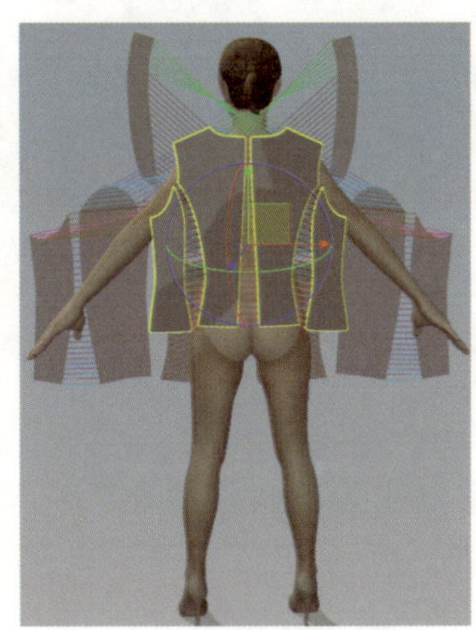
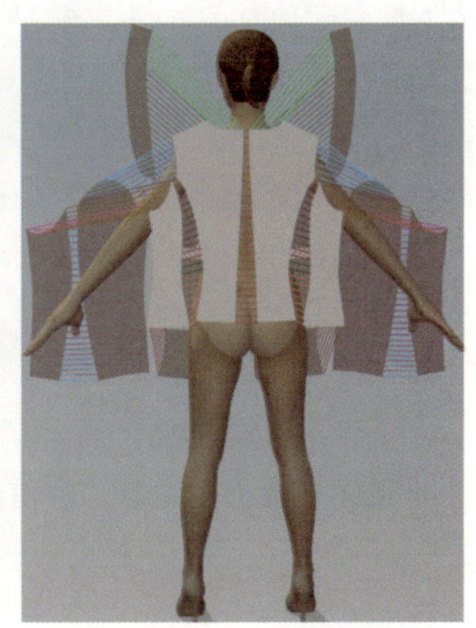

图4-170　调整后片位置

（三）移动前侧外片

在【虚拟化身窗口】中，单击选择右前侧外片，按住黄色方框，将其移动到前侧里片的前方位置处，并用同样的方法处理左前侧外片（图4-171）。

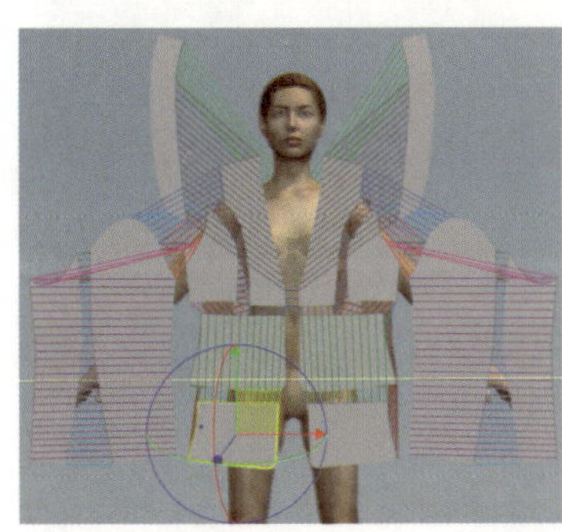
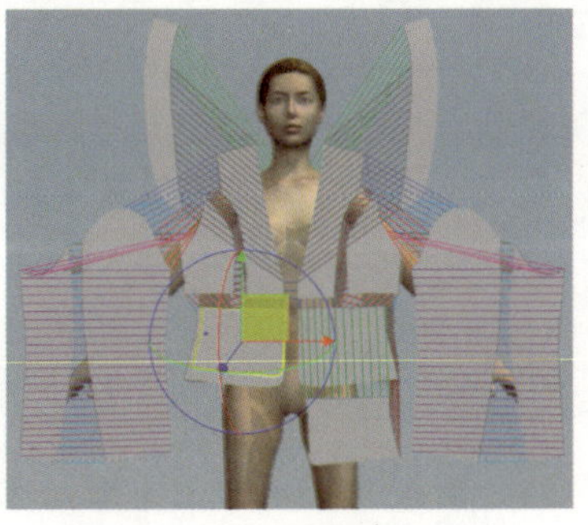
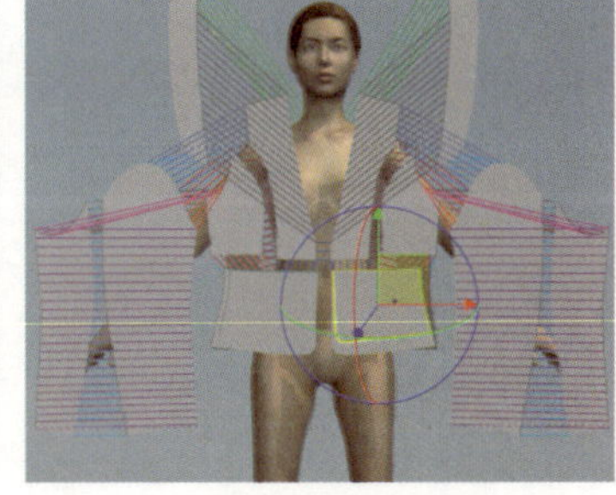

图4-171　移动前侧外片

（四）调整大小袖片与青果领位置

单击【显示安排点】，在虚拟化身周边显示安排点。单击大袖袖片和安排点，安排大袖袖片。单击小袖袖片，选择胳膊下方的安排点，安排小袖袖片。再将另外一对大小袖片按同样做法安排，然后单击青果领，移动青果领使其处于衣片的前方（图4-172）。

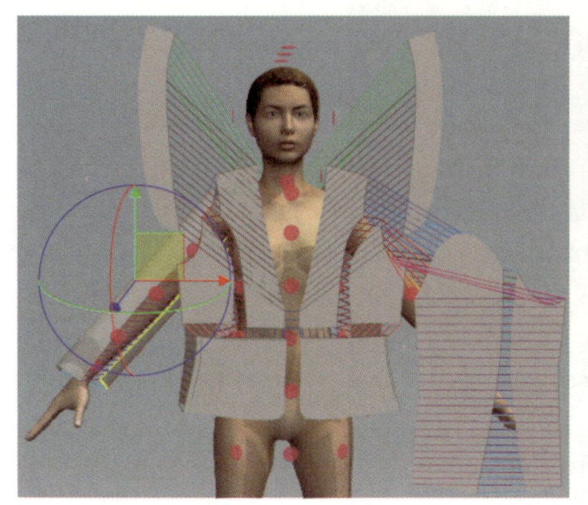

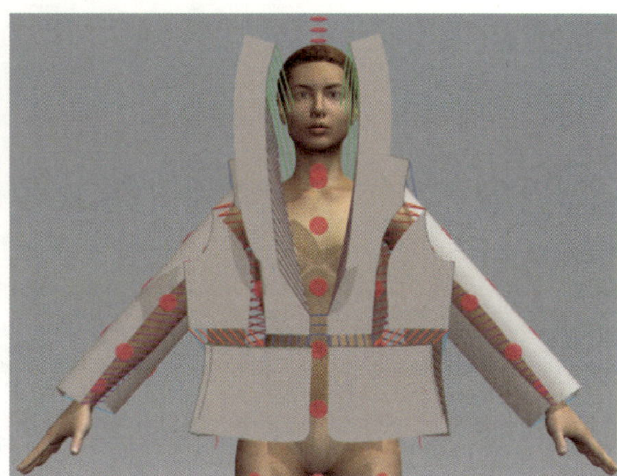

图4-172　调整袖片及青果领位置

（五）虚拟试衣

单击【模拟】工具，进行虚拟试衣（图4-173）。

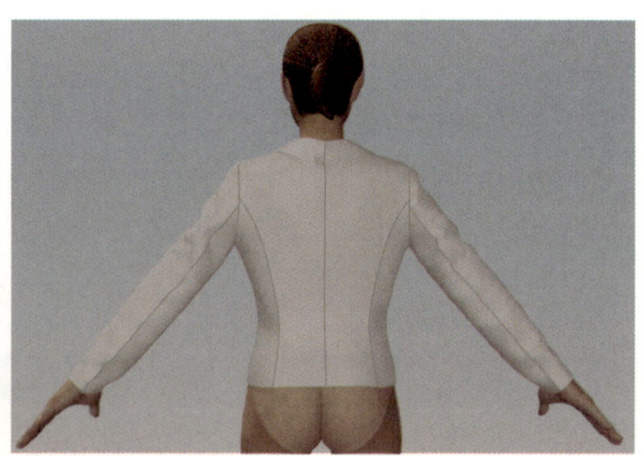

图4-173　虚拟试衣效果

（六）缝合青果领

选择【线缝纫】工具，缝合两片青果领，再单击【模拟】工具虚拟试衣（图4-174）。

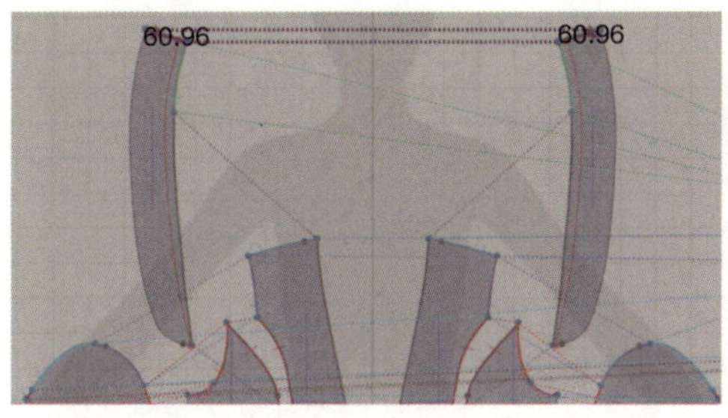

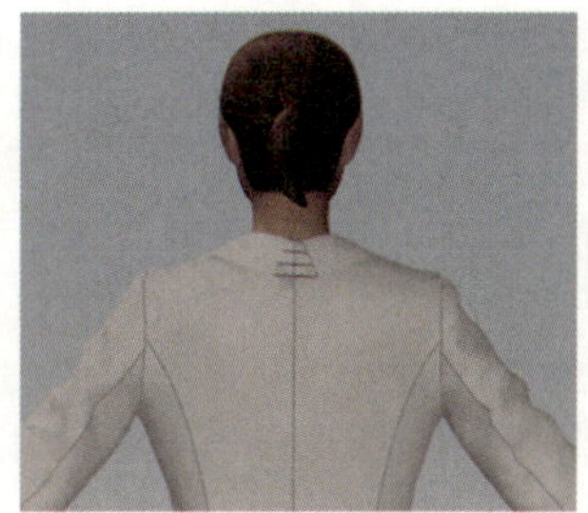
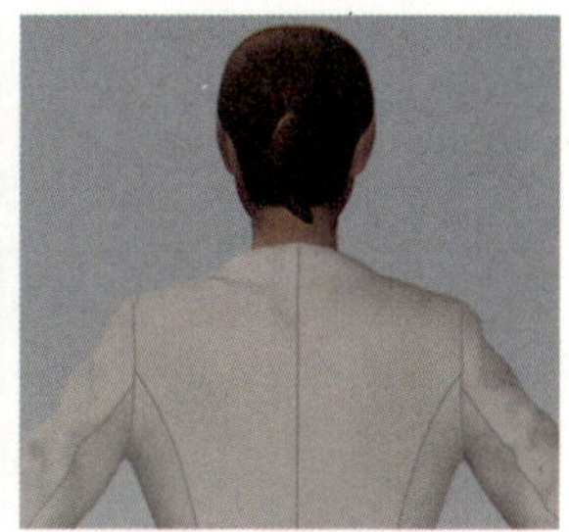

图4-174 缝合青果领

四、添加面料

（一）添加面料

在【板片窗口】按【Ctrl】+【A】选择所有板片，单击【属性窗口】→【织物】→【属性】→【纹理】栏右侧按钮，在弹出的【打开文件】对话框中选择要添加的面料（图4-175）。

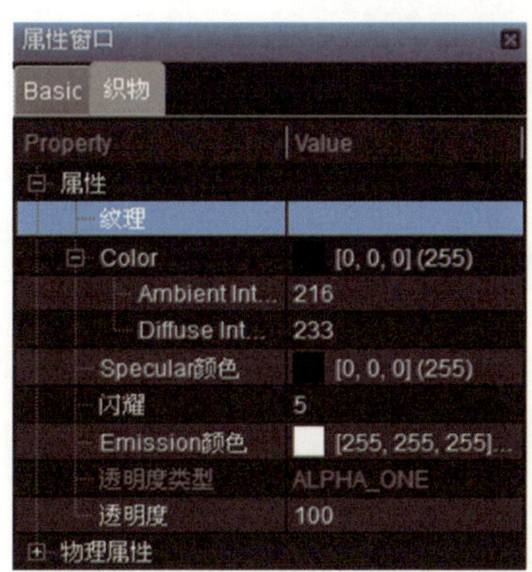

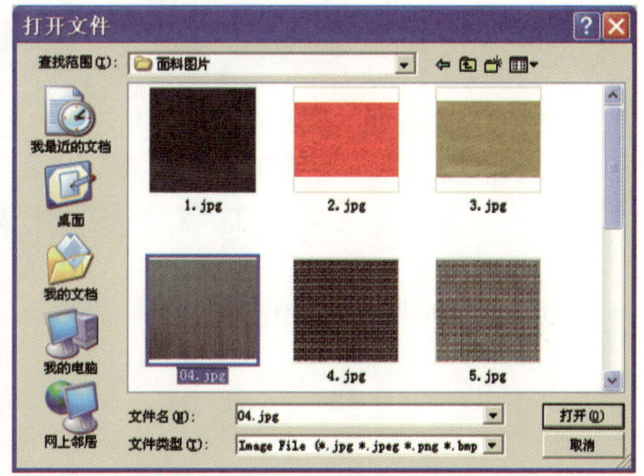

图4-175 添加面料

（二）修改属性

在【板片窗口】按【Ctrl】+【A】选中所有板片，选择【编辑纹理】工具并在板片上单击，在黄色圆的45度角位置处按住拖拽，以修改纹理。在【属性窗口】→【织物】→【物理属性】→【预设】栏里选择“R_Gabardine_CLO_V1”（图4-176）。

（三）虚拟试衣

将【粒子距离】调整为“5”后，在【虚拟化身窗口】中单击【模拟】工具，进行最终试衣（图4-177）。设计师可以单击【文件】→打开→【样子】，选择图4-177中的姿式。

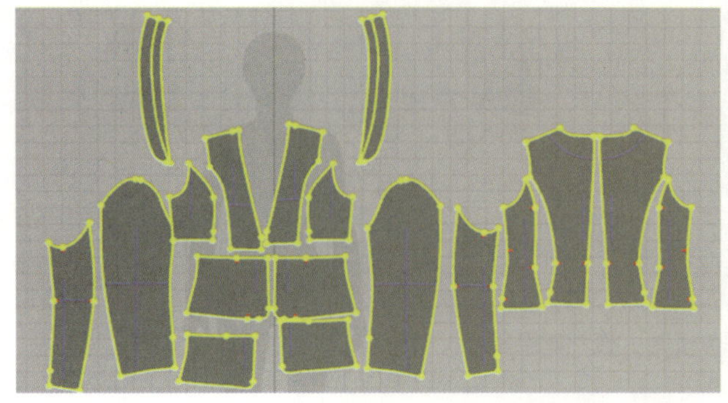
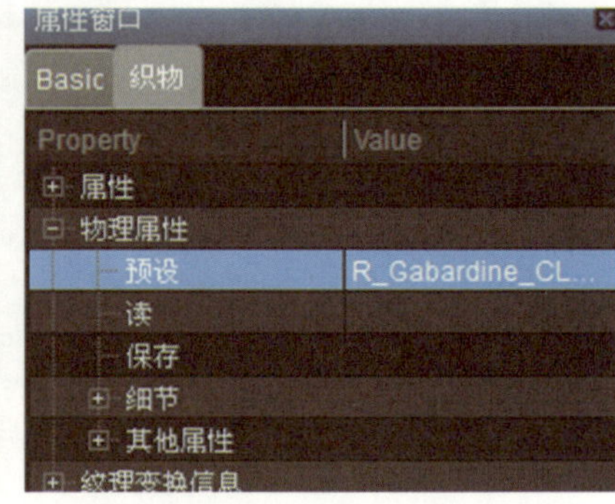

图4-176　修改属性

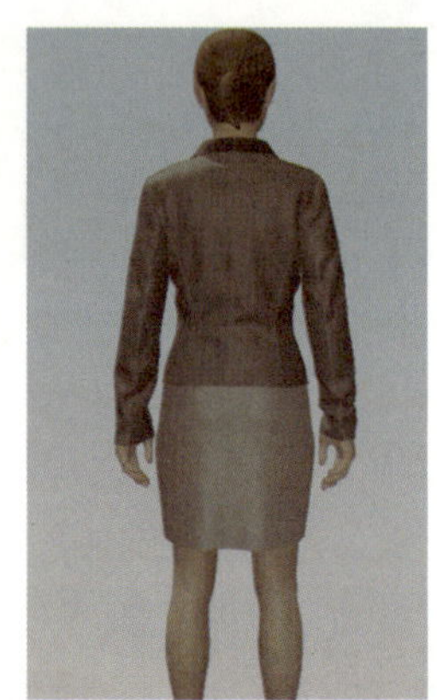

图4-177　最终虚拟试衣效果图

第九节　多层服装组合

一、衬衫与牛仔裤的组合1

第一种组合方法是将衬衫放在牛仔裤的外边，三维效果如下（图4-178）。

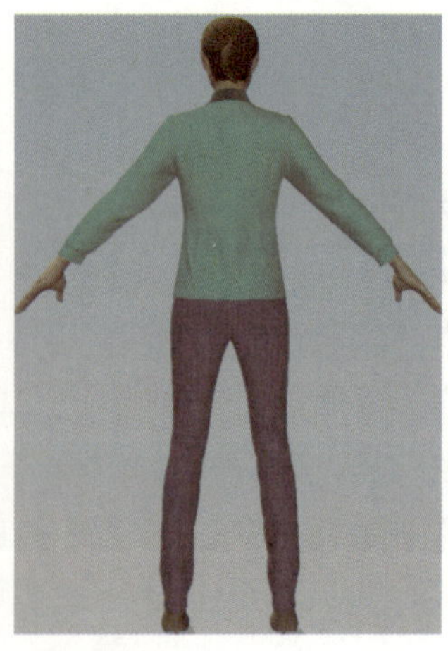

图4-178　三维效果图

（一）打开文件

单击主菜单中的【文件】，选择【打开】→【服装】，打开“女衬衫”文件后，单击【同步】工具，显示文件（图4-179）。

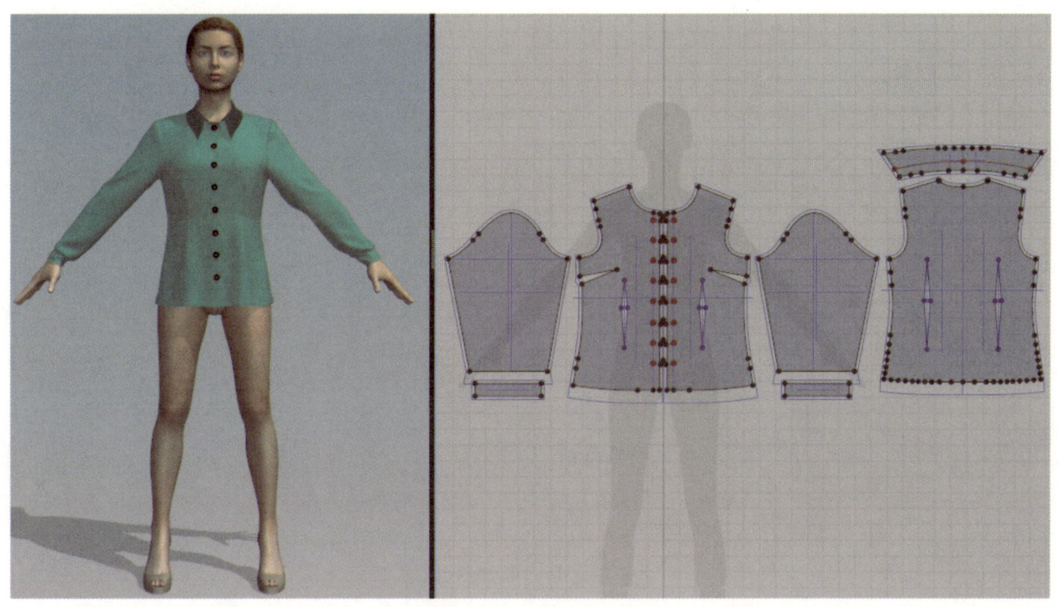

图4-179 打开文件

（二）移动衬衫

在菜单栏选择【窗口】→【虚拟化身大小控制器】，打开【虚拟化身尺寸】窗口，将【Height】（身高）改成“180”。在【板片窗口】按【Ctrl】+【A】选中所有板片，再在【虚拟化身窗口】按住黄色方框向上拖动，然后单击【模拟】工具虚拟试衣（图4-180）。

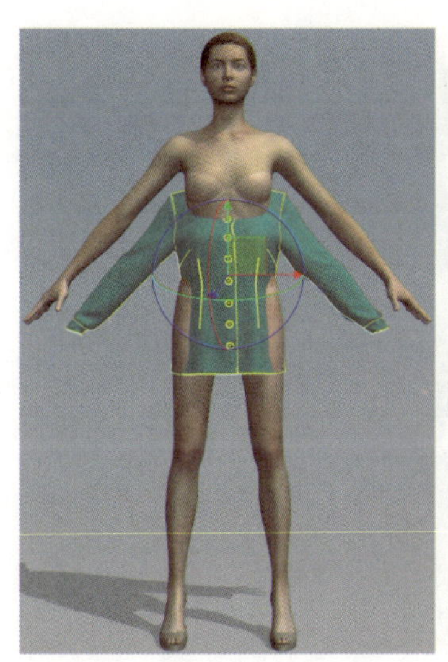
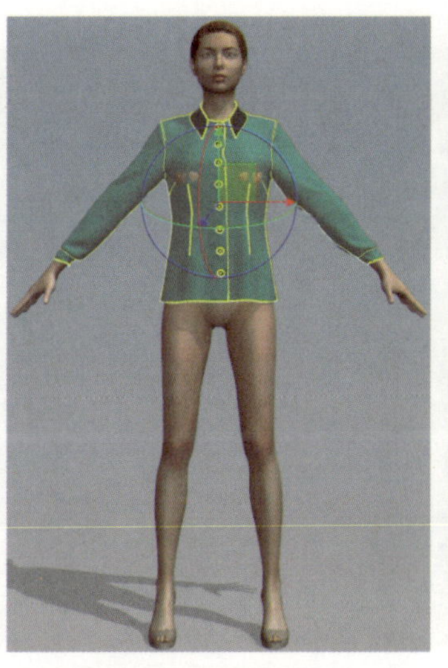
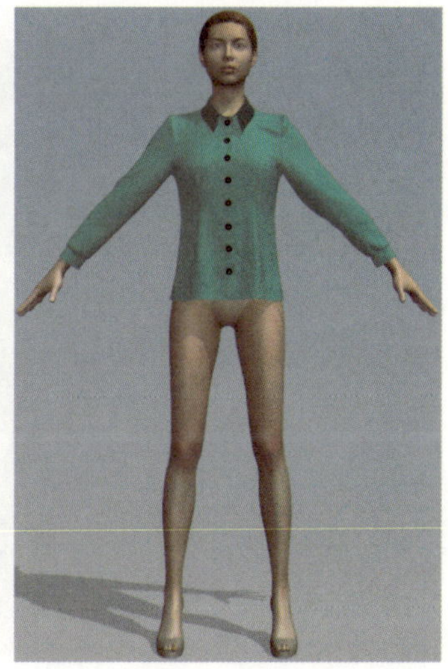

图4-180 移动衬衫

（三）添加服装

单击主菜单中的【文件】→【打开】→【添加服装】（图4-181），打开“牛仔裤”文件（图4-181）。

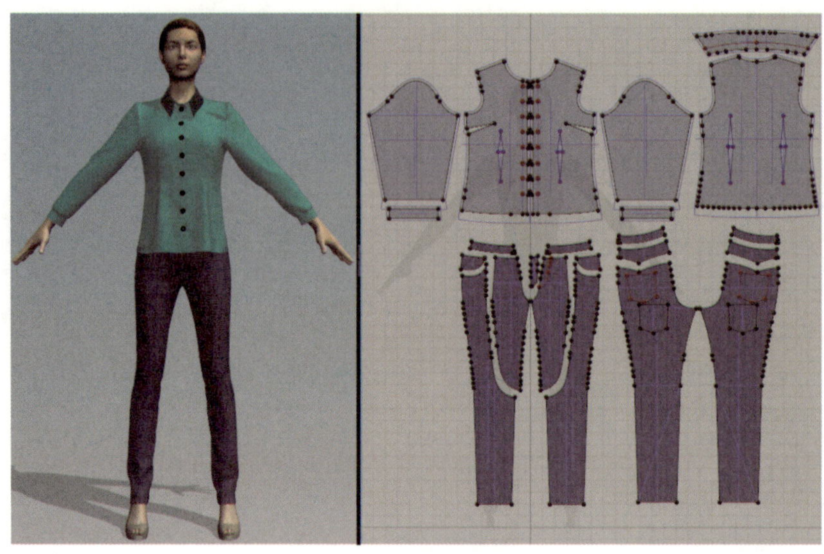

图4-181　添加服装

（四）修改层属性

选择【传输板片】工具，在【板片窗口】框选衬衫的所有板片，在【属性窗口】→【织物】→【物理属性】→【其他属性】→【层】栏里修改数值为“1”，并确定裤子的所有板片的层数值为“0”。

（五）虚拟试衣

单击【模拟】工具，最终效果如下（图4-182）。

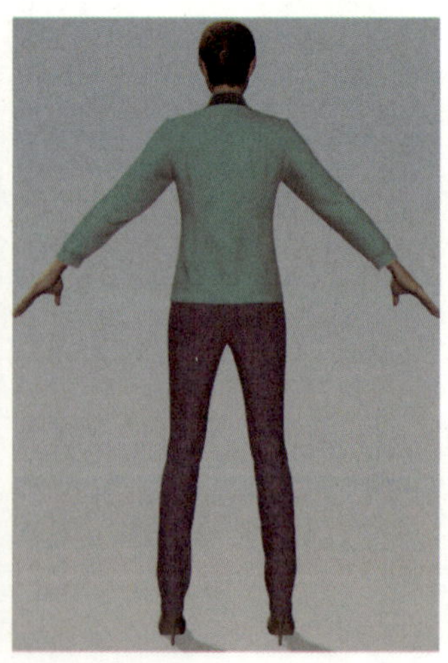

图4-182　最终虚拟试衣效果图

二、衬衫与牛仔裤的组合2

第二种组合方法是将衬衫放进裤子里边，三维效果如下（图4-183）。这种组合方法可以直接由第一种组合修改而成。

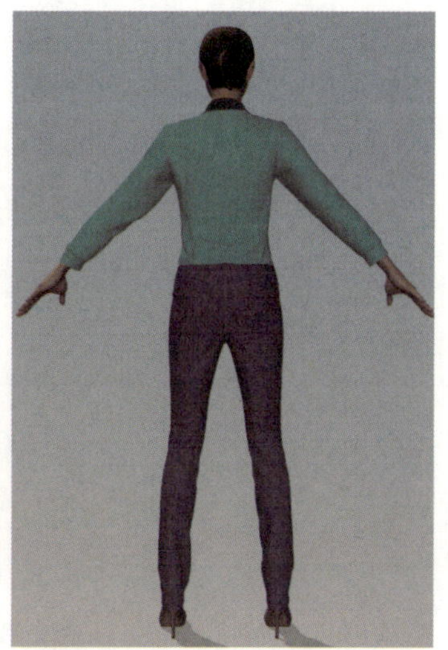

图4-183　三维效果图

（一）修改属性

在【板片窗口】选中全部衬衫板片，在【属性窗口】→【织物】→【物理属性】→【其他属性】→【收缩纬线】栏里将数值改为“0.8”，然后单击【模拟】工具，模拟效果见图4-184。

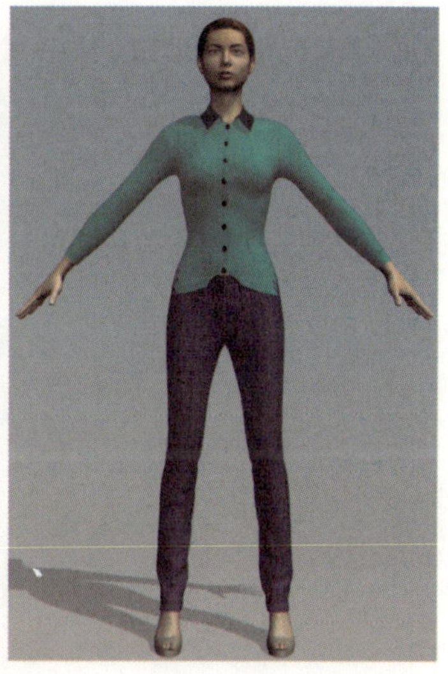

图4-184　修改属性

（二）修改牛仔裤属性

选择【传输板片】工具，在【板片窗口】拖拽选中所有的牛仔裤板片，然后在【属性窗口】→【织物】→【物理属性】→【其他属性】→【层】栏里将数值改为“1”，再单击【模拟】工具进行模拟（图4-185）。

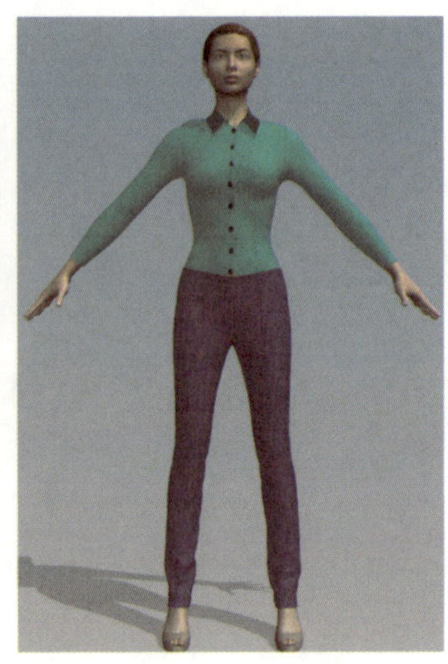

图4-185 修改牛仔裤属性

（三）修改属性

在【板片窗口】按【Ctrl】+【A】选中所有板片，在【属性窗口】→【织物】→【物理属性】→【其他属性】→【层】栏里将数值改为“0”，再在【属性窗口】→【织物】→【物理属性】→【其他属性】→【收缩纬线】栏里将数值改为“1”。

（四）虚拟试衣

将【粒子距离】调整为“10”，单击【模拟】工具，进行最终虚拟试衣（图4-186）。

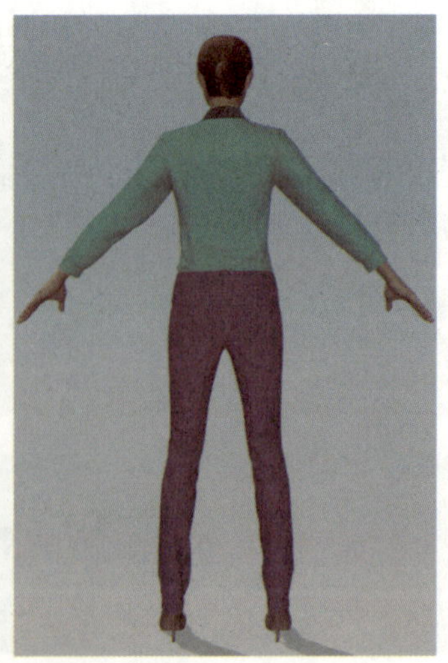

图4-186 最终虚拟试衣效果图

三、衬衫、牛仔裤和西服的组合1

第一种组合方法是将西服穿在衬衫和牛仔裤的组合上，其中衬衫位于牛仔裤之外（图4-187）。

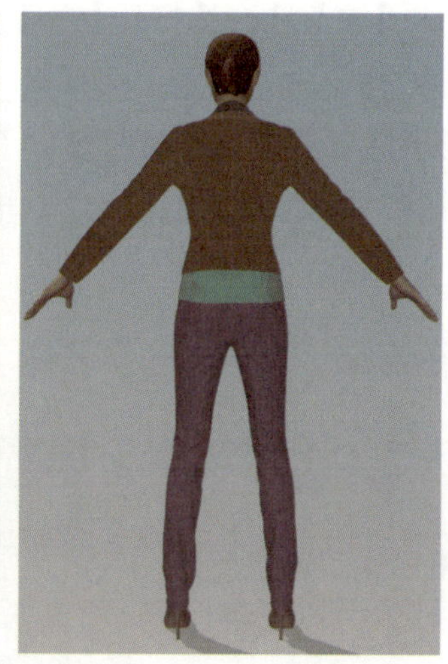

图4-187 三维效果图

（一）打开文件

单击主菜单中的【文件】，选择【打开】→【服装】，打开“女衬衫与牛仔裤组合服装”文件后，单击【同步】工具同步板片，并将板片移动到合适位置（图4-188）。

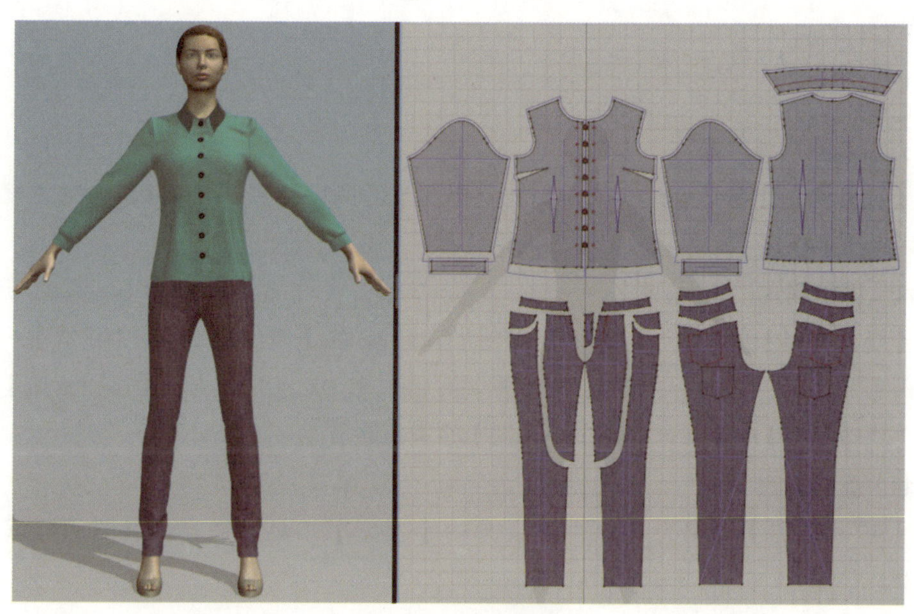

图4-188 打开文件

（二）修改属性

选择【传输板片】工具，在【虚拟化身窗口】中框选所有“女衬衫”板片，再在【属性窗口】→【织物】→【物理属性】→【其他属性】→【收缩纬线】栏里将数值改为“0.8”，然后单击【模拟】工具进行模拟。

（三）添加服装

单击主菜单中的【文件】→【打开】→【添加服装】，将“女西服”文件打开。

（四）调整层

选择【传输板片】工具，在【板片窗口】中按住鼠标左键框选所有西服板片，在【属性窗口】→【织物】→【物理属性】→【其他属性】→【层】栏里将数值改为“1”（图4-189）。

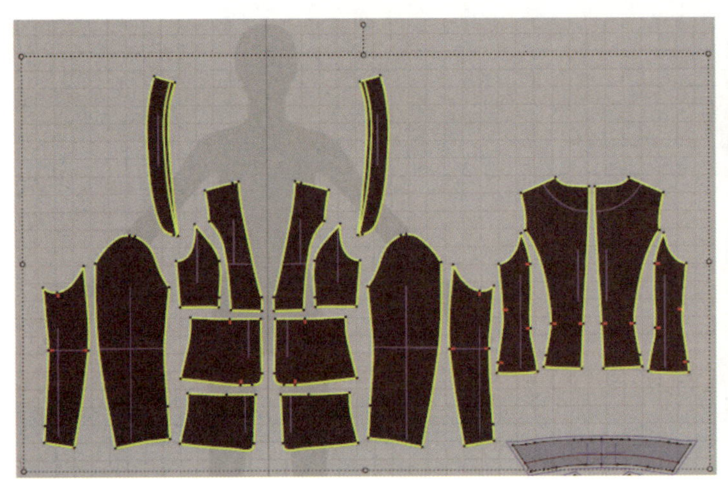

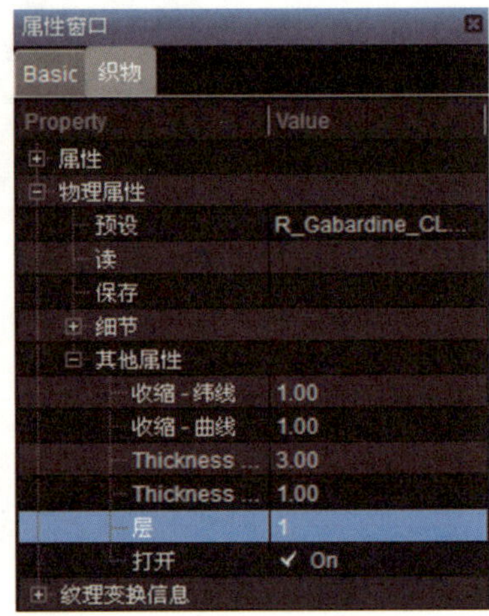

图4-189 调整层

（五）调整西服位置

在【板片窗口】中选中所有西服板片，再在【虚拟化身窗口】中按住黄色方框进行拖拽，然后单击【模拟】工具，虚拟试衣效果见图4-190。

（六）调整属性

在【板片窗口】按【Ctrl】+【A】选中所有板片，在【属性窗口】→【织物】→【物理属性】→【其他属性】→【收缩纬线】栏里将数值改为“1.00”，再在【属性窗口】→【织物】→【物理属性】→【其他属性】→【层】栏里将数值改为“0”。

（七）虚拟试衣

将【粒子距离】调整为“10”后，单击【模拟】工具，进行最终的虚拟试衣（图4-191）。

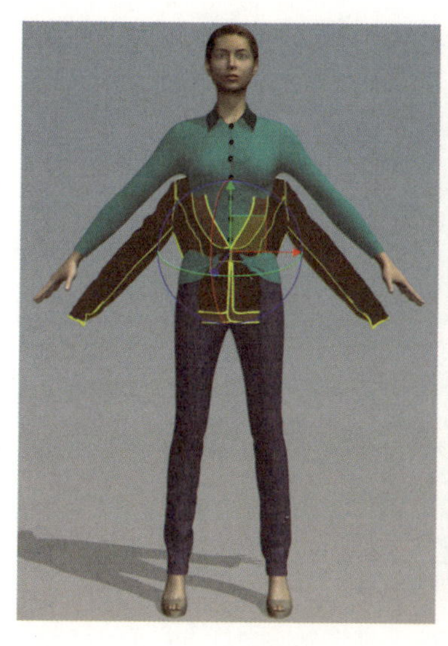

图4-190　调整西服位置

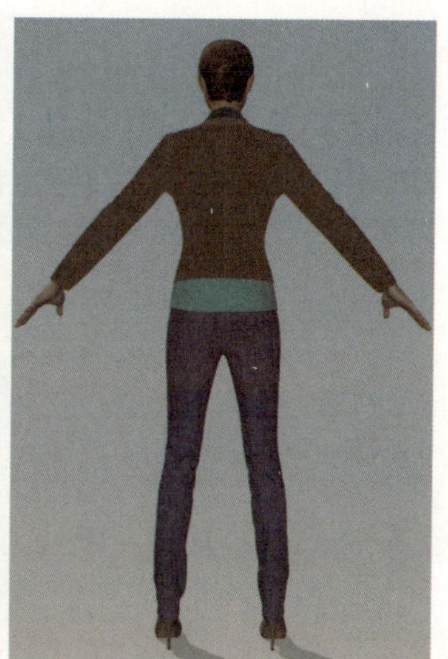

图4-191　最终虚拟试衣效果图

四、衬衫、牛仔裤和西服的组合2

第二种组合方法是将西服穿在衬衫外面，而将衬衫穿在牛仔裤里面的组合（图4-192）。该组合方法可直接在第一种方法制作的文件中修改而得。

（一）修改属性

选择【传输板片】工具，在【虚拟化身窗口】中框选所有“女衬衫”的板片，再在【属性窗口】→【织物】→【物理属性】→【其他属性】→【收缩纬线】栏里将数值改为“0.8”，然后单击【模拟】工具进行模拟。

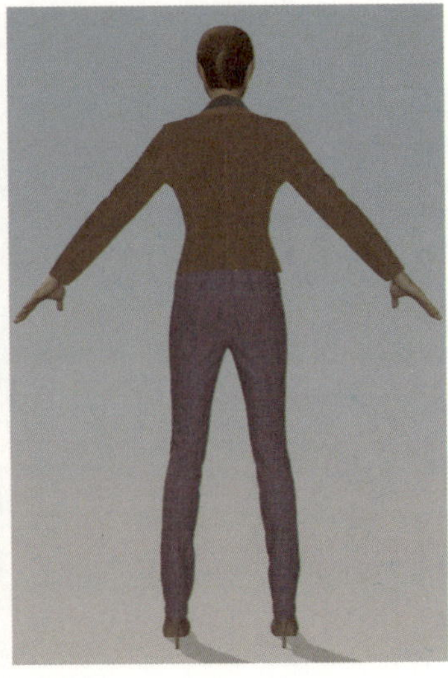

图4-192　三维效果图

（二）调整层

选择【传输板片】工具，在【板片窗口】中框选所有西服板片，在【属性窗口】→【织物】→【物理属性】→【其他属性】→【层】栏里将数值改为“1”（图4-193）。

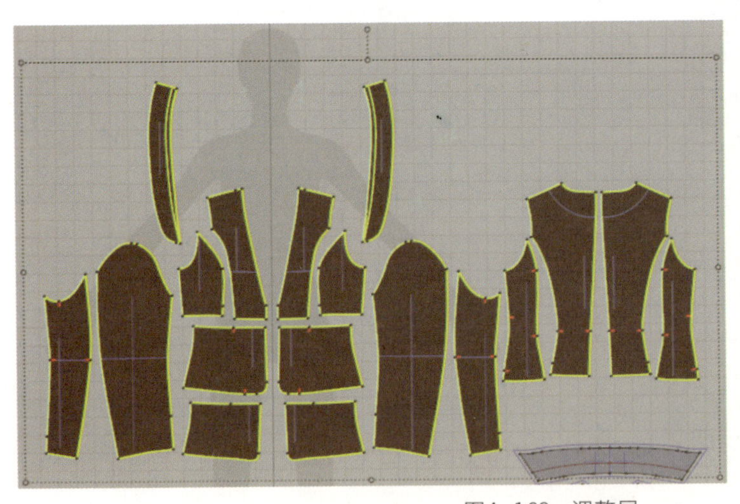

图4-193　调整层

（三）调整牛仔裤层

选择【传输板片】工具，在【板片窗口】中框选所有牛仔裤的板片，在【属性窗口】→【织物】→【物理属性】→【其他属性】→【层】栏里将数值改为“1”。再选择【传输板片】工具，在【板片窗口】中框选所有女衬衫板片，在【属性窗口】→【织物】→【物理属性】→【其他属性】→【收缩纬线】栏里将数值改为“1.00”，然后再单击【模拟】工具进行模拟。在【板片窗口】按【Ctrl】+【A】选中所有板片，在【属性窗口】→【织物】→【物理属性】→【其他属性】→【层】栏里将数值改为“0”。

（四）虚拟试衣

单击【模拟】工具，模拟最终试衣效果（图4-194）。

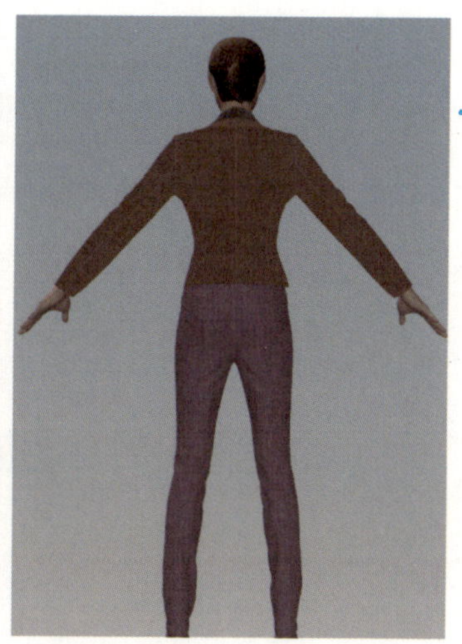

图4-194　最终虚拟试衣效果图

第五章　细部制作与款式设计

第四章介绍了9个实例，但有些实例的制作效果并不细腻，距离企业使用所需的效果还有差距。本章将从纽扣、袖克夫和缝迹线入手，对第四章中的实例进行完善，同时介绍三维虚拟款式设计。

第一节　纽扣及领子

一、准备工作

在主菜单中选择【文件】→【打开】→【服装】，打开第四章第一节制作的女衬衫文件，选择【编辑板片】工具选中门襟内部线并将其删除，再单击【同步】工具（图5-1）。

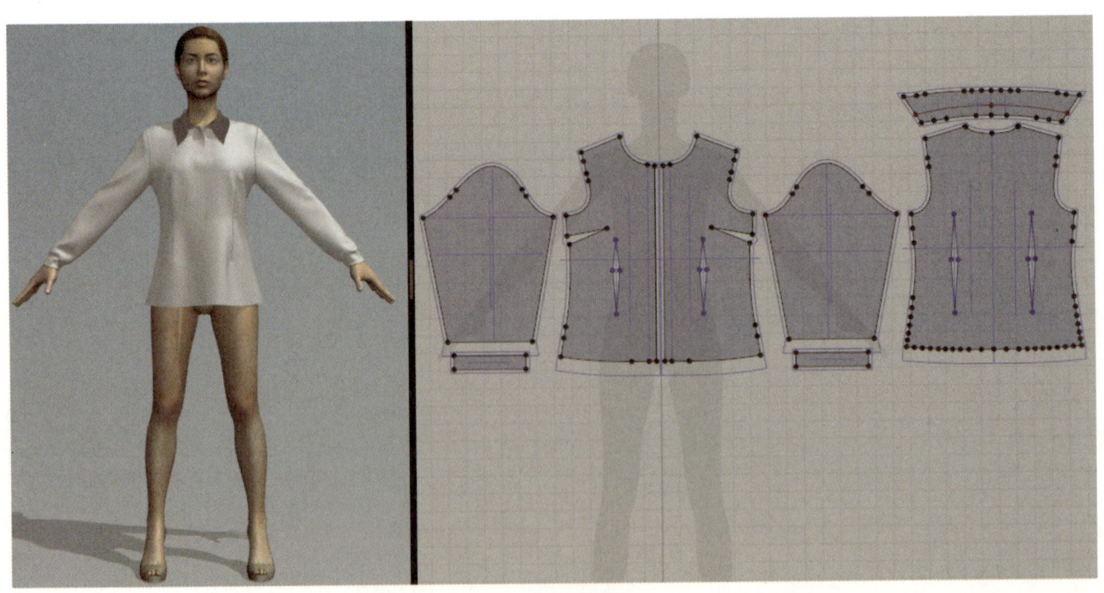

图5-1　打开文件

二、制作内部圆

（一）绘制内部圆

选择【创造内部圆】工具在衬衫门襟位置处单击，在弹出的对话框中输入【圆半径】为“2” mm，单击【OK】，从而生成内部圆（图5-2）。

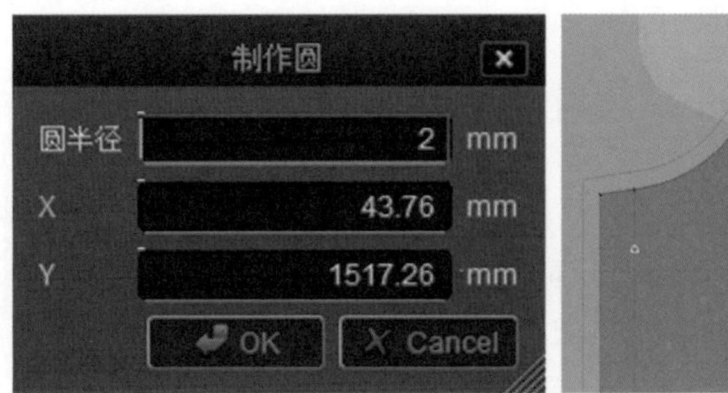

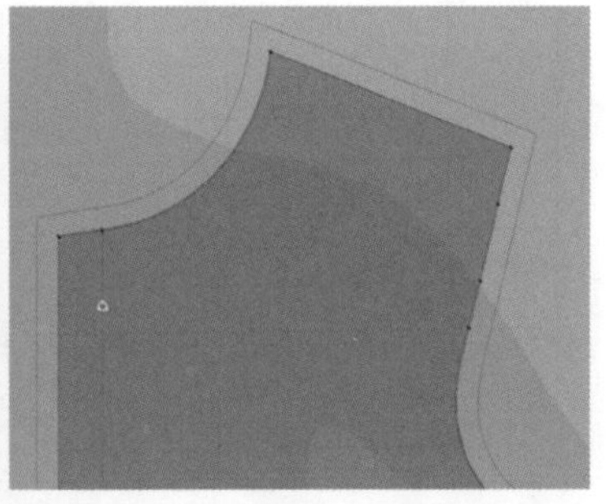

图5-2　绘制内部圆

（二）复制内部圆

选择【传输板片】工具，选择刚刚生成的内部圆，按【Ctrl】+【C】复制，【Ctrl】+【V】粘贴，然后按住【Shift】键竖直移动，最后单击左键放置。用同样的方法可以完成其他内部圆（图5-3）。

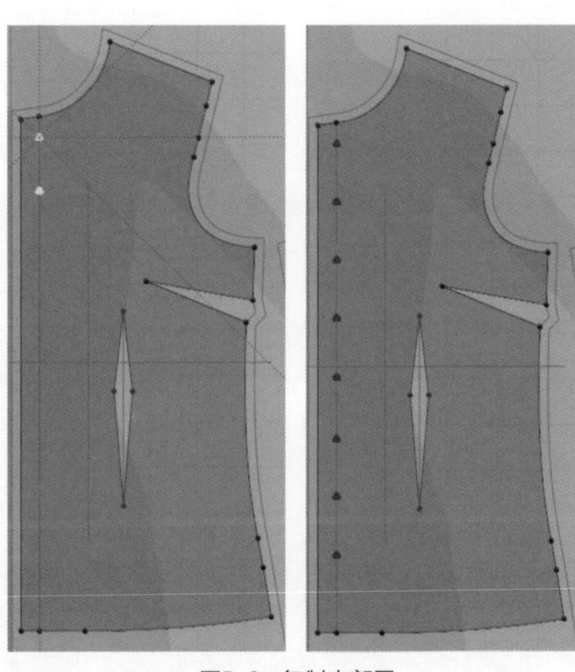

图5-3　复制内部圆

（三）制作右前片内部圆

选择【传输板片】工具，在【板片窗口】框选全部制作完毕的内部圆，然后按【Ctrl】+【C】复制，【Ctrl】+【V】粘贴，并按住【Shift】键水平移动到右前片上，然后单击左键放置在合适的位置上（图5-4）。

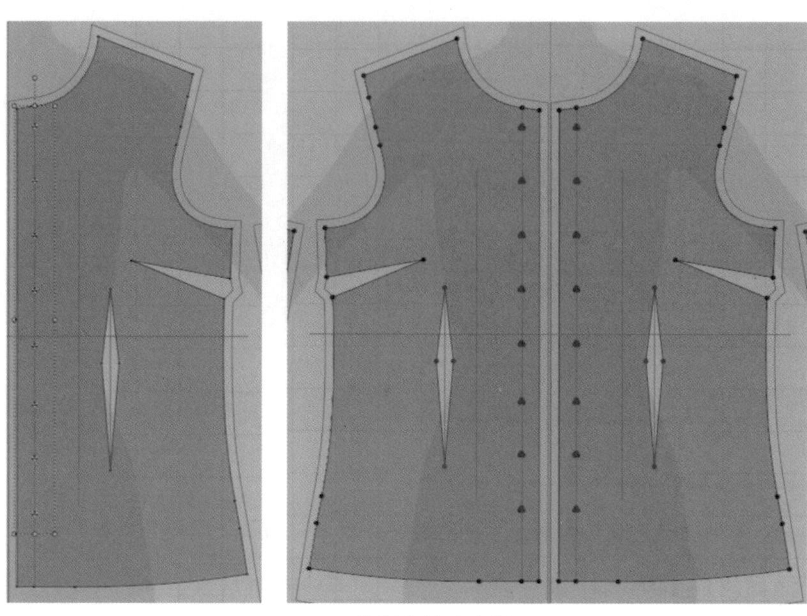

图5-4　绘制右前片内部圆

三、缝合门襟

（一）缝合内部圆

选择【自由缝纫】工具，在内部圆上的一点双击，再在另外一个内部圆的同一位置双击，缝合两个内部圆。用同样方法将其他内部圆缝合完毕（图5-5）。

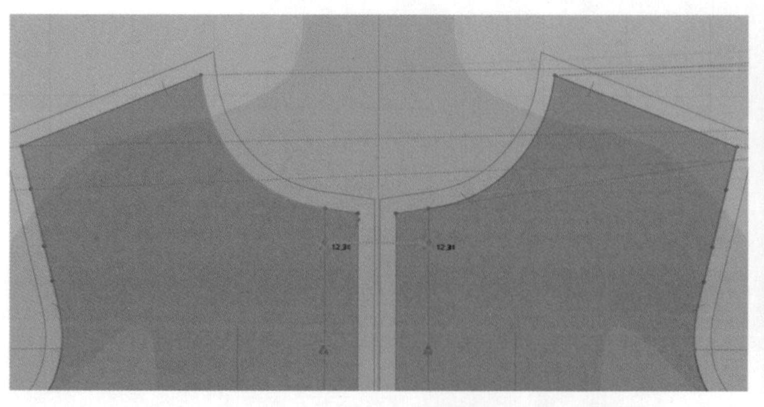

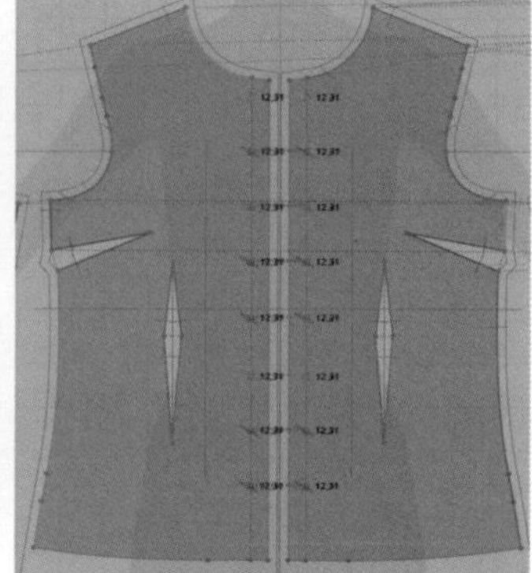

图5-5　缝合内部圆

（二）虚拟试衣

在【虚拟化身窗口】中单击【模拟】工具进行试衣（图5-6），再单击【模拟】工具结束虚拟试衣。

图5-6　缝合门襟后虚拟试衣

（三）修改属性

在【虚拟化身窗口】中单击选中右衣片，在【属性窗口】→【织物】→【物理属性】→【其他属性】→【层】栏里将数值改为“1”。再选中领片，同样将【层】改为“1”，单击【模拟】工具进行试衣（图5-7）。再在【板片窗口】中按【Ctrl】+【A】选中所有板片，在【属性窗口】→【织物】→【物理属性】→【其他属性】→【层】栏里将数值改为“0”。

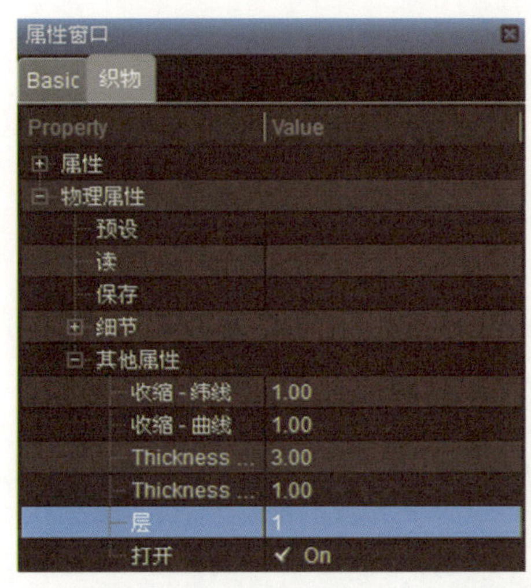

图5-7　修改属性和虚拟试衣

四、缝制纽扣

（一）制作圆

选择【制作圆】工具，在【板片窗口】单击，弹出【制作圆】对话框（图5-8），设置【圆半径】为“10” mm，单击【OK】，从而绘制圆。

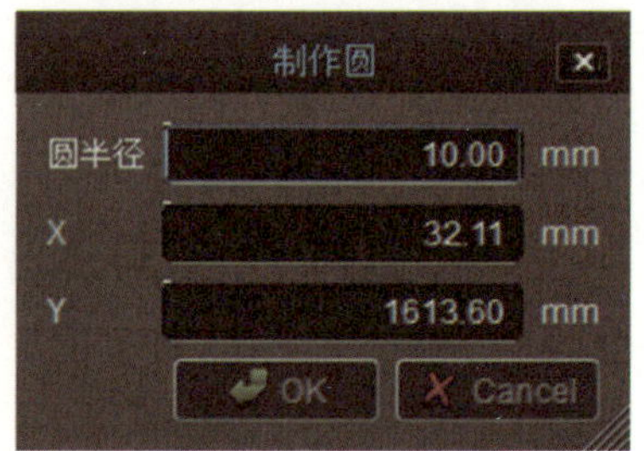

图5-8　绘制纽扣板片

（二）显示网格

在【板片窗口】中单击右键，选择【显示网格】，圆内显示为三角形网格（图5-9）。

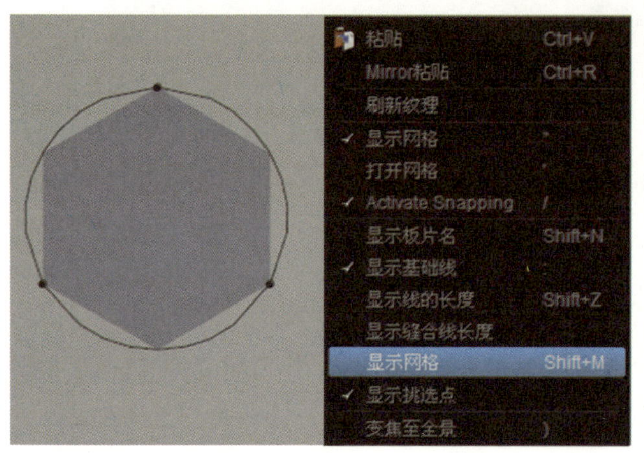

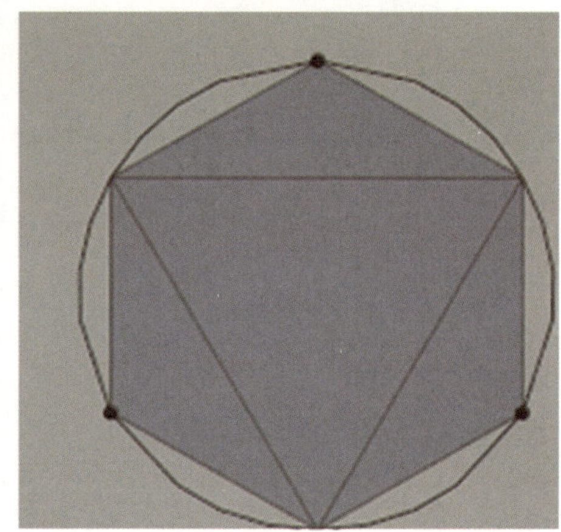

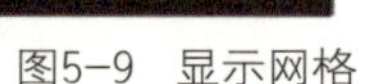

图5-9　显示网格

（三）调整粒子距离

单击选中圆，在【属性窗口】→【Basic】→【板片】→【粒子距离】栏里将粒子距离改为“3”，圆内部显示的网格发生变化（图5-10）。

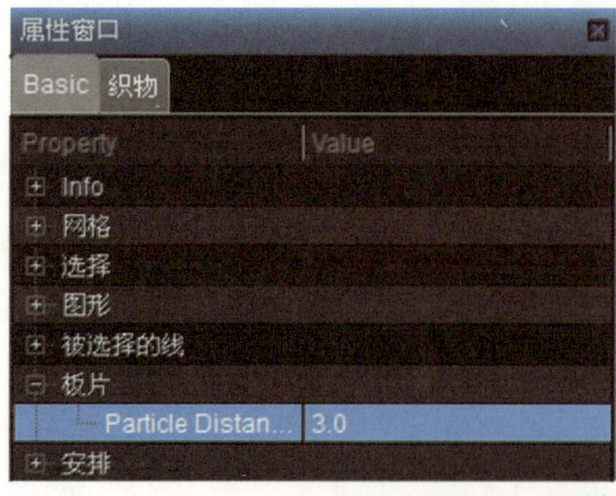

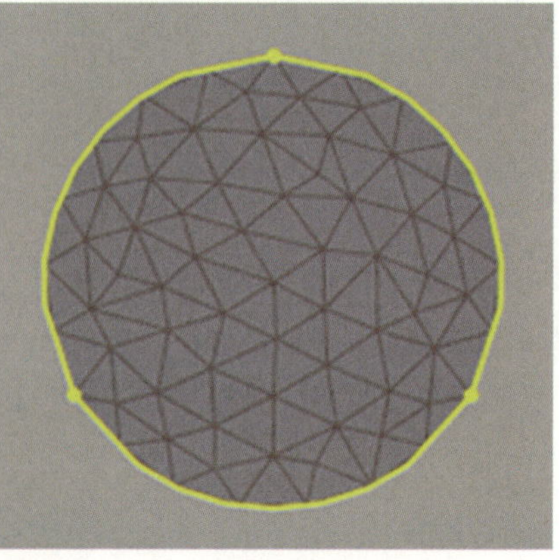

图5-10　调整粒子距离

（四）缝合门襟与纽扣

选择门襟上的内部圆，按【Ctrl】+【C】复制，按【Ctrl】+【V】粘贴到之前绘制的圆内，再选择【自由缝纫】工具，将圆的内部圆与门襟上的内部圆进行缝合（图5-11）。

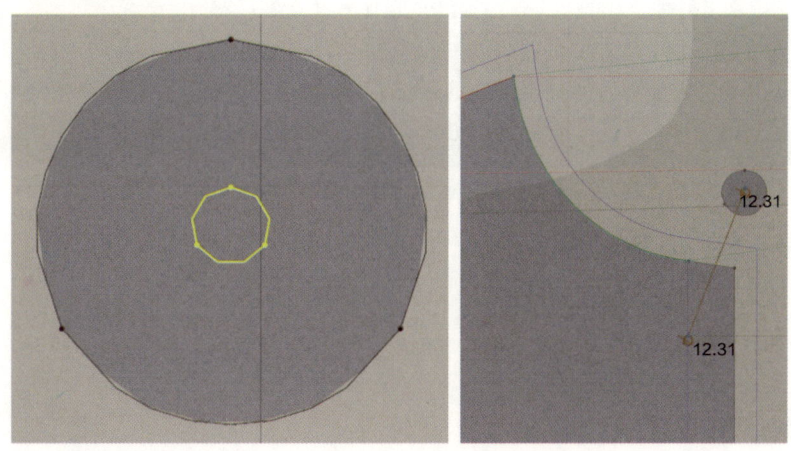

图5-11 缝合纽扣

（五）调整纽扣位置

在【板片窗口】中单击选中纽扣的圆形板片，在【虚拟化身窗口】中调整位置，再单击【模拟】工具进行试衣（图5-12）。单击【模拟】工具可以结束虚拟试衣。

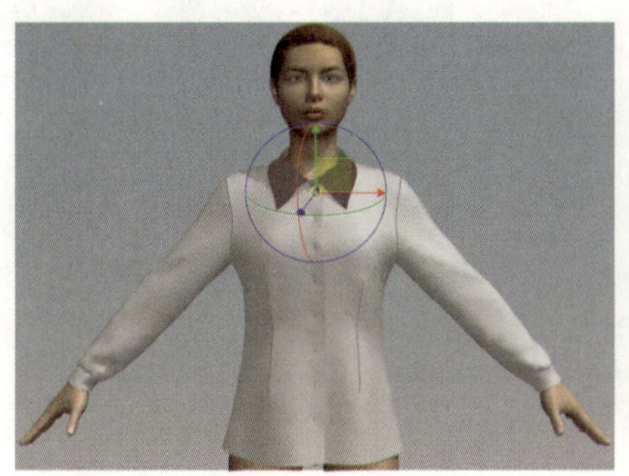

图5-12 调整纽扣位置

（六）调整物理属性

选中纽扣板片，在【属性窗口】→【织物】→【物理属性】→【预设】栏里选择“S_Botton_Zipper_Pad_CLO_V2”，单击【模拟】工具进行试衣（图5-13）。再次单击【模拟】工具可以结束虚拟试衣。

图5-13 调整物理属性并虚拟试衣

五、添加面料

（一）添加纽扣纹理

在【板片窗口】中选中纽扣板片，单击【属性窗口】→【织物】→【属性】→【纹理】栏右侧按钮，在弹出的【打开文件】对话框中选择要打开的纽扣纹理图片，单击【打开】（图5-14）。

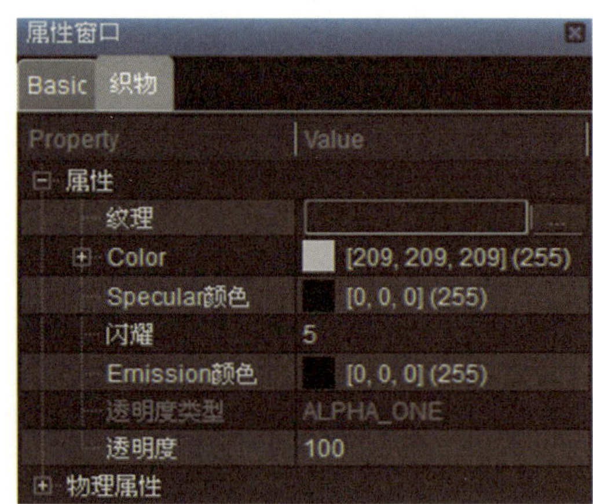

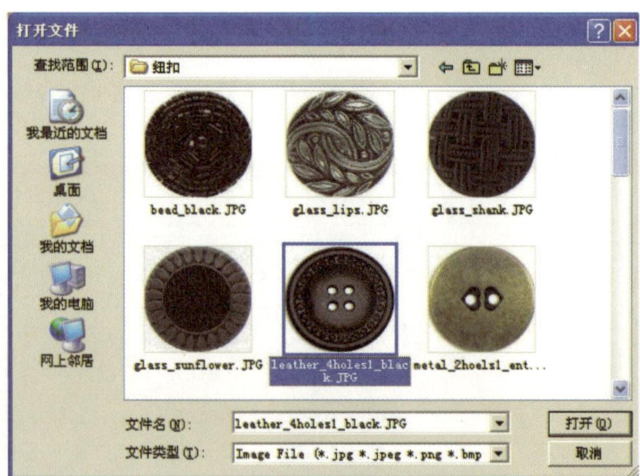

图5-14 添加纽扣纹理

（二）调整纹理

选择【编辑纹理】工具，单击纽扣板片，用黄色圆环移动缩小图片，使其与纽扣板片大小完全一致（图5-15）。

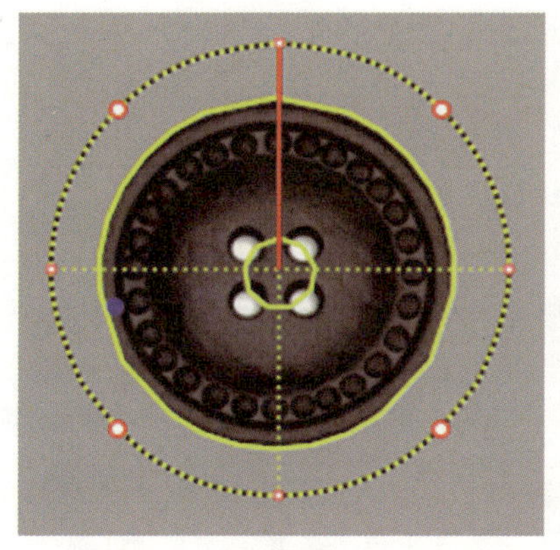

图5-15 纽扣纹理效果

六、缝制完成女衬衫

（一）缝制其余纽扣

在【板片窗口】中选择【传输板片】工具选中纽扣板片，按【Ctrl】+【C】复制，并按【Ctrl】+【V】粘贴，按住【Shift】键竖直移动，最终单击左键放置在合适的位置。同样的方法可以制作出剩余纽扣板片。在【虚拟化身窗口】中调整好纽扣板片的空间位置，然后单击【模拟】工具，即可进行虚拟试衣（图5-16）。再次单击【模拟】工具可结束虚拟试衣。

图5-16 缝制剩余纽扣板片

（二）修改领片属性

在【虚拟化身窗口】中选中领片，在【属性窗口】→【织物】→【物理属性】→【预设】栏里选择“S_Collar_with_lterlining_CLO_V2”，然后单击【模拟】工具进行虚拟试衣（图5-17）。再次单击【模拟】工具可结束模拟。

图5-17　修改领片属性后的效果

（三）修改属性

在【板片窗口】中按【Ctrl】+【A】选中所有板片，在【虚拟化身窗口】中单击【显示服装】工具边上的三角形，在弹出的菜单中选择【渲染风格】→【浓密纹理表面】，然后单击【模拟】工具进行虚拟试衣（图5-18）。再次单击【模拟】工具即可结束虚拟试衣。

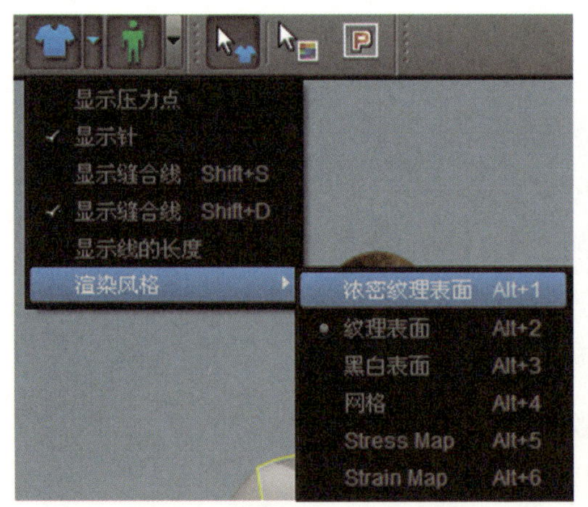

图5-18　修改渲染风格后的虚拟试衣效果

（四）添加颜色

选中除纽扣板片之外的板片，单击【属性窗口】→【织物】→【属性】→【Color】栏右侧按钮，在弹出的【Select Color】对话框中单击左边颜色小方框，选择其中一个颜色，再在右边竖条框上按住小三角拖动，以加深颜色（图5-19）。

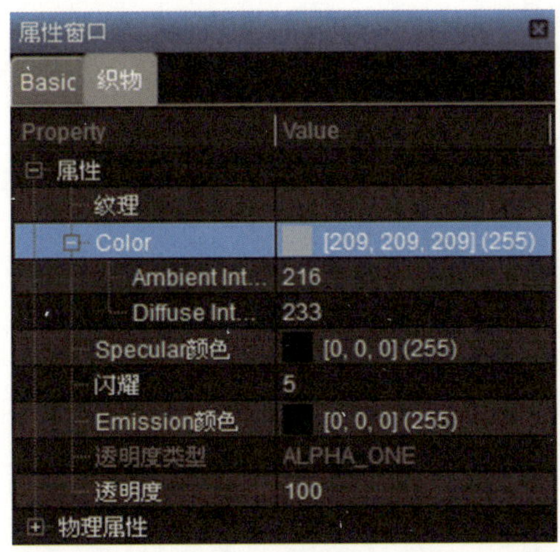

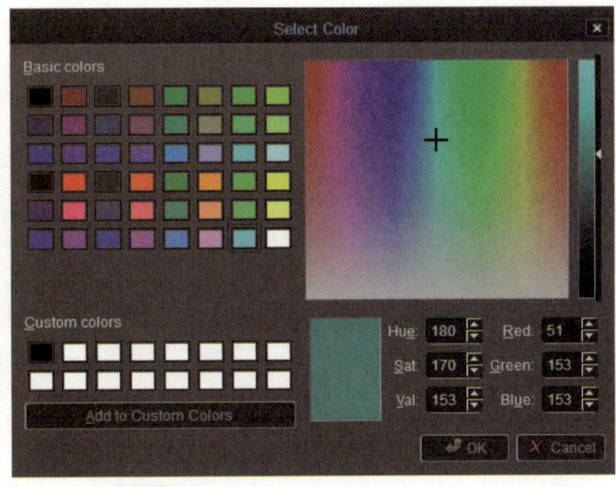

图5-19　添加面料颜色

（五）修改属性

选中除纽扣板片和领片之外的板片，在【属性窗口】→【织物】→【物理属性】→【预设】栏里选择“R_Chiffon_CLO_V1”。再选择除纽扣板片之外的所有板片，在【属性窗口】→【Basic】→【板片】→【粒子距离】栏里将距离修改为“5”（图5-20）。

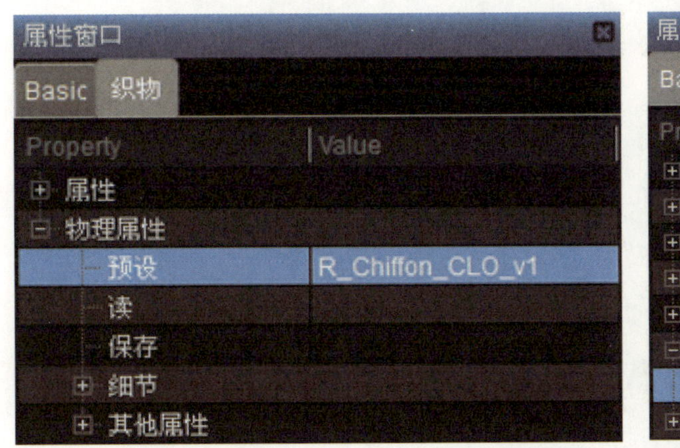

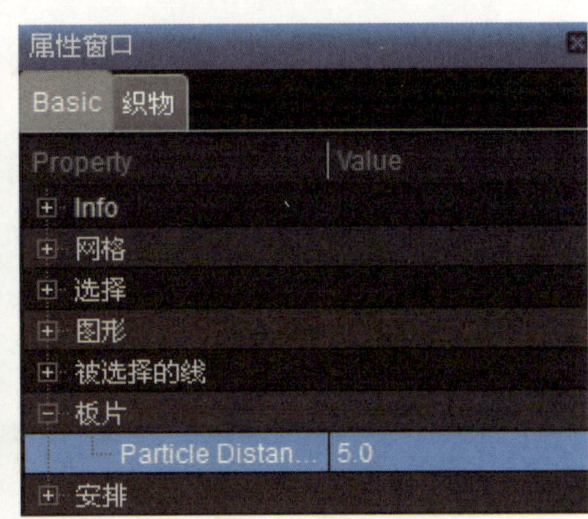

图5-20　修改属性

（六）虚拟试衣最终效果

在【虚拟化身窗口】中单击【模拟】工具，进行最终虚拟试衣（图5-21）。再次单击【模拟】工具结束虚拟试衣。

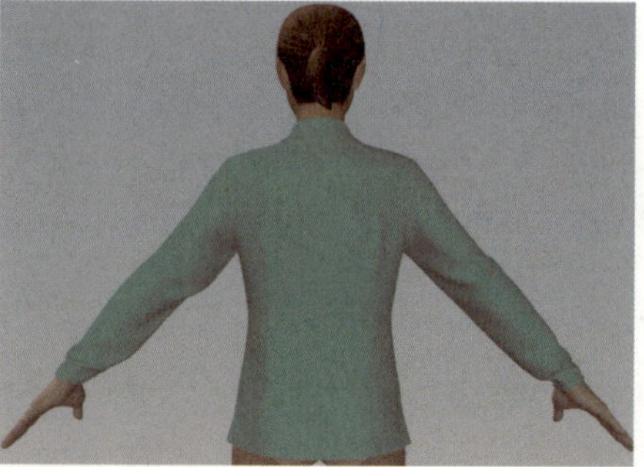

图5-21　最终虚拟试衣效果图

第二节　袖克夫

一、准备工作

在主菜单中选择【文件】→【打开】→【服装】，打开“男衬衫”文件，单击【同步】工具（图5-22）。

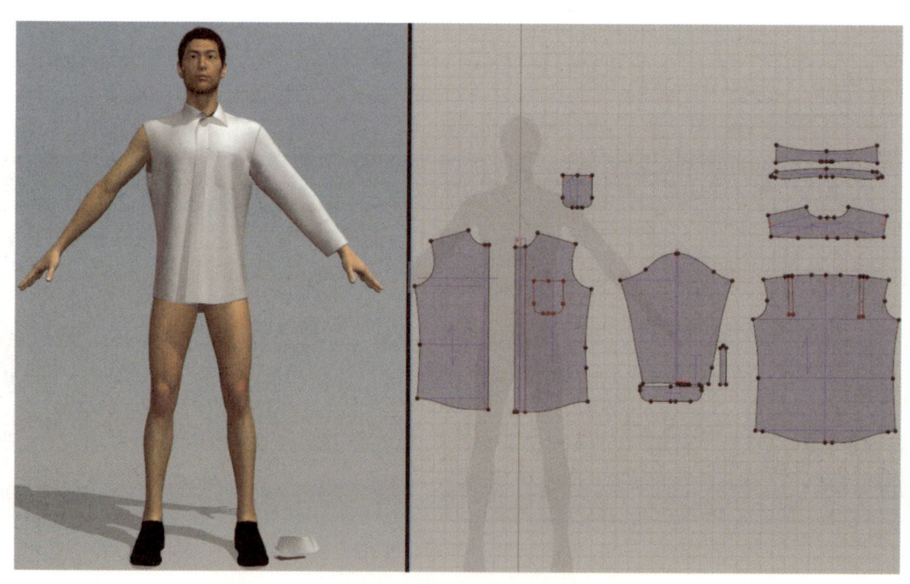

图5-22　打开文件

二、缝合宝剑头板片

（一）制作宝剑头内部线

单击选中宝剑头板片，在板片上单击右键选择【复制为内部模型】，再单击右键选择【粘贴】，将其粘贴到袖片的袖口部位（图5-23）。

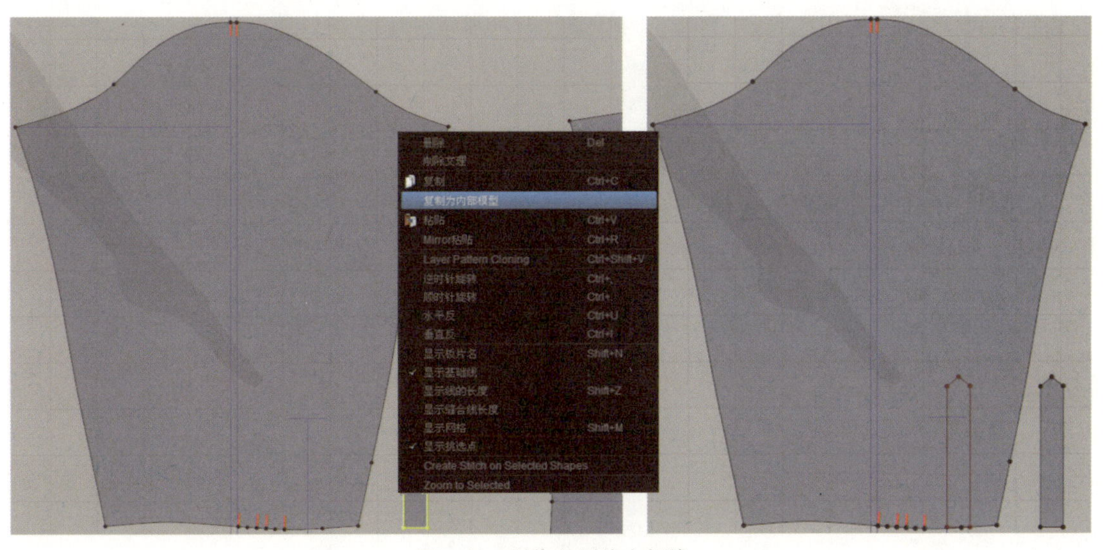

图5-23 制作宝剑头内部线

（二）绘制内部线

选择【创造内部图形】工具，在袖片宝剑头的内部线上单击确定起始点，然后按住【Shift】键水平绘制该内部线，并双击决定另外一点的位置（图5-24）。

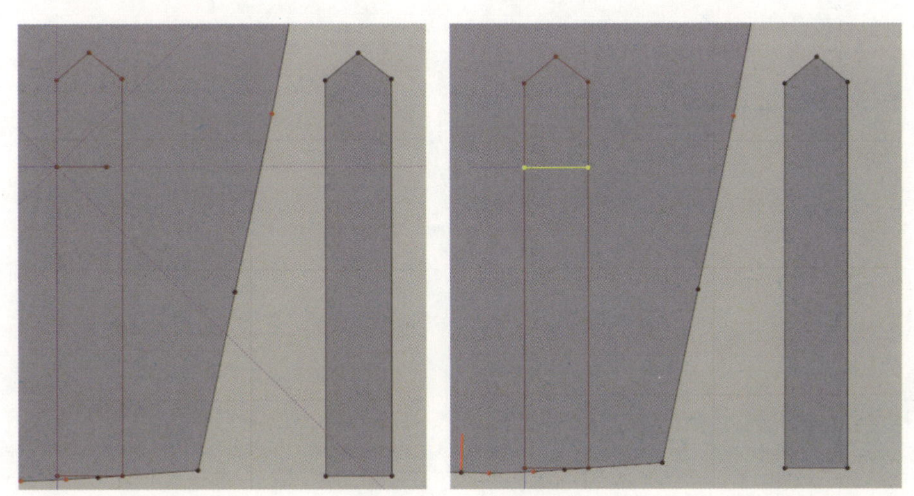

图5-24 绘制内部线

（三）绘制宝剑头板片内部线

选择【传输板片】工具，在宝剑头板片上按住鼠标左键不放，将其拖拽到袖片上宝剑头内部线的位置，并使其与内部线重合。然后选择【绘制内部图形/线】工具，按照袖片上内部线的位置，为宝剑头片绘制内部线，绘制完后选择【传输板片】工具将宝剑头片移出（图5-25）。

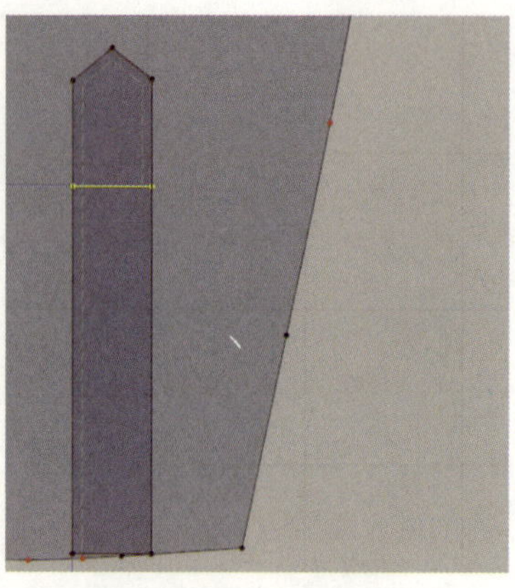
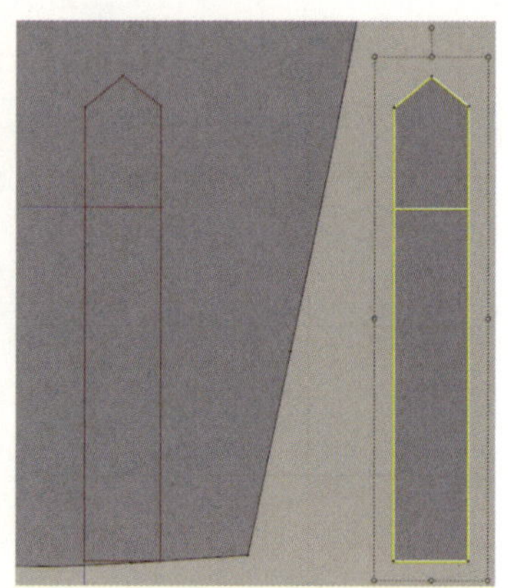
图5-25 绘制宝剑头片内部线

（四）缝合宝剑头板片

选择【自由缝纫】工具，将宝剑头板片周边线与袖片上宝剑头的内部线进行缝合。再选择【线缝纫】工具，将宝剑头板片的内部线与同样位置的袖片上的内部线进行缝合（图5-26）。

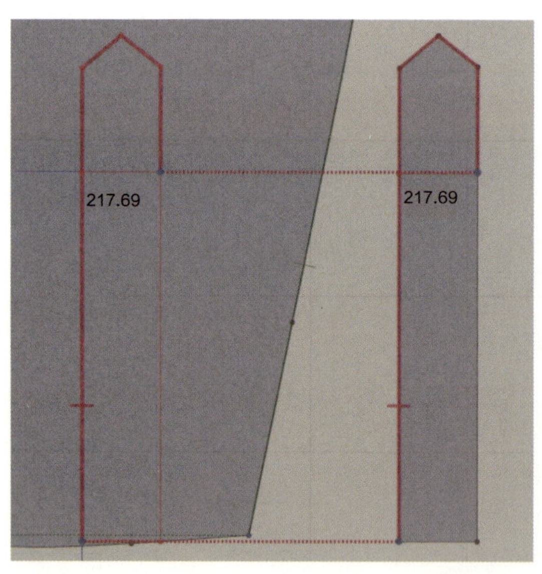

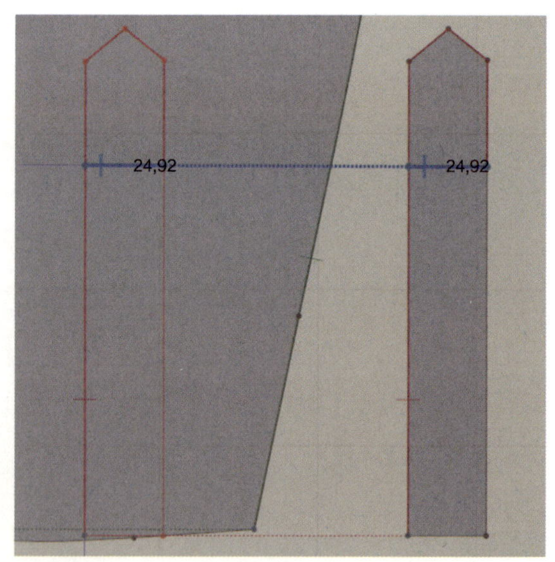

图5-26 缝合宝剑头板片

（五）给袖口线加点

选择【加点/分线】工具，在袖口上当前点的左右两边各加一个点，然后选择【编辑板片】工具选择原来的点，按【Delete】删除，再用【加点/分线】工具重新在该位置处加一个点（图5-27）。

图5-27 给袖口线加点

（六）制作袖开衩

选择【编辑板片】工具，点击鼠标左键，按住中间点向上进行拖拽，拖拽过程中按住【Shift】键，使其竖直向上移动，松开鼠标左键则形成袖开衩。滑动滚轮将板片放大，用同样的方法拖拽左边和右边的点，最后形成完整的袖开衩（图5-28）。

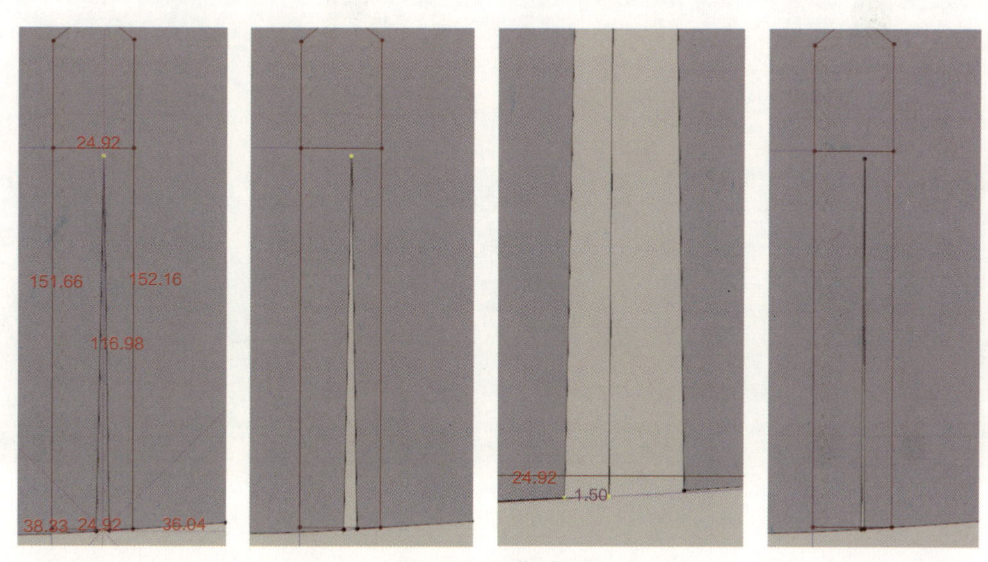

图5-28 制作袖开衩

（七）修改折叠角度

选择【编辑板片】工具，按住【Shift】单击图中内部线，在【属性窗口】→【Basic】→【图形】→【折叠角度】栏里将角度改为“0”度（图5-29）。

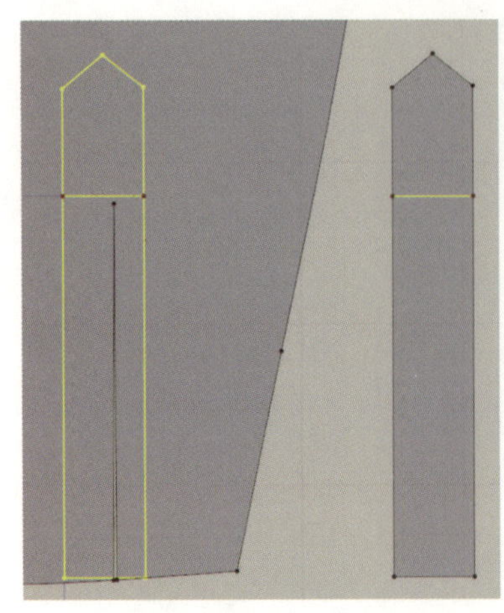

图5-29 修改折叠角度

（八）虚拟试衣

在【虚拟化身窗口】中，点击鼠标左键，按住宝剑头板片进行拖拽，将其拖拽到袖口位置，再旋转至无交叉缝合线。单击【模拟】工具即可进行试衣（图5-30）。再次单击【模拟】工具可结束虚拟试衣。

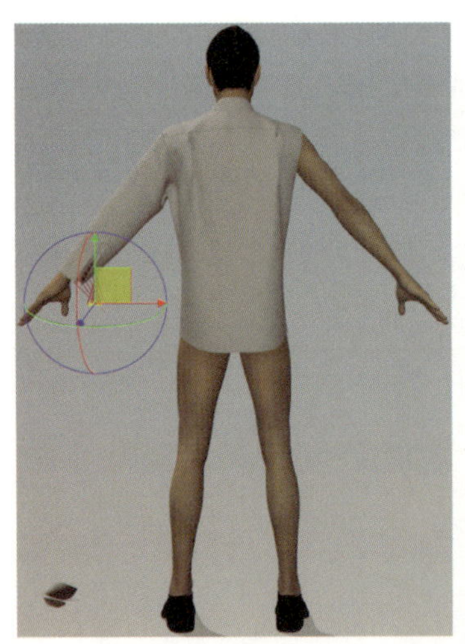

图5-30 虚拟试衣

三、缝合袖克夫

（一）缝合宝剑头与袖克夫

选择【自由缝纫】工具，将宝剑头与袖克夫缝合起来（图5-31）。

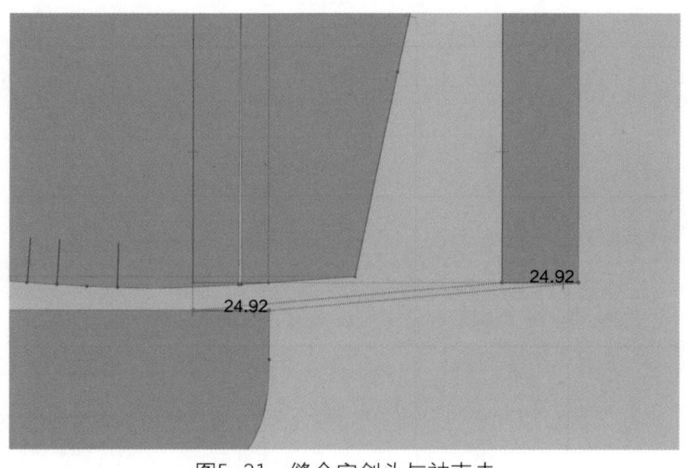

图5-31 缝合宝剑头与袖克夫

（二）缝合袖口与袖克夫

选择【传输板片】工具，将宝剑头板片移动到与内部线重合的位置，再用【自由缝纫】工具缝合袖开衩左边到宝剑头外边线所在的位置（图5-32）。

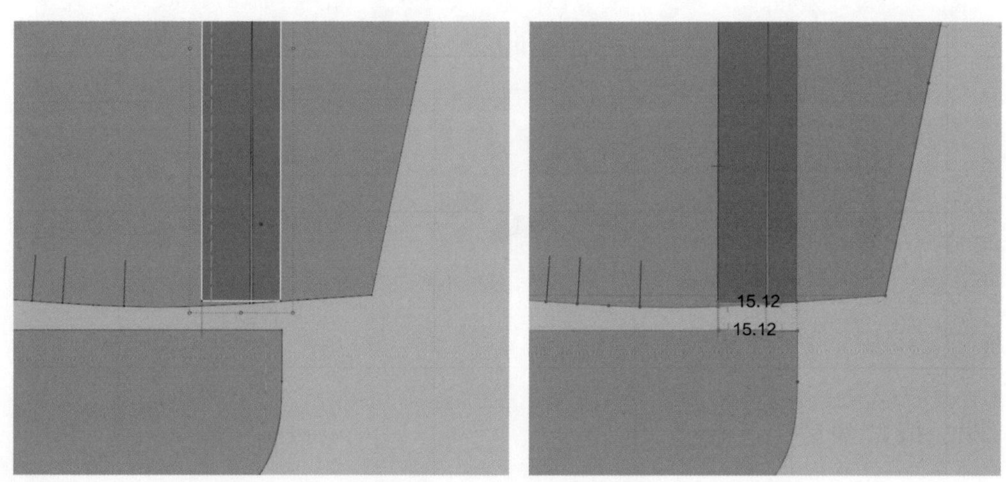

图5-32 缝合袖口与袖克夫

（三）缝合袖口与袖克夫

选择【自由缝纫】工具，暂不缝合袖褶部位，将袖口与袖克夫对应位置一一缝合（图5-33）。

（四）虚拟试衣

在【虚拟化身窗口】上方单击【显示安排点】工具，将袖克夫安排到手腕位置，再单击【显示安排点】工具隐藏安排点，然后单击【模拟】工具进行虚拟试衣（图5-34）。再次单击【模拟】工具可结束虚拟试衣。

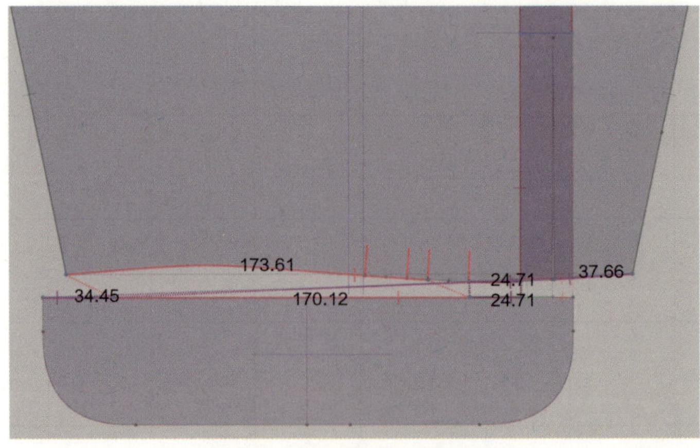

图5-33　缝合袖口与袖克夫

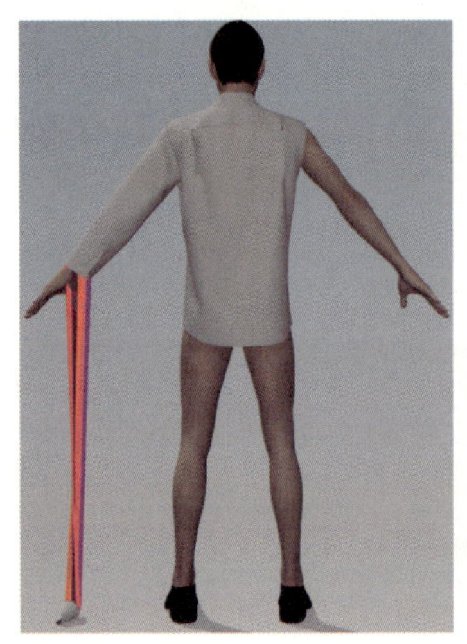
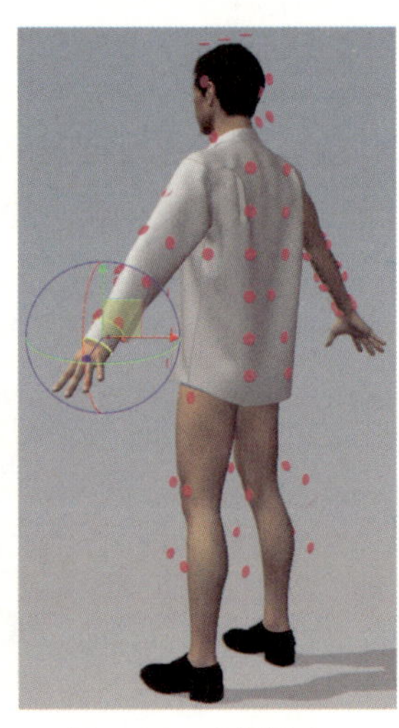

图5-34　虚拟试衣

四、缝合袖褶

（一）绘制内部线

选择【创造内部图形/线】工具，以褶所在外边点为起点，按住【Shift】竖直向上画内部线，并在【属性窗口】→【Basic】→【图形】→【折叠角度】栏里将角度改为“0”度。再以褶所在的中间点为起点，按住【Shift】竖直向上画内部线，在【属性窗口】→【Basic】→【图形】→【折叠角度】栏里将角度改为“360”度（图5-35）。

（二）虚拟试衣

在【虚拟化身窗口】中单击【模拟】工具，然后在【属性窗口】→【织物】→【物理属性】→【细节】→【Bending Weft】栏将数值改为“80”（图5-36）使向外翻的褶变成内部隐藏褶，再单击【模拟】工具结束虚拟试衣。

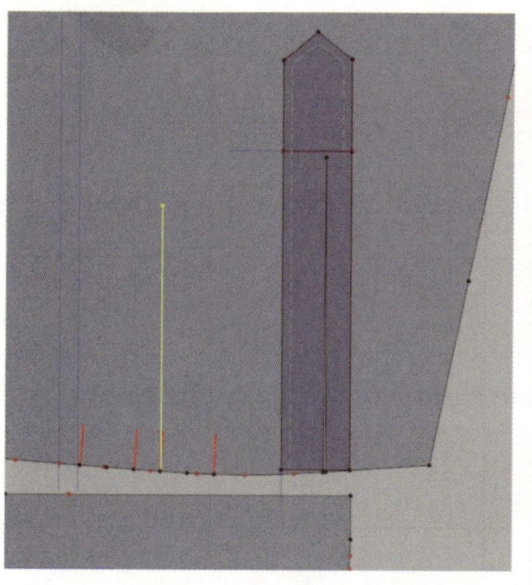
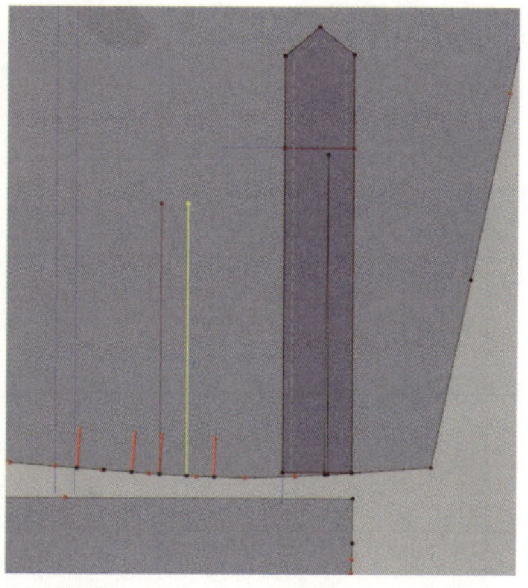

图5-35 绘制内部线

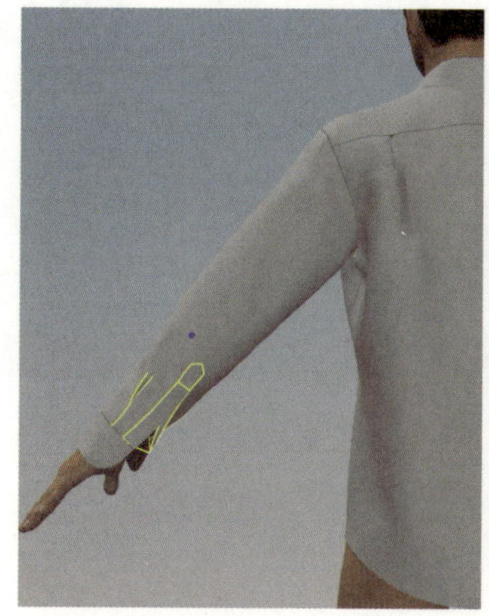
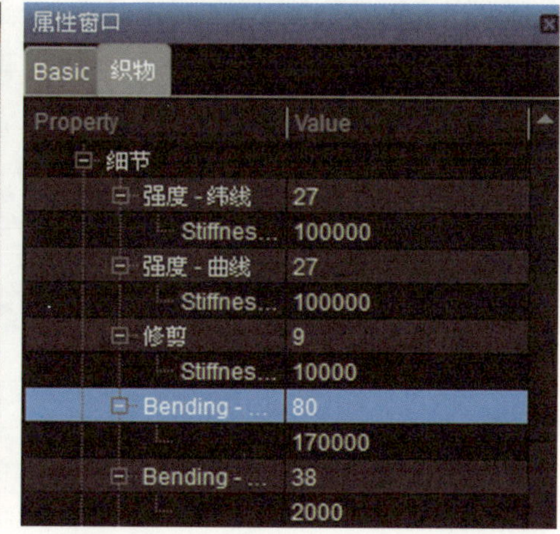

图5-36 虚拟试衣

（三）缝合褶

选择【线缝纫】工具，将线段2和线段3反向缝合，再将线段1和线段3同向缝合，进行虚拟试衣（图5-37）。

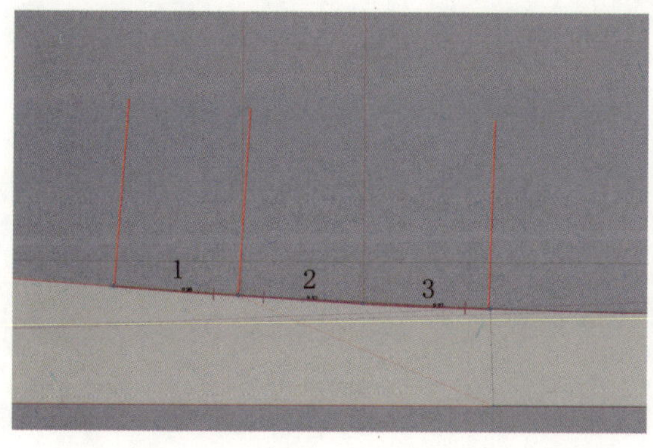

图5-37 缝合褶

五、缝合袖口

（一）绘制袖片上的内部圆

选择【创造内部圆】工具，在袖片上宝剑头内部线内创造一个内部圆，并在需要的位置处单击左键，在弹出的对框中输入【圆半径】为“2”mm，绘制出内部圆（图5-38）。

（二）绘制宝剑头板片上内部圆

选择【传输板片】工具，将宝剑头板片拖拽到与袖片上内部线重合的位置，再选择【创造内部圆】工具，在宝剑头板片上创造一个与袖片上大小相同、位置居中的内部圆（图5-39）。

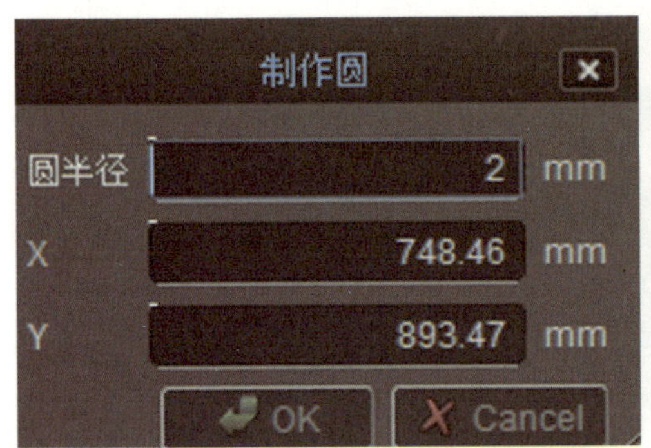

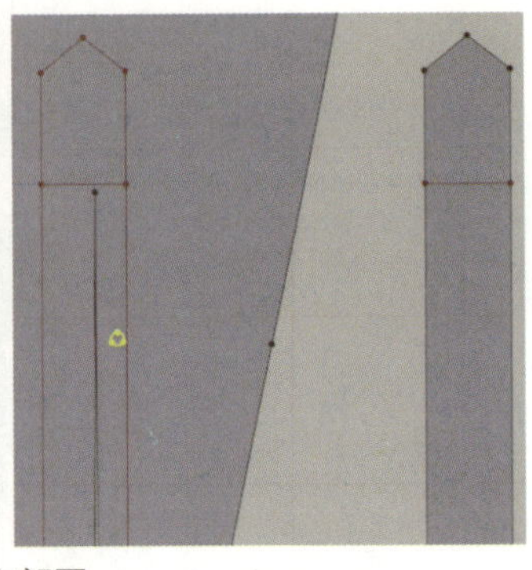

图5-38　绘制袖片上内部圆

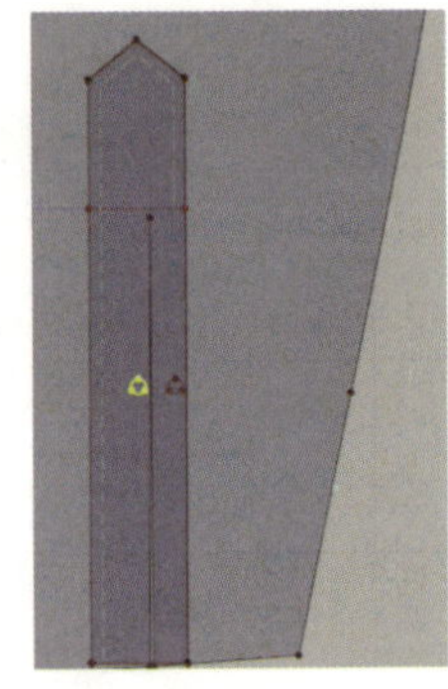

图5-39　绘制宝剑头板片上内部圆

（三）缝合内部圆

选择【传输板片】工具，将宝剑头板片移出，再选择【自由缝纫】工具缝合两个内部圆，最后在【虚拟化身窗口】单击【模拟】工具（图5-40）。

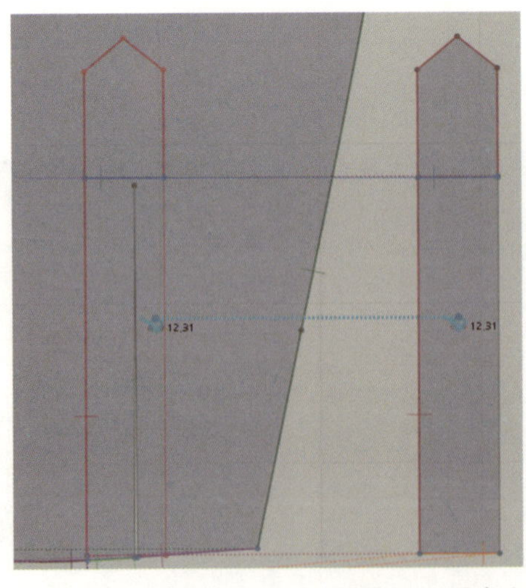

图5-40　缝合内部圆

（四）固定袖克夫两侧

在【模拟】打开的状态下，按住【W】键的同时拖拽鼠标，到合适位置放开左键固定板片（图5-41），再单击【模拟】工具结束虚拟试衣。

（五）在袖克夫上绘制内部圆

选择【创造内部圆】工具，绘制半径为2mm的内部圆。然后选中该内部圆进行复制，按住【Shift】键，将圆水平移动到另一侧并单击左键放置（图5-42）。

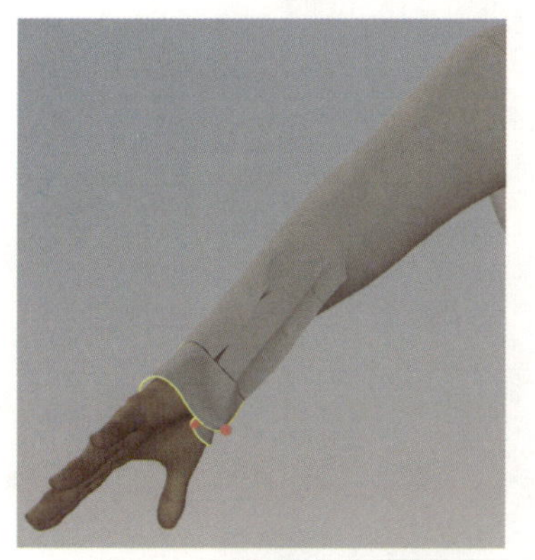

图5-41 固定袖克夫两侧

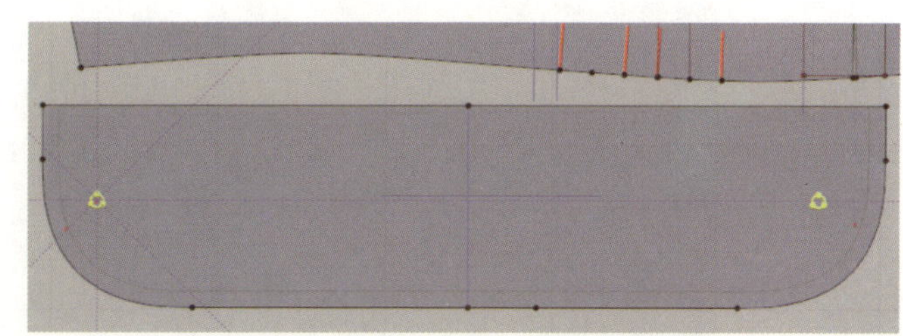

图5-42 在袖克夫上绘制内部圆

（六）缝合袖克夫两侧

选择【自由缝纫】工具，将内部圆缝合，再在【虚拟化身窗口】中单击【模拟】工具，虚拟试衣效果见图5-43。再次单击【模拟】工具可以结束虚拟试衣。

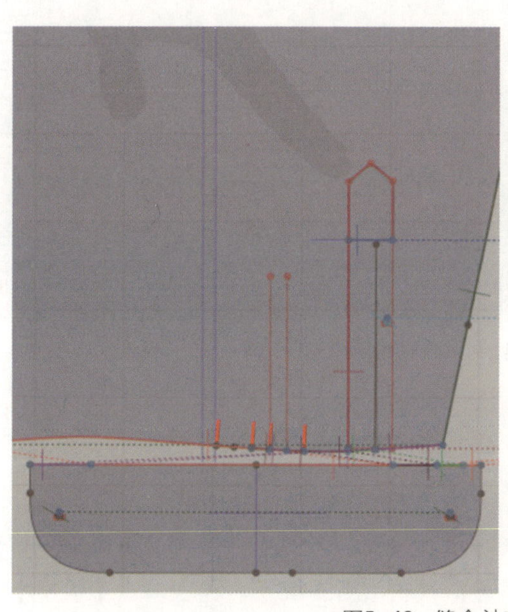

图5-43 缝合袖克夫两侧

六、对称袖子

（一）复制粘贴对称袖片

在【板片窗口】选择【传输板片】工具，按住鼠标左键框选所有袖片，按【Ctrl】+【C】复制，再按【Ctrl】+【R】对称粘贴，单击鼠标左键放置到前片左侧（图5-44）。

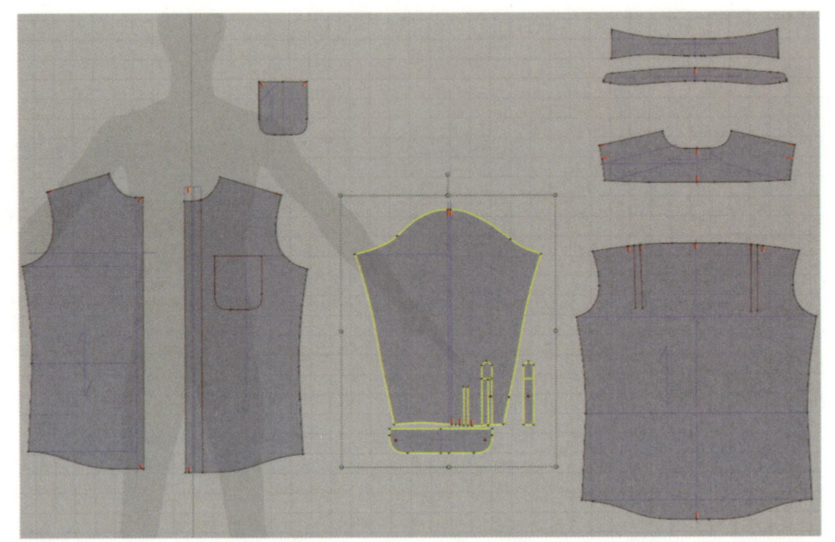

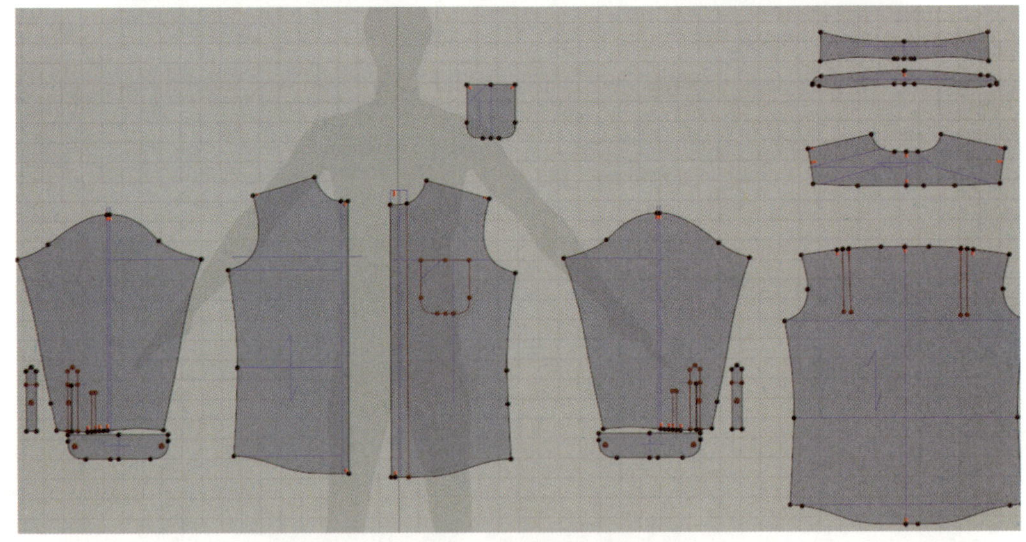

图5-44　复制粘贴对称袖片

（二）缝合袖子

选择【自由缝纫】工具，将前后片与袖窿进行缝合，并在【虚拟化身窗口】中将袖子放置于手臂周边，然后单击【模拟】工具进行虚拟试衣（图5-45）。再次单击【模拟】工具可以结束虚拟试衣。

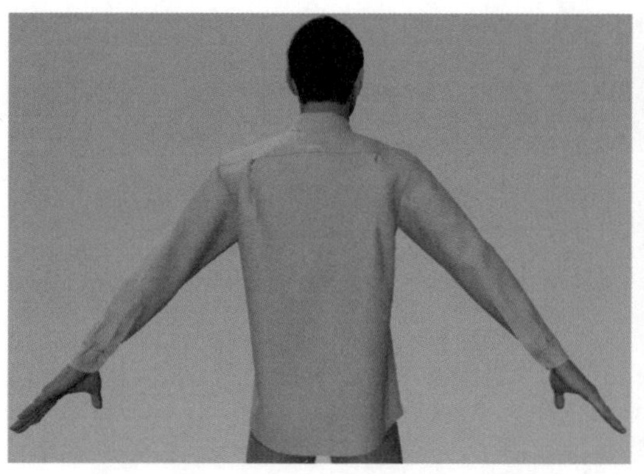
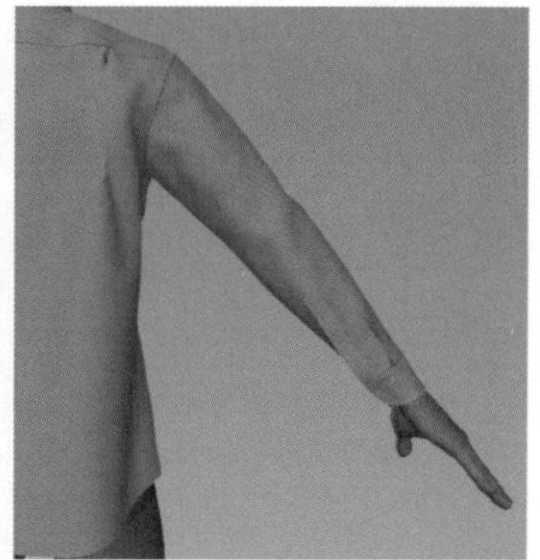

图5-45 缝合袖子效果图

七、添加面料

在【板片窗口】按【Ctrl】+【A】选中所有板片，添加下图的面料，然后将面料设置为"R_Cotton_Cloth_CLO_V1"。单击【模拟】工具即可进行虚拟试衣（图5-46），再次单击【模拟】工具则可结束虚拟试衣。

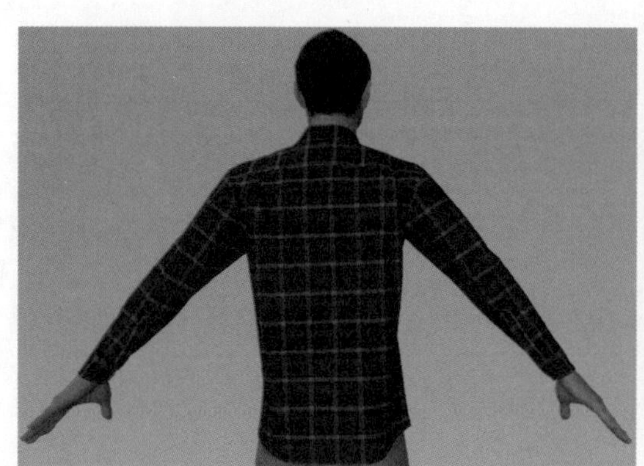

图5-46 最终虚拟试衣效果图

第三节 缝迹线

缝迹线又叫明线。服装上有很多地方需要缝迹线，比如运动服、牛仔裤上的缝迹线，羽绒服上的绗缝线等。在CLO 3D系统中，设计师可以实现几种常见的缝迹线效果。缝迹线的主要功能按钮被放置在【板片窗口】上方的工具栏中（图5-47）。

【Edit Stitch】（编辑缝迹线） 修改已经添加上的缝迹线。

【Segment Stitching】（线段缝迹线） 通过单击某条线段的方式，为这条线段添加缝迹线。

图5-47 缝迹线工具栏

【Free Stitching】（**自由缝迹线**） 为线段的某个区域添加缝迹线。

【SeamLine Stitching】（**缝合线缝迹线**） 为缝合线的两条对应线添加缝迹线。

【Show Stitches】（**显示缝迹线**） 显示或隐藏缝迹线。

下面以牛仔裤添加缝迹线为例，介绍缝迹线的具体使用方法。

一、准备工作

选择菜单【文件】→【打开】→【服装】，打开第四章制作的牛仔裤服装文件（图5-48）。

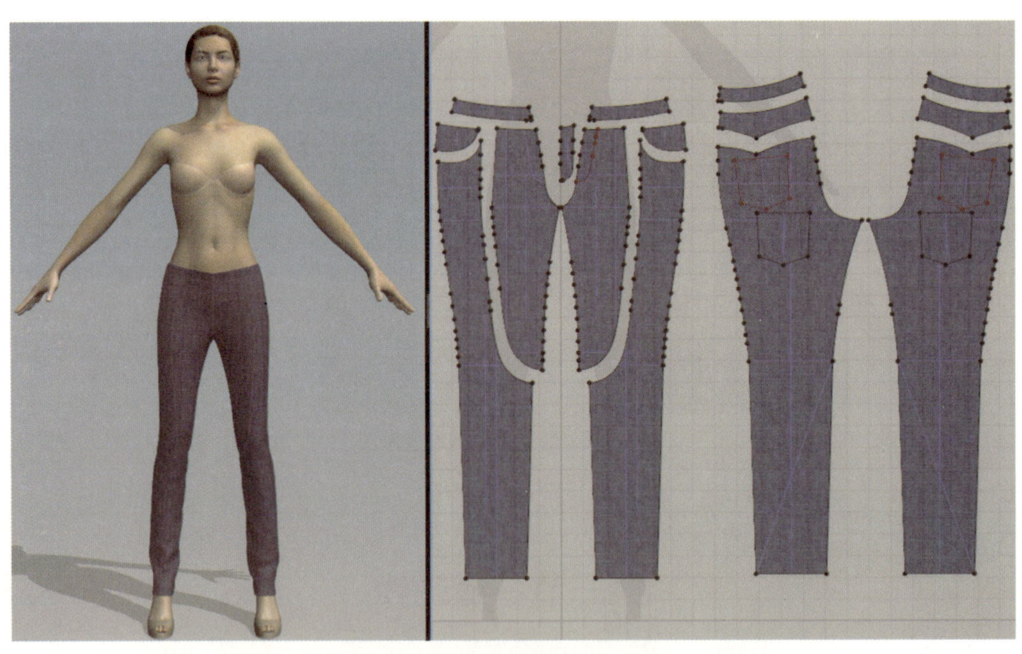
图5-48 打开文件

二、为前片添加缝迹线

（一）为前片分割线加第一道缝迹线

选择【自由缝迹线】工具，用法与【自由缝纫】工具相同，先单击一个点，再单击另外一点，以确定要加缝迹线的线段。在【属性窗口】→【Basic】→【Stitch】中将【抵消】改为“1”mm，【Thickness】改为“1”mm，【长度】改为“5”mm（图5-49）。其中，【抵消】为缝迹线与指定线之间的距离，【Thickness】为使用的线的粗细，【长度】为两个针眼之间线的长度。

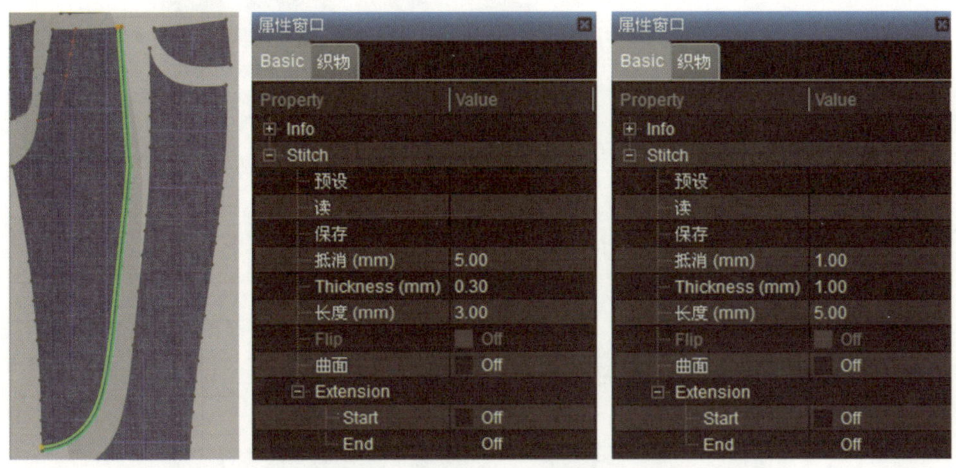

图5-49 加第一道缝迹线

（二）为前片分割线加第二道缝迹线

同上做法，在同一线段上加第二条缝迹线，再在【属性窗口】→【Basic】→【Stitch】中将【抵消】改为“6”mm，【Thickness】改为“1”mm，【长度】改为“5”mm（图5-50）。

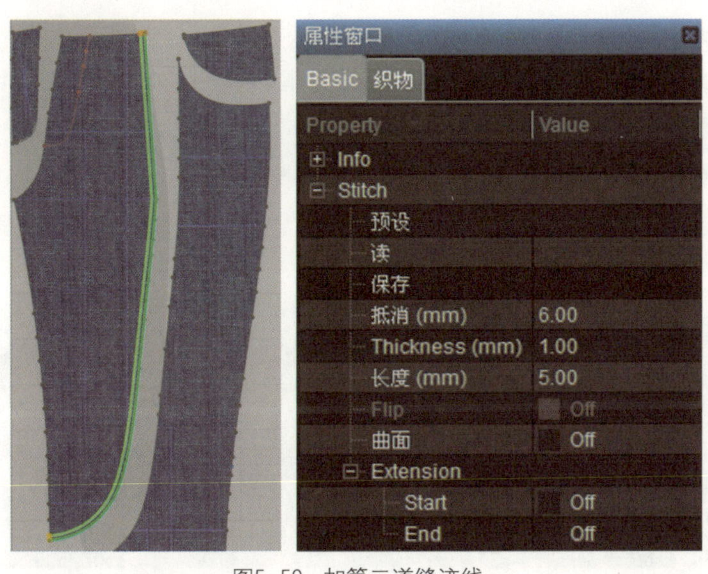

图5-50 加第二道缝迹线

（三）为左前片加缝迹线

按照右前片加缝迹线的做法给左前片加缝迹线，再单击【同步】和【模拟】工具进行虚拟试衣（图5-51）。

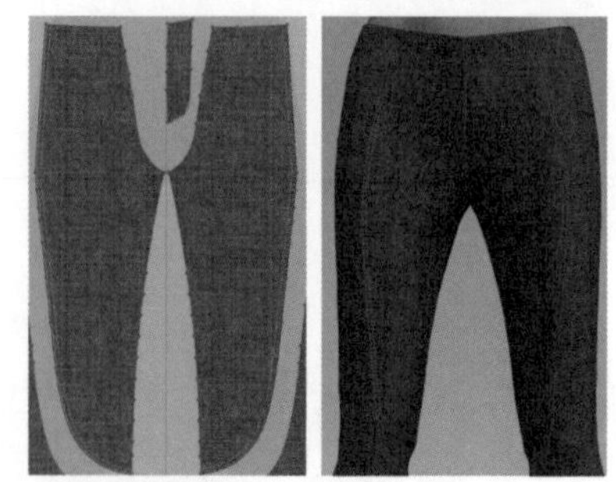

图5-51 为左前片加缝迹线，并同步到虚拟化身窗口

三、为门襟、前兜口及腰头添加缝迹线

（一）为门襟加缝迹线

选择【自由缝迹线】工具，给前门襟、月牙片加缝迹线（图5-52）

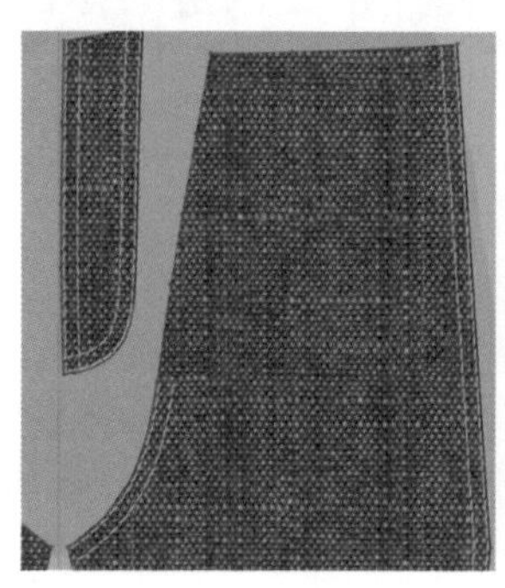

图5-52 为前门襟加缝迹线

（二）为前兜口加缝迹线

选择【线段缝迹线】工具，直接单击兜口线位置，给兜口处加缝迹线（图5-53）。

（三）给前腰头加缝迹线

选择【自由缝迹线】工具，与【自由缝纫】工具用法相同，可以在同一点双击选中整个板片添加缝迹线。第二道缝迹线应选择除腰头侧缝之外的周边线进行添加（图5-54）。

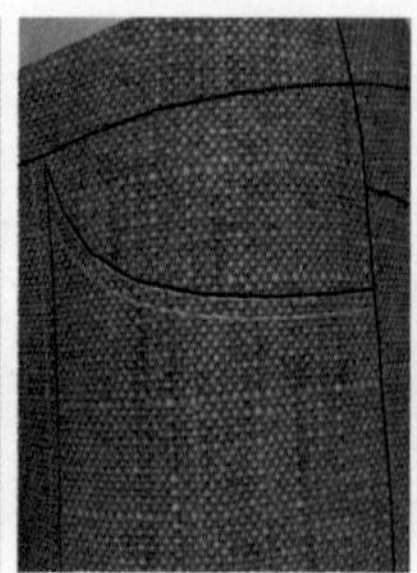

图5-53 为前兜口加缝迹线

图5-54 为前腰头加缝迹线

四、为后片及后兜添加缝迹线

（一）给后片加缝迹线

选择【自由缝迹线】工具，给后片侧缝、后中、约克及后腰头添加缝迹线，并同步到【虚拟化身窗口】中（图5-55）。

（二）给后兜加缝迹线

选择【自由缝迹线】工具，在后兜板片上的一点双击，添加完两道缝迹线后，同步到【虚拟化身窗口】中（图5-56）。

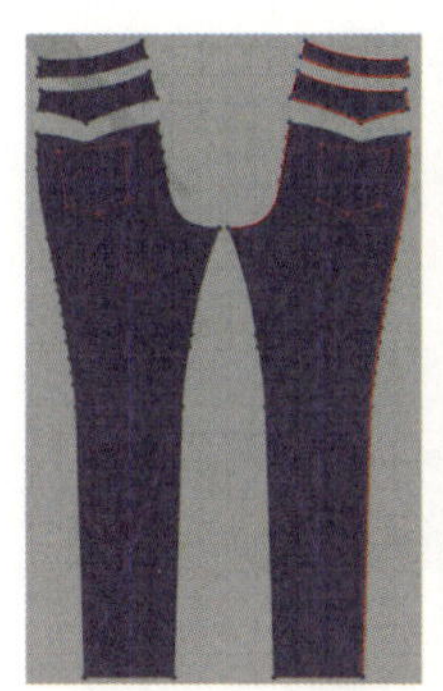
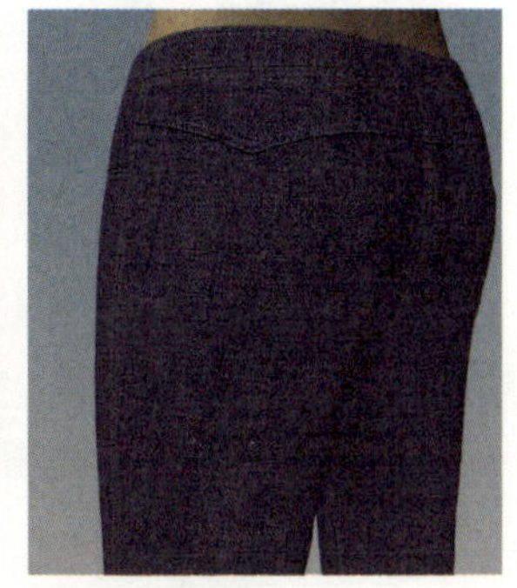
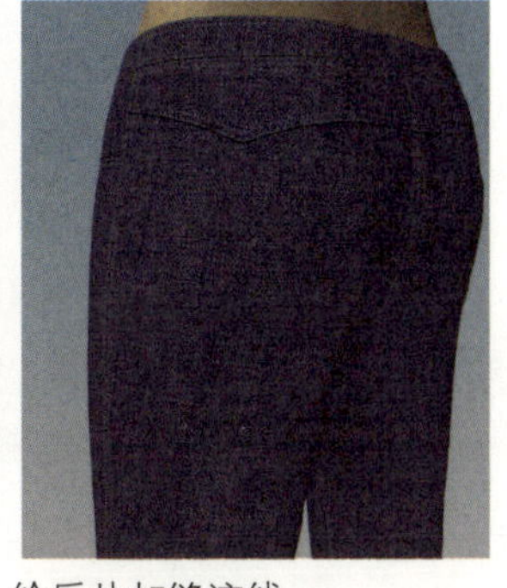

图5-55 给后片加缝迹线

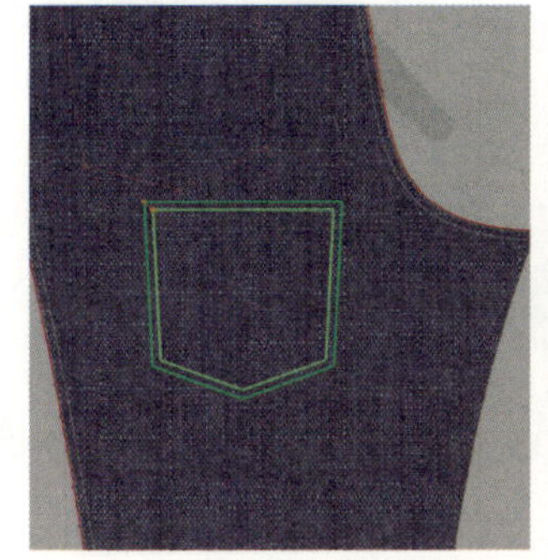

图5-56 给后兜加缝迹线

（三）绘制后兜内部线并添加缝迹线

选择【绘制内部图形/线】工具，绘制内部线，再选择【线段缝迹线】工具给内部线添加缝迹线（图5-57）。

（四）修改后兜缝迹线线迹方向

因为后兜内部线上添加的缝迹线有在线上的，也有在线下的，所以修改时可以选择【编辑缝迹线】工具，单击选中要修改的缝迹线。在【属性窗口】→【Basic】→【Stitch】中将【Flip】单击打开（图5-58），【Flip】是翻转的意思，此处可以调整缝迹线与选择线的相对位置。

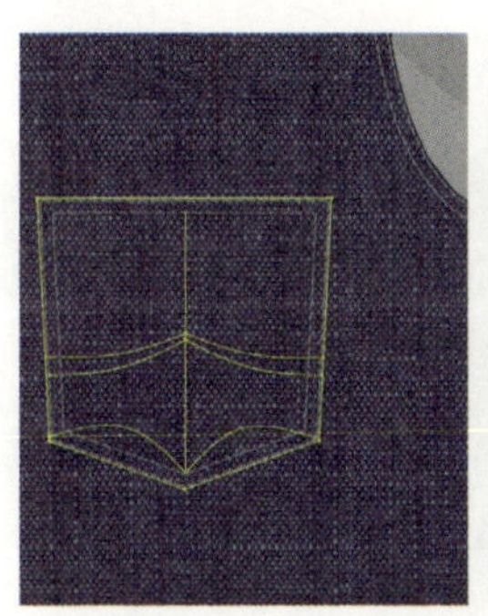

图5-57 绘制后兜内部线并添加缝迹线

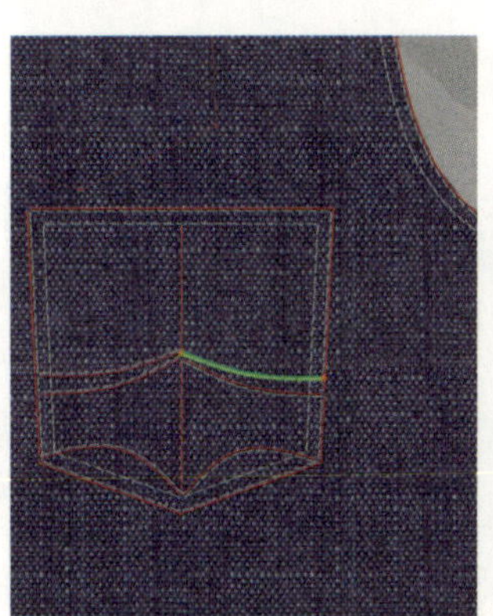
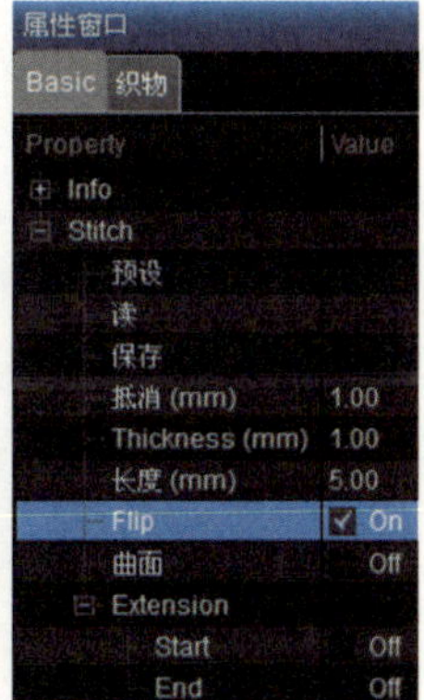

图5-58 修改后兜缝迹线的线迹方向

将所有在线下边的缝迹线修改完后，同步到【虚拟化身窗口】中（图5-59）。

图5-59 同步显示

五、虚拟试衣

将牛仔裤的所有板片添加好缝迹线后，单击【模拟】工具，进行最终模拟（图5-60）。

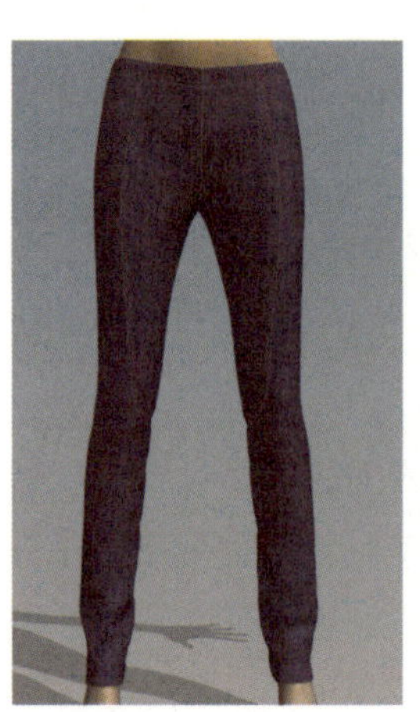
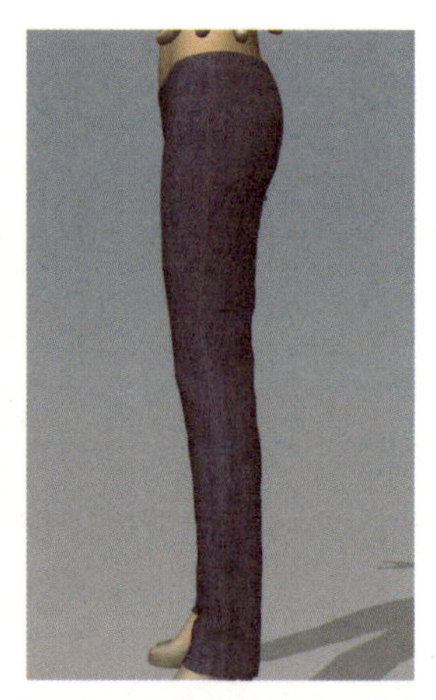
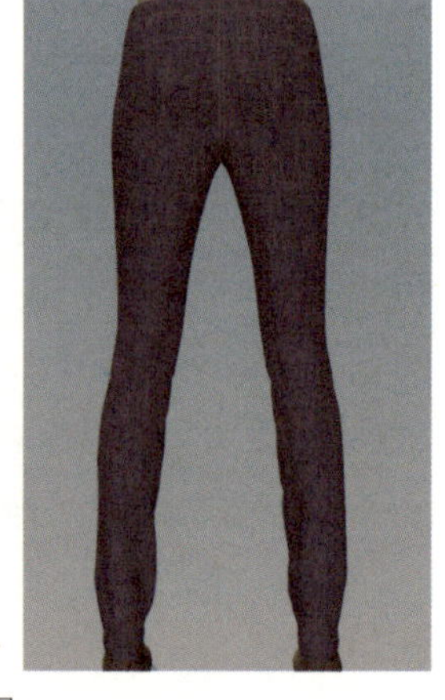

图5-60 最终虚拟试衣效果图

第四节 虚拟款式设计

通过简单修改板片的方式来实现款式设计，是一种比较容易实现的设计思路。这在传统的手工制版的设计中可能难于实现，因为设计师需要看到样衣才能确定修改后的设计效果，但三维虚拟软件为这种设计方式提供了便利，使设计师在二维板片窗口修改板片后能够在三维虚拟化身窗口实时看到缝合后的样衣效果。本节以连衣裙为例，简单介绍通过修改二维板片实现款式设计的方法。

一、准备工作

选择菜单【文件】→【打开】→【服装】，打开第二章制作的连衣裙文件。

二、修改下摆线

（一）修改前片下摆线

选择【加点/分线】工具，在靠近前片右侧缝下端点处单击鼠标右键，弹出【分裂线】对话框，在“长度#2”输入框中输入长度“150”mm（图5-61），单击【OK】，添加上一个点。

选择【编辑板片】工具，单击选中前片右侧缝下端点，按【Delete】键删除此点。用同样的方法删除前中线的下端点（图5-62）。

选择【编辑曲线点】工具，将新的下摆线修改为曲线（图5-62）。

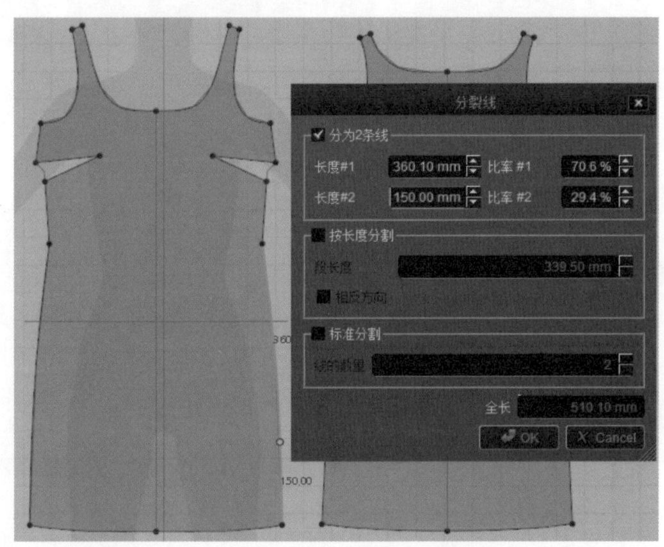

图5-61 增加点

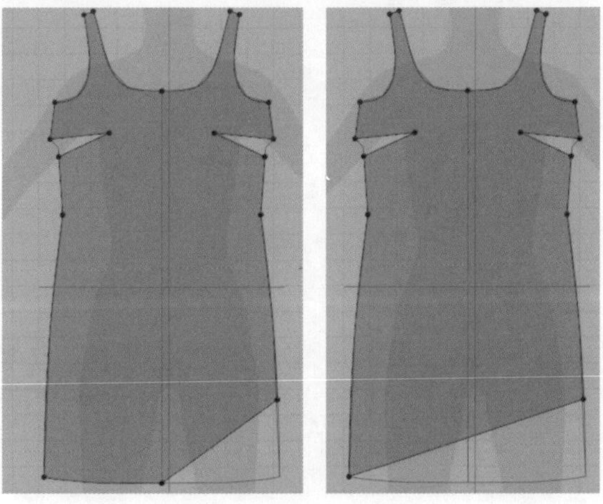

图5-62 修改前片下摆线

（二）修改后片下摆线

用同样的方法修改后片的下摆线。如果修改的同时按下【同步】按钮，三维虚拟化身窗口中连衣裙的款式也会同步修改（图5-63）。

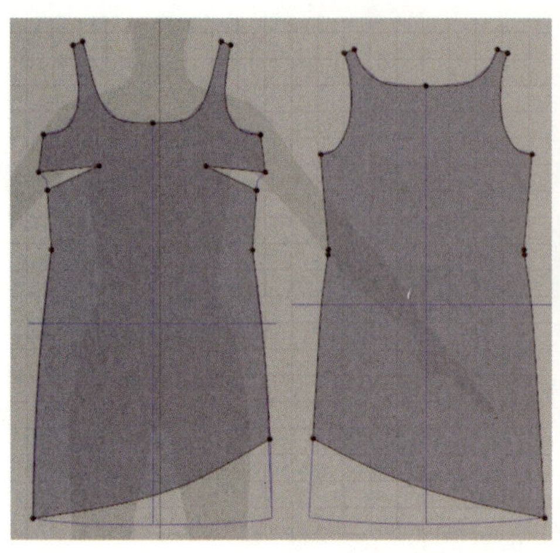

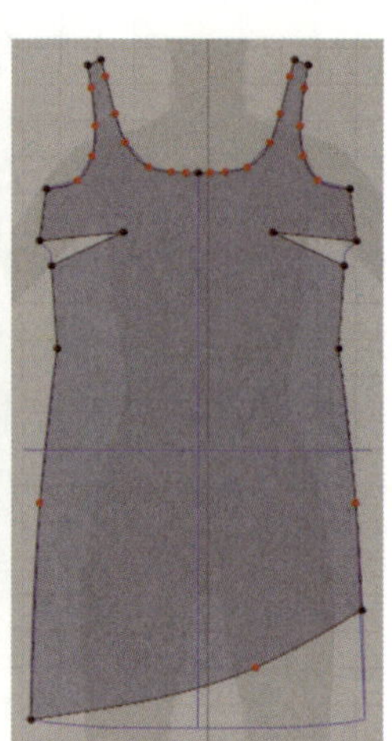

图5-63 下摆线修改后的实时显示

三、设计新的裙摆

（一）测量新的裙摆线长度

选择【编辑板片】工具，按住【Shift】键，连续选择前后片的下摆线，在【属性窗口】→【Basic】→【被选择的线】栏里可以看到线的【长度】为“942”mm。

（二）创建裙摆板片

选择【制作矩形】工具，在【板片窗口】上单击鼠标左键，在弹出对话框中输入【宽度】为“1400”mm，【高度】为“150”mm，单击【OK】（图5-64）。

图5-64 创建裙摆板片

（三）缝合

选择【自由缝纫】工具，选择裙摆板片的上边线，然后按住【Shift】键，依次选择前后片的下摆线进行缝合。由于前面的步骤对侧缝的长度进行了修改，因此侧缝的缝合线被自动删除了，这里需要将侧缝也重新缝合（图5-65）。最后将裙摆板片的侧缝进行缝合。

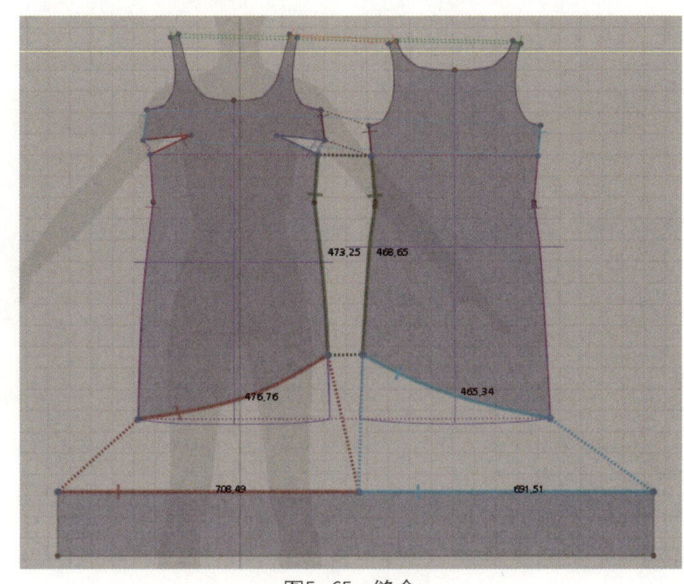

图5-65 缝合

（四）安排板片

在【虚拟化身窗口】中选择【显示安排点】工具，显示出安排点。选择裙摆板片，单击臀围线以下的某个安排点（图5-66），然后将裙摆片向下移动到合适位置（图5-66）。

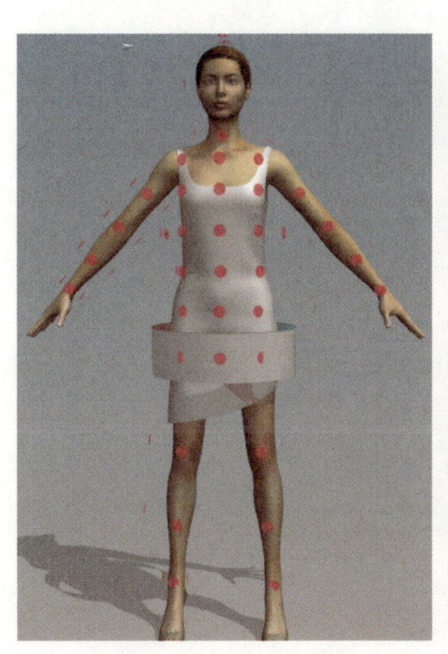

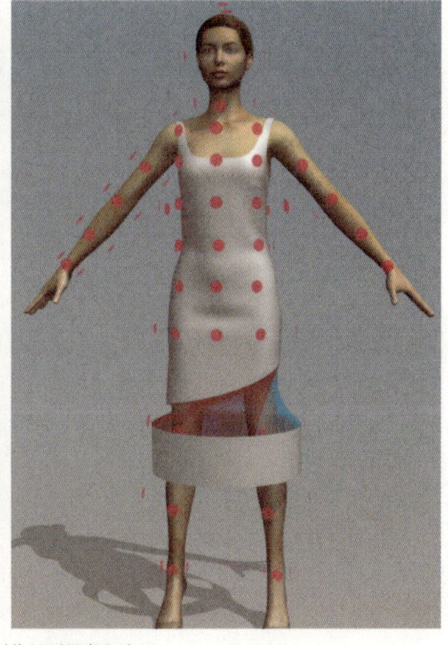

图5-66 安排裙摆板片

（五）模拟

单击【模拟】工具，并将安排点隐藏（图5-67）。

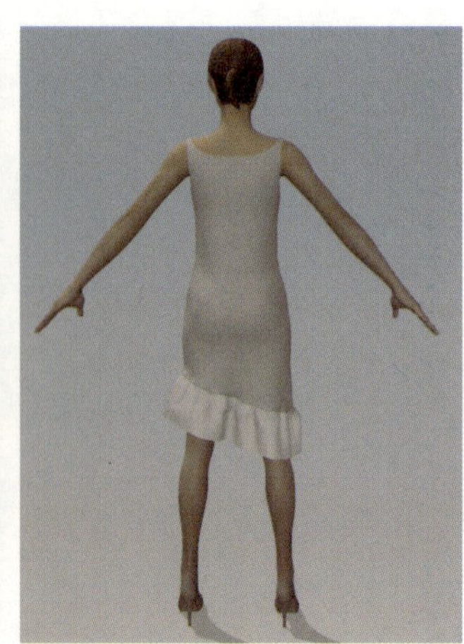

图5-67 模拟效果

四、添加风格线

（一）设计风格线

选择【创造内部图形/线】工具，从前片领口线向下绘制出一条风格线。绘制过程中，用户可以根据需要按【Ctrl】键，使得绘制的部分线成为曲线；最后一点需要在前中线上双击左键结束。然后按【Ctrl】+【C】复制，再按【Ctrl】+【R】对称粘贴到前中线另外一侧（图5-68）。

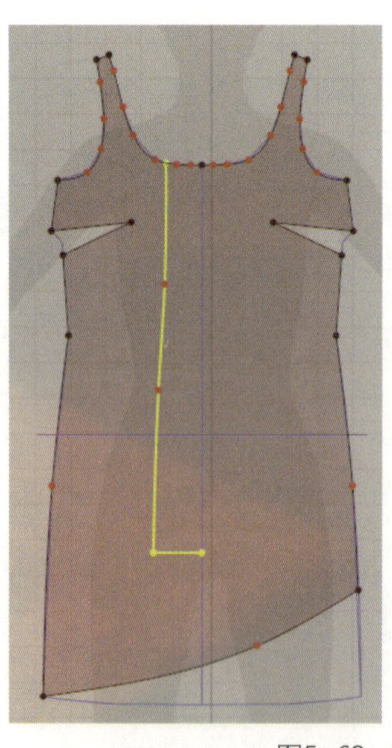
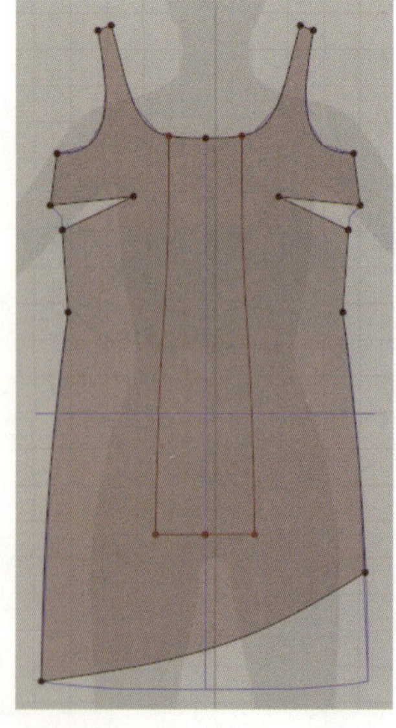

图5-68 添加风格线

（二）为风格线添加缝迹线

选择【自由缝迹线】工具，分别选择前中线两侧的风格线，为其添加上缝迹线。选择菜单【服装】→【显示缝合线】，将缝合线取消显示（图5-69）。

图5-69 最终效果

优秀网站链接

一、常用设计网站：

[1] www.style.com
[2] www.firstview.com
[3] www.hintmag.com
[4] www.vintagefashionguild.org
[5] www.fashion–era.com
[6] www.fashion.about.com

二、流行预测网站：

[1] www.wgsn.com
[2] www.modeinfo.com
[3] www.edelkoort.com
[4] www.magiconline.com

三、时尚杂志网站：

[1] www.elle.com
[2] www.instyle.com
[3] www.vogue.com
[4] www.wmagazine.com
[5] www.wwd.com

四、博物馆和服饰展览馆网站：

[1] 英国维多利亚及艾伯特博物馆：www.vam.ac.uk
[2] 英国服饰博物馆：www.museumofcostume.co.uk
[3] 巴黎艺术与时装博物馆：www.ucad.fr
[4] 法国丝织博物馆：www.musee–des–tissus.com
[5] 美国大都会艺术博物馆：www.metmuseum.org
[6] 洛杉矶艺术博物馆服饰廊：www.lacma.org
[7] 神户时装博物馆：www.fashionmuseum.or.jp

五、国内行业网站：

[1] 中国服装协会：www. cnga.org.cn
[2] 中国服装设计师协会：www. fashion.org.cn
[3] 中国纺织服装色彩：www. cncscolor.com
[4] 中国服饰新闻网：www. cfw.com.cn
[5] 服装英才网：www. clothr.com
[6] 中国服装人才网：www. cfw.cn